"十四五"职业教育国家规划教材

电工电子技术基础

（第五版）

◎主　编　王成安　王洪庆
◎副主编　李庆海　徐思燕
　　　　　唐　杰　刘　璐
　　　　　郑春华

U0244109

大连理工大学出版社

图书在版编目(CIP)数据

电工电子技术基础 / 王成安，王洪庆主编. -- 5 版
. -- 大连 : 大连理工大学出版社，2022.1(2023.9 重印)
ISBN 978-7-5685-3332-4

Ⅰ. ①电… Ⅱ. ①王… ②王… Ⅲ. ①电工技术－教
材②电子技术－教材 Ⅳ. ①TM②TN

中国版本图书馆 CIP 数据核字(2021)第 221990 号

大连理工大学出版社出版

地址:大连市软件园路 80 号　邮政编码:116023
发行:0411-84708842　邮购:0411-84708943　传真:0411-84701466
E-mail:dutp@dutp.cn　　　URL:https://www.dutp.cn
大连图腾彩色印刷有限公司印刷　　大连理工大学出版社发行

幅面尺寸:185mm×260mm　　印张:17.25　　字数:418 千字
2006 年 8 月第 1 版　　　　　　　　　2022 年 1 月第 5 版
2023 年 9 月第 5 次印刷

责任编辑:刘　芸　　　　　　　　责任校对:吴媛媛
封面设计:方　茜

ISBN 978-7-5685-3332-4　　　　　　　　定　价:55.00 元

本书如有印装质量问题,请与我社发行部联系更换。

前　言

　　《电工电子技术基础》(第五版)是"十四五"职业教育国家规划教材、"十三五"职业教育国家规划教材及"十二五"职业教育国家规划教材。

　　电工电子技术基础既是一门专业基础课程，又是学生刚刚接触专业技术知识的首开课程，它必须及时反映电工电子技术的最新进展，与时俱进，只有这样才能胜任现代电工电子技术对高等职业教育的要求。

　　电工电子技术的发展，使得高等职业教育的教材必须不断更新，才能适应社会发展的需要。本教材全面贯彻落实党的二十大精神，突出技能训练和思政内涵，通过在"拓展资料"中融入课程思政元素，反映了我国在电工电子技术方面的最新科技成果，彰显了民族自豪感和工匠精神，体现了习近平新时代中国特色社会主义的精神风貌，对于培养学生爱岗敬业、遵纪守法、诚实守信的职业道德以及安全用电、规范操作、节约环保、团结协作、吃苦耐劳、勇于创新的职业素养起着积极的作用。

　　本教材按照国家职业技能鉴定规范进行编写，是我们在职业教育专业基础教材建设方面的尝试，是提高高职教育水平方面的创新实践。

　　本教材按照项目式教学方法进行编写，用实际项目的实践来引导技能训练和知识学习，以实际任务驱动技能与知识的掌握，使重要的电工电子基础理论都在明确的任务背景下展开，教学内容都是在教、学、做相结合的情况下得以实现。本课程的教学活动应该尽可能地在实训教室或生产现场进行，将理论、实训、习题和答疑等教学内容有机地结合起来。对于需要学生重点掌握的内容，在每个项目的"知识目标与技能目标"中加注"＊"显示，以引起教师和学生的关注。本教材探索并建立以学生为主体、以教师为主导、以能力为中心、以培养"工匠"为教学目标的全新教学模式。

　　本教材在编写内容上体现出现代电工电子技术的新知识、新技术、新产品和新工艺，以简洁的文字表述，辅以大量的实物图片，内容直观明了、循序渐进。编者还为学生提供了具有实用价值的技能和技巧,介绍了我国在现代电工电子技术方面的最新进展和领先项目,对提高学生的电工电子技术水平和拓宽视野有所帮助。

本课程的推荐教学课时为72学时,各项目的参考教学课时分配如下:

序号	项目名称	课时分配		
		理论	实训	小计
项目1	电工实训室的认识与安全用电	2	2	4
项目2	直流电路的认识与测量	6	2	8
项目3	单相正弦交流电路及其测量	6	2	8
项目4	三相正弦交流电路的认识	2	2	4
项目5	电动机的认识与控制	4	2	6
项目6	变压器的认识	2	2	4
项目7	半导体电子元件的认识与应用	4	2	6
项目8	基本放大电路的认识	4	2	6
项目9	集成运放与负反馈放大器的认识	6	2	8
项目10	数字逻辑电路的认识	4	2	6
项目11	集成组合逻辑电路及其应用	4	2	6
项目12	集成触发器与时序逻辑电路的认识	4	2	6
总计		48	24	72

本教材由四川工商学院王成安、辽宁机电职业技术学院王洪庆任主编,浙江工贸职业技术学院李庆海、四川工商学院徐思燕、珠海格力电器股份有限公司唐杰、内蒙古机电职业技术学院刘璐、湄洲湾职业技术学院郑春华任副主编。具体编写分工如下:王洪庆编写项目1、2;王成安编写项目3、7、9、10;刘璐编写项目4、8;李庆海、徐思燕编写项目5、6;唐杰编写项目11;郑春华编写项目12。全书由王成安统稿并定稿。

在编写本教材的过程中,我们参考、引用和改编了国内外出版物中的相关资料以及网络资源,在此对这些资料的作者表示诚挚的谢意。请相关著作权人看到本教材后与出版社联系,出版社将按照相关法律的规定支付稿酬。

尽管我们在高等职业教育教材建设方面付出了许多努力,但由于时间所限,教材中可能还有诸多不足,敬请兄弟院校的师生和广大读者给予批评和指正。

编　者

所有意见和建议请发往:dutpgz@163.com

欢迎访问职教数字化服务平台:http://sve.dutpbook.com

联系电话:0411-84708979　84707424

目　录

项目 **1**

电工实训室的认识与安全用电

◇ 了解电工实训室的电源配置，认识常用的电工仪表。

◇ 了解安全用电常识，熟悉实训室操作规程，熟悉实训室安全用电的规定，了解防止触电的保护措施，了解触电的现场紧急处理措施，了解电气火灾的防范及扑救常识。

◇ 了解交流电的发电、输电和配电过程。

◇ 掌握测电笔的使用方法。*

◇ 会用万用表测量交流电压。*

任务 1 电工实训室的初步认识

看一看

仔细观察电工实训室墙上的电源配置和配电盘上电工仪表的种类,在教师的讲解和指导下,认识配电盘上各种电工器材的名称和作用。

测一测

(1)在教师的指导下,用测电笔分别接触电工实训室墙上三孔电源插座内的各个铜极片和两孔电源插座内的各个铜极片,仔细观察测电笔上氖管发光的情况。

(2)在教师的指导下,用测电笔分别接触电工实训室墙上四孔电源插座内的各个铜极片,仔细观察测电笔上氖管发光的情况。

(3)在教师的指导下,用万用表的交流电压挡(500 V挡)分别接触三孔电源插座内的各个铜极片和两孔电源插座内的各个铜极片,测量铜极片之间的交流电压值,将测量结果记录下来。

(4)在教师的指导下,用万用表的交流电压挡(500 V挡)分别接触四孔电源插座内的各个铜极片,测量铜极片之间的交流电压值,将测量结果记录下来。

学一学

实训报告的填写

1. 实训报告的填写内容

每次完成实训内容后,都应填写实训报告。实训报告要用实训报告纸填写,在首页上要填写实训课题名称,还要填写操作者的专业、班级、组别、姓名、同组人员姓名、操作实验日期、指导教师姓名等,然后再根据实训指导书中的实训报告要求填写实训报告。

2. 实训报告的一般要求

填写实训报告时,要求做到字迹清楚,图表整洁,电路图清晰、规范,报告内容简明扼要,结论明确。实验波形和曲线要求画在坐标纸上,且要有适当比例,要在图下标明波形、曲线的名称,在坐标轴上应标明物理量的符号和单位。

知 识 链 接

▪ 电力系统简介与电工实训室的基本配置

（一）发电、输电、配电概要

电能是人们使用最多的能源。电可分为交流电和直流电两种，各种电池储存的电能是典型的直流电，交流电一般是由发电厂发出来的。

按照所用能源种类的不同，可将发电厂分为水力发电厂（利用水的落差）、火力发电厂（燃烧煤或原油）、原子能发电厂（利用核裂变）、太阳能发电厂（利用太阳能）、风力发电厂（利用风能）等。

一般情况下，发电厂距离人们用电的地方很远，这就需要把电能输送到用电地区。现在的输电技术已经非常成熟，交流电的输送和直流电的输送都被广泛使用，但用得最多的还是交流高压电的输送。

发电厂发出的交流电一般为几千伏到几万伏，经变电站升压为几十万伏后，用铜导线将电力输送到远方。将高压交流电送到用电地区后，先经过降压变电站，将高压交流电变成 10 000 V 的次高压交流电，再经过工厂内的变电站或居民区附近的变电站，将电压变成 220 V 或 380 V，直接供用户使用。

利用高压输电可降低电能损耗。输电电压越高，电能损耗越小，但危险性越大，相应的电气设备制造及维护成本也越高。我国在输送电能的技术上已经处于世界领先地位，截至 2014 年 4 月，已经成功实现 ±800 kV 的直流高压输电。2016 年 12 月 16 日，世界上第一条 ±1 100 kV 直流线路（从新疆昌吉到甘肃古泉）在甘肃省成功跨越在建的 ±800 kV 直流线路。

拓展资料

> 我国约有 80% 的能源资源分布在西部与北部，而近 70% 的电力负荷集中在中部和东部，这就要求我国电力系统实现跨区域、远距离和大规模电能输送，将西南水电、西北火电保质保量地送往华北、华中、华东和南方负荷中心，促成"西电东送"和"北电南送"的电能传输格局。2014 年，世界容量最大的特高压直流输电工程——±800 kV 哈密至郑州直流工程投运，容量达 800 万千瓦，标志着特高压直流输电达到了一个新的高度。

人们在日常生活和工业生产中用的电多为交流电。在我国，民用电的电压是 220 V，工厂的一些大型用电设备使用的电压是 380 V。高于 380 V 的电压俗称为高压电。因此，高压输送的电能要通过变电站变成低一级的电压，再经配电线路送给用户。如图 1-1 所示为从发电厂到用户的送电过程。

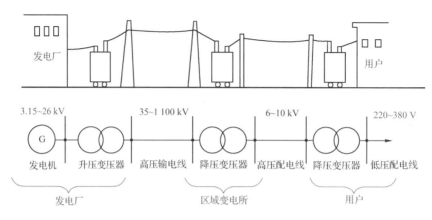

图 1-1 从发电厂到用户的送电过程

我国工业生产和居民生活用电采用"三相四线制"供电的交流电,即三根火线(相线带电,用测电笔测氖管发光,俗称火线)、一根中性线(中性线不带电,用测电笔测氖管不发光,俗称零线)。任意一根火线与零线之间的电压为 220 V,供给居民使用;任意两根火线之间的电压为 380 V,供给工业生产使用。

(二)电工实训室的初步认识

1. 电工实训室的电源配置

电工实训室一般都配有 220 V 和 380 V 两种规格的交流电。220 V 交流电供一般的电工仪器使用,380 V 交流电供三相交流电动机使用。交流电源一般通过配电盘引入室内。

电工实训室的配电盘一般由电源开关(闸刀开关或空气开关)、熔断器、仪表盘等组成,如图 1-2 所示。其中,闸刀开关为三刀单掷开关,用来切断三相交流电。在四块仪表中,左上角标有"V"字样的是交流电压表,左上角标有"A"字样的是交流电流表。

2. 测电笔及其使用技巧

测电笔俗称试电笔、验电笔,是一种低压验电器,能直观地确定被测试导线、电气设备上是否带电,是电工最常用的工具。一般测电笔的外形如图 1-3 所示。

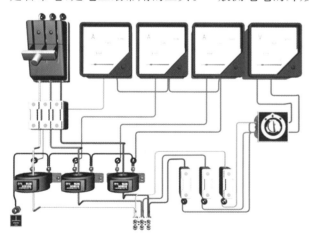

图 1-2 电工实训室的配电盘

图 1-3 测电笔

测电笔一般由金属探头、降压电阻、氖管、透明绝缘套、弹簧、挂钩等组成,如图 1-4 所示。

测电笔测试电路的等效电路如图 1-5 所示。

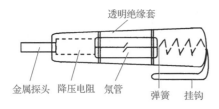

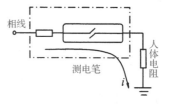

图 1-4　测电笔的基本结构　　　　　　　　　图 1-5　测电笔测试电路的等效电路

如果把测电笔的金属探头与带电体接触,或把测电笔的金属笔尾与人手接触,就会形成一个回路,氖管就会发光。由于电流很小,因此人并无触电的感觉。氖管发光就证明被测物体带电,氖管不发光就证明被测物体不带电。

使用测电笔必须掌握正确的方法,如图 1-6 所示。

(a) 正确　　　　　　　　　　　　　　(b) 错误

图 1-6　测电笔的使用方法

使用测电笔可以做许多事情:

(1)火线与零线的判别

当用测电笔触及导线的金属芯时,如果氖管发光,该导线就是火线;如果氖管不发光,该导线就是零线或地线。如图 1-6 中的两孔电源插座,其两根导线的极性应符合"左零右火"的安装要求。

(2)交流电与直流电的判别

当被测物体带有交流电时,测电笔氖管里的两个电极会同时发光。当被测物体带有直流电时,测电笔氖管里的两个电极中只有一个电极发光。

(3)直流电正、负极的判别

把测电笔的金属探头与金属笔尾串联在直流电的正、负极之间,氖管里两个电极中发光的一端接触的是直流电的正极。

(4)电气设备是否漏电的判别

用测电笔碰触电气设备的壳体(如电动机、变压器的外壳),若氖管发光,则说明该设备有漏电现象。

(5)线路接触不良或不同电气系统互相干扰的判别

当测电笔触及带电体时,若发现氖管闪烁,则可能是线头接触不良或是由两个不同的电气系统互相干扰所致。

（三）常用电工仪表的认识和使用

看一看

仔细识别电工实训室内的各种电工仪表。在教师的讲解和指导下，认识电流表、电压表、功率表、万用表、兆欧表的外形，记住其表盘上的标志符号，能说出各种电工仪表的名称和作用。

认一认

如图 1-7 所示为常用最新型的电工仪表。

(a) 数字式电压表

(b) 数字式电能表

(c) 指针式电流表

(d) 数字式电流表

图 1-7 常用最新型的电工仪表

电气设备在安装、调试及检修过程中，要使用各种电工仪表对电路中的电流、电压、电阻、电功率等进行测量，这个过程称为电工测量。

电工仪表是实现电工测量所需各种仪器的总称，电工仪表的使用是从事电专业工作的技术人员必须掌握的一门技能。

拓展资料

我国的电工仪表产业从 20 世纪 50 年代初的一无所有到现在的种类齐全、技术先进，实现了跨越式发展。2021 年，国内电工仪器仪表产品的年生产能力达到 8 000 多万台（套），基本满足了国内市场需求，但在高准确度数字仪表、数字式测量仪器、自动测试系统等方面还需要依赖进口，这正是需要我们奋起攻克的难关，需要我们不懈的努力拼搏。

1. 电工仪表的分类

电工仪表可以根据工作原理、测量对象、工作电流的性质和使用方式等进行分类。

(1)根据工作原理不同,可以分为磁电系、电磁系、电动系、感应系、整流系仪表等。

(2)根据测量对象不同,可以分为电流表(安培表、毫安表、微安表)、电压表(伏特表、毫伏表、微伏表、千伏表)、功率表(瓦特表)、电度表、欧姆表、兆欧表、相位表等。

(3)根据仪表工作电流的性质不同,可以分为直流仪表、交流仪表和交直流两用仪表。

(4)按仪表的使用方式不同,可以分为安装式仪表和可携带式仪表等。

(5)按仪表的准确度不同,可以分为0.1、0.2、0.5、2.0、2.5、5.0等准确度等级。

2. 电工仪表的符号

电工仪表的表盘上有许多表示其技术特性的标志符号。根据国家标准的规定,每一个仪表必须有表示测量对象的单位、准确度等级、工作电流的种类、相数、测量机构的类别、使用条件级别、工作位置、绝缘强度、试验电压的大小、仪表型号和各种额定值等标志符号,见表1-1。

表 1-1　　　　　　　　　　　　　　　常见电工仪表的符号

分类	符号	名称	分类	符号	名称	分类	符号	名称
电流种类	—	直流表	测量对象	Ⓐ	电流表	工作原理	∩	磁电系仪表
	∼	交流表		Ⓥ	电压表			电动系仪表
	≂	交直流表		Ⓦ	功率表			铁磁电动系仪表
	≋	三相交流表		kW·h	电能表			电磁系仪表
绝缘实验	⚡	实验电压 2 kV	工作位置	—	水平使用			电磁系仪表(有磁屏蔽)
				⌐				整流系仪表
	☆			↑	垂直使用	准确度	0.5	0.5级
防磁电	‖‖‖	防外磁场及电场第三级		⊥		使用条件	Ⓑ	使用条件

3. 电工仪表的准确度

电工仪表的基本误差通常用准确度来表示,准确度越高,电工仪表的基本误差越小。

对于同一只电工仪表,测量不同大小的被测量,其绝对误差变化不大,但相对误差却有很大变化,被测量越小,相对误差越大。显然,通常的相对误差概念不能反映电工仪表的准确度性能。因此,一般用引用误差来表示电工仪表的准确度性能。

电工仪表测量的绝对误差与该表量程的百分比称为电工仪表的引用误差。电工仪表的准确度就是电工仪表的最大引用误差,即电工仪表量程范围内的最大绝对误差与该电工仪表量程的百分比。显然,准确度等级表明了电工仪表基本误差最大允许的范围。表 1-2 所列为电工仪表在规定的使用条件下测量时,各准确度等级的基本误差及应用范围。

表 1-2 电工仪表各准确度等级的基本误差及应用范围

准确度等级	0.1	0.2	0.5	2.0	2.5	5.0
基本误差	±0.1%	±0.2%	±0.5%	±2.0%	±2.5%	±5.0%
应用范围	标准表		实验用表		工程测量用表	

4. 电工测量中最常用的仪表

(1) 电流表

电流表是测量电流的一种仪表,在面板上常有一个电流表的符号"A"。过去经常使用的是指针式电流表,现在普遍使用的是数字式电流表,它可将被测电流直接用数字显示出来。常用的电流表如图 1-8 所示。

电流表分为直流电流表和交流电流表。

(a) 指针式电流表　　　　　　(b) 数字式电流表

图 1-8　常用的电流表

(2) 电压表

电压表是测量电压的一种仪表,在面板上常有一个电压表的符号"V"。过去经常使用的是指针式电压表,现在普遍使用的是数字式电压表,它将被测电压直接用数字显示出来。常用的数字式电压表如图 1-9 所示。电压表也分为直流电压表和交流电压表。直流电压表的符号是在"V"下加一条短横线"_",交流电压表的符号是在"V"下加一条波浪线"～"。

(a) 交流电压表(一)　　　　　　(b) 交流电压表(二)

图 1-9　常用的数字式电压表

(3) 万用表

万用表是一种应用最广泛的测量仪表,用它可以测量直流电流、直流电压、交流电流、交流电压、电阻和晶体管直流电流放大系数等物理量。根据测量原理及测量结果显示方式的不同,万用表可分为指针式万用表和数字式万用表两大类。

在电工测量中一般都使用 MF500 型万用表,其外形如图 1-10 所示。MF500 型万用表以其测量范围广、测量精度高、读数准确而被电子技术人员和电工技术人员所推崇。

在电子测量中一般都使用 MF-47 型万用表。MF-47 型万用表是一款便携式的多量程万用表,在一般的无线电爱好者中得到了广泛使用,如图 1-11 所示。

图 1-10　MF500 型万用表　　　　　　　图 1-11　MF-47 型万用表

MF-47 型万用表可以测量直流电流、交流电压、直流电压、直流电阻等,具有 26 个基本量程,还具有测量信号电平、电容量、电感量、晶体管直流参数等 7 个附加量程。

使用 MF-47 型万用表时,必须先进行机械调零,调节表盘上的机械调零螺丝,使表针指准零位。然后将红表笔插入标有"＋"符号的插孔,将黑表笔插入标有"－"符号的插孔。再根据不同的被测物理量将转换开关旋至相应的位置。

合理选择量程的标准是:测量电流和电压时,应使表针偏转至满刻度的 1/2 或 2/3 以上;测量电阻时,应使表针偏转至中心刻度值的 1/10～10 倍率范围内。

读数时应根据不同的测量物理量及量程在相应的刻度尺上读出指针指示的数值。另外,读数时应尽量使视线与表盘垂直,以减小由视线偏差所引起的读数误差。

数字式万用表一般都具有自动调零、显示极性、超量程显示和低压指示等功能,并装有快速熔丝管、过流保护电路和过压保护电路。

数字式万用表的分辨率是用位数来表示的,比如某块数字式万用表用四位数字显示,最左边的高位只能显示 0 或 1 两个数字,而其余的低三位能显示 0～9 十个数字,这样的表就叫作三位半表。

在工程上一般使用的是三位半表;在实验室里可以采用四位半表;五位半表是作为标准表来使用的,用以校验位数低的数字式万用表。

三位半表和四位半表的价格相差很大,所以有的厂家就推出了所谓 $3\frac{3}{4}$ 位数字表,其最高位可以显示 0、1、2、3 四个数字,相当于扩大了测量范围,但是其测量精度是不变的,所以其价格也比较低廉。市场上有一款 F15B 型数字式万用表,就是一块 $3\frac{3}{4}$ 位数字式万用表,其外形如图 1-12 所示。

(4)兆欧表

兆欧表俗称摇表,是电工常用的一种测量仪表。兆欧表主要用来检查电气设备、家用电器或电气线路对地及相间的绝缘电阻,以保证这些设备、电器和线路工作在正常状态,避免发生触电伤亡及设备损坏等事故。兆欧表大多采用手摇发电机供电,故又称为摇表。它的刻度是以兆欧(MΩ)为单位的。PRS801 型数字式兆欧表如图 1-13 所示。

图 1-12　F15B 型 3$\frac{3}{4}$位数字式万用表的外形　　　图 1-13　PRS801 型数字式兆欧表

按照规定,兆欧表的电压等级应高于被测物的绝缘电压等级。因此,在测量额定电压 500 V 以下的设备或线路的绝缘电阻时,可选用 500 V 或 1 000 V 兆欧表;在测量额定电压 500 V 以上的设备或线路的绝缘电阻时,应选用 1 000～2 500 V 兆欧表;在测量绝缘子时, 应选用2 500～5 000 V 兆欧表。一般情况下,在测量低压电气设备的绝缘电阻时,可选用 0～200 MΩ 量程的兆欧表。

任务实施

1. 实训器材

(1)交、直流电压表各 1 只。

(2)交、直流电流表各 1 只。

(3)兆欧表 1 只。

(4)指针式万用表和数字式万用表各 1 只。

(5)直流稳压电源(0～30 V,0～3 A)1 台。

2. 电工仪表的认识与基本操作

(1)由指导教师介绍各种仪表的名称与作用。

(2)学生分别观察交流电压表、直流电压表、交流电流表、直流电流表、兆欧表、指针式万用表和数字式万用表的表盘标记与型号,并将它们记录在表 1-3 中。

表 1-3　　　　　　　　　常见各种表的表盘标记与型号记录

仪表名称	表盘标记与型号	标记与型号的含义

(3)用直流电压表测定直流稳压电源的输出电压。在教师的指导下调节直流稳压电源的旋钮,使输出端分别获得 5.8 V 和 18.2 V 的电压。给直流电压表上的表笔选定一个量限,使电压指针分别偏转在 1/3 量限以下和 2/3 量限以上,各读取两个不同的电压值,填入表 1-4 中,同时将电压表的准确度等级和选定的量限也记录下来。

表 1-4   用直流电压表测定直流稳压电源的输出电压

项目	量程为 1/3 量限以下的读数		量程为 2/3 量限以上的读数	
测量次数				
被测电压值				

电压表的准确度等级:_____   电压表的量限:_____

(4)将直流稳压电源的输出电压调节为表 1-5 中所列的各个值,分别用指针式万用表和数字式万用表进行测量,将测量数据填入表 1-5 中,并进行误差原因分析。

表 1-5   万用表测量数据

直流稳压电源的输入电压				
直流稳压电源的输出电压	挡位:3.0 V	挡位:6.0 V	挡位:9.0 V	挡位:12.0 V
指针式万用表测量数据				
数字式万用表测量数据				
误差值				
误差原因分析				

技能与技巧

万用表的使用技巧

技巧 1:"舍近求远"

转动万用表的表盘时,一定要沿顺时针方向旋转,例如原来的挡位是 $R \times 100$,想要扭转到 $R \times 1 k$ 挡,就要旋转一大圈才行,这样能有效地保护万用表的多刀多掷开关,使之不被损坏。

技巧 2:"孤身迎敌"

在测量 220～380 V 或高压直流电时,要用一只手握表笔进行测量,以免造成触电事故。

技巧 3:市电火线的判定

在没有测电笔的情况下,可以用万用表来判定市电的火线。其方法是将万用表置于交流 250 V 或 500 V 挡,将一根表笔接电源的任一端,另一根表笔悬空,若此时表针产生少许偏转,则表笔所接端即火线;若表针不偏转,则为地线。

任务2　安全用电的认识

知识链接

■■ 安全用电

（一）触电对人体的伤害及常见触电类型

1.触电对人体的伤害

触电对人体的伤害有电击和电伤两类。

电击是指电流通过人体时所造成的内伤,它可使人的肌肉抽搐、内部组织损伤,造成发热、发麻、神经麻痹等,严重时将引起昏迷、窒息,甚至心脏停止跳动、血液循环中止而死亡。通常说的触电多指电击。人类触电死亡的案例中绝大部分是电击造成的。

电伤是在电流的热效应、化学效应、机械效应以及电流本身作用下造成的人体外伤。常见的有灼伤、烙伤和皮肤金属化等。

2.影响电流对人体伤害程度的因素

人体对电流的反应非常敏感,电流对人体的伤害程度与以下因素有关:

（1）电流的大小

触电时,流过人体的电流强度是造成损伤的直接因素。实验证明,通过人体的电流越大,对人体的损伤越严重。

（2）电压的高低

人体接触的电压越高,流过人体的电流越大,对人体的伤害越严重。对触电事例的分析统计表明,70%以上的死亡者是在对地电压为 250 V 的低压下触电的;而对地 380 V 以上的高压虽然危险性更大,但由于人们接触的机会少,且对它的警惕性较高,因此触电死亡的比例在 30% 以下。

（3）电源频率的高低

实验证明,频率为 40～60 Hz 的交流电对人体所造成的危害最大。

3.安全电压

从人接触电气设备的安全性出发,我国的电气标准规定,12 V、24 V 和 36 V 三个电压等级为安全电压级别,分别适用于不同的场所。

在湿度大、空间狭窄、行动不便、周围有大面积接地导体的场所（如金属容器内、矿井内、隧道内、汽车内等）使用的手提照明灯,应采用 12 V 安全电压。

凡手提照明器具、在危险环境下使用的局部照明灯、携带式电动工具等,若无特殊的安全防护装置或安全措施,均应采用 24 V 或 36 V 安全电压。

(二)电气火灾的产生原因及预防与急救

1. 电气火灾的产生原因

电气火灾一般是指由电气线路、用电设备以及供配电设备出现故障而引发的火灾,包括由雷电和静电引起的火灾。据统计,由线路漏电、导线过负荷、电路短路、接触电阻过大等造成的电气火灾事故居多。

(1)线路漏电

所谓线路漏电,是指线路的某处因为某种原因(自然原因或人为原因,如风吹雨打、潮湿、高温、碰压、划破、摩擦、腐蚀等)而使电线或支架材料的绝缘能力下降,导致电线与电线之间(通过损坏的绝缘、支架等)、电线与大地之间(电线通过水泥墙壁的钢筋、马口铁皮等)有一部分电流通过的现象。这时,漏泄电流在流入大地的途中,如遇电阻较大的部位,就会产生局部高温,致使附近的可燃物着火,从而引起火灾。此外,在漏电点产生的漏电火花同样会引起火灾。

(2)导线过负荷

所谓导线过负荷,是指当导线中通过的电流量超过了导线的安全载流量时,导线的温度不断升高的现象。当导线的温度升高到一定温度时,就会引起导线上的绝缘层发生燃烧,并能引燃附近的可燃物,从而造成火灾。

(3)电路短路

电气线路中的裸导线或导线的绝缘体破损后,火线与火线或火线与地线在某一点碰在一起,引起电流突然大量增加的现象称为短路。电流突然增大所引起的瞬间发热量也很大,大大超过了线路正常工作时的发热量,并在短路点易产生强烈的火花和电弧,不仅能使绝缘层迅速燃烧,还能使金属熔化,致使附近的可燃物燃烧,从而造成火灾。

(4)电热设备通电时间过长

长时间使用热能电器或用后忘记关掉电源,均可能引起周围可燃物燃烧,从而造成火灾。

2. 预防电气火灾的安全措施

(1)各种电器的金属外壳必须有良好的保护接零或保护接地措施。保护接零就是把电气设备在正常情况下应该不带电的金属部分与电网的零线连接起来。

(2)经常检查电器内部电路与外壳间的绝缘电阻,凡是绝缘电阻不符合要求的,应立即停止使用。电器在使用前要仔细查看电源线及插头是否有破损。

(3)各种电气设备必须按照规定的高度和距离进行安装,火线与零线的接线位置要符合"左零右火"的用电规范。

(4)当电器发生火灾时,应首先切断电源,切勿用水灭火。

(5)在电路中安装漏电保护装置。

3. 发生电气火灾时的急救措施

一旦发生电气火灾,要迅速采取以下急救措施:

(1)发现电子装置、电气设备、电缆等冒烟、起火时,首先要尽快切断电源,再按照普通火灾的方法进行扑救。

（2）对电器起火物体要使用沙土或专用不导电的灭火器进行灭火，绝对不能用水灭火。适用于电气灭火的灭火器有干粉灭火器、1211 灭火器、1301 灭火器、CO_2 灭火器等。

（3）若现场人员无法控制火情，则应立即逃生并拨打 119 报警。

练习题

1. 电工实训室都配有电压为多少的交流电？各有什么用处？

2. 如何正确使用测电笔？

3. 使触电者脱离低压电源可采取什么方法？

4. 当你发现触电者被高压电源击倒时，首先应该采取什么行动？

项目 2

直流电路的认识与测量

◇ 认识简单的直流电路，理解电路中常用的物理量。

◇ 学习电流、电压、电功率的测量方法。*

◇ 理解电路元件的伏安特性，认识电阻器、电感器和电容器。

◇ 掌握电位的计算和测量方法。*

◇ 掌握对电阻器、电感器和电容器的测量方法。*

◇ 理解理想电源的伏安特性。

◇ 掌握应用基尔霍夫定律分析复杂电路的方法。*

任务 3　电工技术基本物理量的认识与测量

知识链接

■■ 电工技术中的基本物理量和测量方法

（一）电路中的基本物理量

1. 电流

电荷的定向运动形成电流，电流在电路中的流动产生了电能和其他形式能量之间的转换。电流是电路分析中的一个基本量。

（1）电流的大小

电流的大小称为电流强度，用符号 I 或 i 表示，定义为单位时间内通过导体横截面的电荷量，即

$$i = \frac{\mathrm{d}q}{\mathrm{d}t} \tag{2-1}$$

当电流的大小、方向均不随时间变化时，称其为直流电流，用大写字母 I 表示，即

$$I = \frac{q}{t}$$

电流强度简称为电流，所以"电流"一词不仅表示电荷定向运动的物理现象，还代表电流强度这样一个物理量。

在国际单位制中电流的单位是安培（A），简称安。在电力系统中，有时取千安（kA）为电流的单位；而在无线电系统中，常用毫安（mA）、微安（μA）作为电流的单位，其换算关系为

$$1 \text{ kA} = 1 \times 10^3 \text{ A} \qquad 1 \text{ A} = 1 \times 10^3 \text{ mA} = 1 \times 10^6 \text{ } \mu\text{A}$$

（2）电流的方向

人们规定：正电荷运动的方向为电流的方向。在简单电路中，人们很容易判断出电流的实际方向，但是对于比较复杂的电路，电流的实际方向就很难直观判断了。另外，在交流电路中，电流是随时间变化的，在图上也无法表示其实际方向。

为了解决这一问题，需引入电流的参考方向这一概念。参考方向也称正方向，是假定的方向。电流的参考方向可以任意选定，在电路中一般用实线箭头表示。然而，所选取的电流参考方向不一定就是电流的实际方向。当电流的参考方向与实际方向一致时，电流为正值；当电流的参考方向与实际方向相反时，电流为负值。这样，在选定的参考方向下，根据电流的正负就可以确定电流的实际方向，如图 2-1 所示。

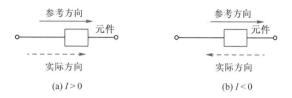

图 2-1　电流的实际方向与参考方向

因此，在对电路进行分析时，首先要假定电流的参考方向，并用箭头在图中标出，然后进行分析计算，最后再通过结果的正负与图中标出的参考方向来确定电流的实际方向。如果图中没有标出参考方向，那么计算结果的正负是没有意义的。

2. 电压

(1) 电压的大小

在电路中，电场力做功使电荷定向移动。为了衡量电场力做功的能力，引入了电压这一物理量。电场力把单位正电荷从 a 点移动到 b 点所做的功称为 a、b 两点间的电压，用字母 U_{ab} 表示，即

$$U_{ab} = \frac{\mathrm{d}W}{\mathrm{d}q} \tag{2-2}$$

式中，$\mathrm{d}W$ 为电场力将电荷量为 $\mathrm{d}q$ 的正电荷从 a 点移动到 b 点所做的功，单位为焦耳(J)。

在国际单位制中，电压的单位是伏，用大写字母 V 表示，常用的电压单位还有千伏(kV)、毫伏(mV)、微伏(μV)，各单位之间的换算关系为

$$1\ \mathrm{kV} = 1 \times 10^{3}\ \mathrm{V} \qquad 1\ \mathrm{mV} = 1 \times 10^{-3}\ \mathrm{V} \qquad 1\ \mu\mathrm{V} = 1 \times 10^{-6}\ \mathrm{V}$$

(2) 电压的方向

电压的实际方向由高电位端指向低电位端。在实际电路的分析计算中，需要引入电压的参考方向这一概念。当电压的实际方向与参考方向一致时，该电压为正值；当电压的实际方向与参考方向相反时，该电压为负值。根据电压的参考方向与数值的正负就可判断出电压的实际方向，如图 2-2 所示。

电压的参考方向通常用实线箭头来表示，箭头方向为假定电压降的方向，也可以用"＋"表示假定的高电位端，用"－"表示假定的低电位端，还可以用带双下标的字母来表示，例如，U_{ab} 表示电压的参考方向是由 a 指向 b。

(3) 电动势

电动势描述的是在电源中外力做功的能力，它的大小等于外力在电源内部克服电场力把单位正电荷从负极移动到正极所做的功，用 E 表示。它的实际方向在电源内部是由电源负极指向电源正极的，如图 2-3 所示。

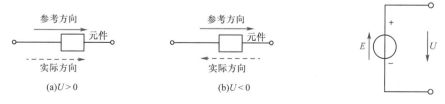

图 2-2　电压的实际方向与参考方向　　　　　　图 2-3　电动势与电压的方向

（4）关联参考方向

虽然电压与电流的参考方向可以任意选定,但为了计算方便,常选择某段电路中的电流方向与电压的参考方向一致,称为关联参考方向,如图 2-4(a)所示。当电压与电流的参考方向不一致时,称为非关联参考方向,如图 2-4(b)所示。

(a) 关联参考方向   (b) 非关联参考方向

图 2-4　电压与电流的关联参考方向与非关联参考方向

3. 电功率

正电荷从高电位移动到低电位,电场力做正功,电路吸收电能;正电荷从低电位移动到高电位,外力克服电场力做功,电路将其他形式的能量转化为电能,电路发出电能。在单位时间内,电路吸收或发出的电能称为该电路的电功率,简称功率,用 P 表示。

当电压与电流为关联参考方向时,功率的计算公式为

$$P = \frac{\mathrm{d}W}{\mathrm{d}t} = UI$$

当电压和电流为非关联参考方向时,功率的计算公式为

$$P = -UI$$

式中　U——元件或这一部分电路的端电压;

　　　I——流经元件或电路的电流。

功率的计算公式中,若 $P > 0$,则电路或元件吸收(或消耗)功率;若 $P < 0$,则电路或元件发出(或产生)功率。

功率的单位为瓦(W)。除了瓦之外,功率的单位还有千瓦(kW)、毫瓦(mW),它们的换算关系为

$$1\ \mathrm{kW} = 1 \times 10^3\ \mathrm{W} = 1 \times 10^6\ \mathrm{mW}$$

例 2—1

在图 2-5(a)及图 2-5(b)中,电流均为 3 A,且均由 a 点流向 b 点,求这两个元件的功率,并判断它们的性质。

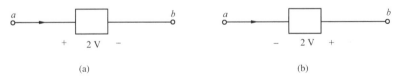

(a)   (b)

图 2-5　例 2-1 电路

解:设图 2-5(a)中电流 I 的参考方向由 a 指向 b,则对图 2-5(a)中的元件来说,电压、电流为关联参考方向,故此元件的功率为

$$P = UI = 2 \times 3 = 6\ \mathrm{W}$$

$P>0$,因此此元件吸收功率。

对图 2-5(b)中的元件来说,设电流 I 的参考方向由 a 指向 b,则电压、电流为非关联参考方向,故此元件的功率为

$$P=-UI=-(2\times 3)=-6\ \text{W}$$

$P<0$,因此此元件发出功率。

以上是电路分析中常用的电流、电压和功率的基本概念及相应的计算公式,这些量可以取不同的时间函数,所以又称它们为变量。

习惯上常把电流、电压设成关联参考方向,有时为了简化,一个元件上只标出电流或电压一个量的参考方向,意味着省略的那个量的参考方向与给出量的参考方向是关联的。电路中的功率与电压和电流的乘积有关,因此用来测量功率的仪表必须具有两个线圈:一个用来反映负载电压,与负载并联,称为并联线圈或电压线圈;另一个用来反映负载电流,与负载串联,称为串联线圈或电流线圈。这样,电动式仪表可以用来测量功率,常用的就是电动式功率表。

4. 电能

根据电功率的计算公式可得

$$dW=Pdt$$

则在 t_0 到 t 的一段时间内,电路消耗的电能为

$$\int_{t_0}^{t}Pdt=\int_{t_0}^{t}UIdt$$

电能在直流电路中的表达式为

$$W=Pt=UIt$$

电能的单位为焦耳(J),常用的还有千瓦·时(kW·h),习惯上称为度。各单位之间的换算关系为

$$1\ \text{度}=1\ \text{kW·h}=3.6\times 10^6\ \text{J}$$

(二)电流的测量

指针式万用表的基本测量机构实际上就是电流表,表头指针的偏转程度反映了流经仪表的电流大小。

测量直流电流时,通常选用磁电式直流电流表,使用时注意表的极性不要接反。测量交流电流时,若测量精度要求不高,则可选用电磁式电流表;若测量精度要求较高,则可选用电动式电流表。

测量电流时,电表要与被测元件所在的支路串联。

1. 用 DT-830 型数字式万用表测量直流电流

将量程开关拨至"DCA"范围内的合适挡位。当被测电流小于 200 mA 时,将红表笔插入"200 mA"孔,将黑表笔插入"COM"孔;当被测电流超过 200 mA 时,应将红表笔插入"10 A"孔,将黑表笔插入"COM"孔。将两表笔与被测电路串联,显示器即显示出被测电流

有效值,同时显示出红表笔一端的电流极性。

2. 用 DT-830 型数字式万用表测量交流电流

将量程开关拨至"ACA"范围内的合适挡位。当被测电流小于 200 mA 时,将红表笔插入"200 mA"孔,将黑表笔插入"COM"孔;当被测电流超过 200 mA 时,应将红表笔插入"10 A"孔,将黑表笔插入"COM"孔。将两表笔与被测电路串联,显示器即显示出被测电流有效值。

(三)电压的测量

1. 用指针式万用表测量直流电压

在万用表面板上标有"+"符号的孔中插入红表笔,接直流电压的正极;在万用表面板上标有"-"符号的孔中插入黑表笔,接直流电压的负极。再选择相应的量程,即可对直流电压进行测量,从表盘指针的位置可读出测量的电压值。

2. 用指针式万用表测量交流电压

因为交流电压无极性的区别,所以只要将量程开关放置在交流电压的相应量程挡,两只表笔并联在两个测量点上即可。

3. 用 DT-830 型数字式万用表测量直流电压

将电源开关拨至"ON"位置,将量程开关拨至"DCV"范围内的合适量程,把红表笔插入"V/Ω"孔,把黑表笔插入"COM"孔,将两表笔与被测电路并联,万用表在显示被测电压数值的同时自动显示红表笔端电压的极性。

4. 用 DT-830 型数字式万用表测量交流电压

将电源开关拨至"ON"位置,将量程开关拨至"ACV"范围内的合适量程,两只表笔的接法同上。当被测信号的频率为 45～500 Hz 且输入信号为正弦波时,所显示的测量值为交流电压有效值。

(四)电功率的测量

图 2-6 所示为功率表的接线原理。固定线圈的匝数少,导线粗,与负载串联,作为电流线圈;可动线圈的匝数较多,导线较细,与负载并联,作为电压线圈。

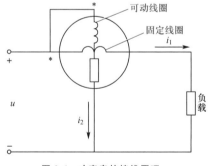

由于并联线圈串联有高阻值的倍压器,它的感抗与其电阻相比可以忽略不计,因此可以认为其中电流 i_2 与两端电压 u 同相。这样功率表的指针偏转角度为

$$\alpha = kUI\cos\varphi = kP$$

电动式功率表中指针的偏转角度 α 与电路中的平均功率 P 成正比。

图 2-6　功率表的接线原理

功率表的电压线圈和电流线圈各有其量程。改变电压量程的方法和电压表一样,即改变倍压器的电阻值。电流线圈通常由两个相同的线圈组成,当两个线圈并联或串联时,电流量程发生相应变化。

（五）电能的测量

电度表是测量电能的仪表,它由驱动元件、转动元件、制动元件、计度器组成,当驱动元件(即线圈)中通入电流时,产生的转动力矩驱动转盘转动,计度器计算转盘的转数,以达到测量电能的目的。电度表的接线原理如图 2-7 所示。

电能的测量原理与功率的测量原理相同。电能与功率和时间成正比,测量功率的大小与电度表转盘的转速成正比,而时间与转盘转动的转数成正比。电度表通过计算转盘转动的转数来实现电能的测量。

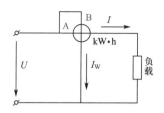

图 2-7　电度表的接线原理
A—电流线圈;B—电压线圈

任务实施

1. 实训器材

(1)万用表 1 只。

(2)直流稳压电源 1 台。

(3)滑线变阻器 1 只。

(4)电阻器(510 Ω)1 只。

2. 实训原理

万用表种类繁多,外形结构不同,面板上的旋钮、开关布局也不尽相同,但都有带标尺的标度盘、转换开关、零欧姆调节器旋钮和供测量接线的插孔。在使用前应仔细了解面板结构并熟悉各旋钮的作用。

万用表在使用时应水平放置,测量前需调节表头下方的机械调零旋钮,使指针指于零位。将红、黑表笔分别插入正、负极插孔,然后根据测量种类将转换开关拨到相应的挡位上。要注意,不要将测量种类和量限挡位放错,否则会使表头损坏。

万用表标度盘上有数条标尺,我们要根据测量种类在相应的标尺上读取数据,"DC"或"—"为测量直流各量用的标尺,"AC"或"～"为测量交流各量用的标尺,"Ω"为测量直流电阻用的标尺。

3. 实训内容

(1)测量直流电压

调节直流稳压电源输出电压分别为 1 V、5 V、8 V、12 V、15 V、20 V、25 V、30 V,选择万用表直流电压的相应挡位测量上述各电压,将测量结果记入表 2-1 中。

(2)测量直流电流

按图 2-8 所示连接电路,直流电源输出电压为 10 V,$R=510\ \Omega$。选择好万用表的直流电流挡的量

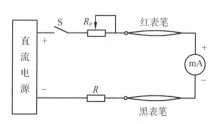

图 2-8　用万用表测量直流电流

限,闭合开关后,调节滑线变阻器分别为$\frac{1}{4}R_P$、$\frac{1}{2}R_P$、$\frac{3}{4}R_P$ 和R_P,测量各自的直流电流值,记入表 2-1 中。在测量中,如需改变直流电流挡的量限,要断开开关后进行。图 2-8 中毫安表为万用表的直流电流挡。

(3)测量交流电压

用万用表的交流电压挡测量实验室的 220 V 和 380 V 的交流电源电压值,记入表 2-1 中。

表 2-1　　　　　　　　　直流电压、直流电流和交流电压的测量

项　目		测量记录			
测量直流电压	挡位				
	直流电源电压				
	测量电压值				
测量直流电流(R 为定值)	滑线变阻器 R_P	$\frac{1}{4}R_P$	$\frac{1}{2}R_P$	$\frac{3}{4}R_P$	R_P
	挡位				
	测量电流值				
测量交流电压	挡位				
	交流电源电压				
	测量电压值				

任务 4　直流电路基本元件的认识与测量

知识链接

▒ 直流电路中的基本元件

用电设备可将电能转换成其他的能量形式,以满足人们在生活和工作中的需要。例如,电灯将电能转换成光能为人们照明,电热设备(电炉子、电饭锅)将电能转换成热能实现加热功能,电动机将电能转换成机械能以实现机械运动功能,收音机、电视机将电信号转换成音频和视频信号等。

（一）简单直流电路的初步认识

观察图 2-9 所示手电筒的电路结构及电路原理图。按下手电筒按钮时,电珠就会发光。电珠发光显然是因为有电流流过电珠,电流是通过哪些环节由电池流到电珠的? 电路由哪几部分组成? 电路的各个组成部分起什么作用? 下面我们就来一一解答。

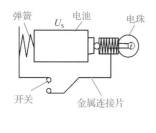

(a) 电路结构

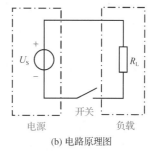

(b) 电路原理图

图 2-9　手电筒的电路结构及电路原理图

1. 电路的组成及功能

(1) 电路的组成

电路是电流的流通路径,它是由一些电气设备和元器件按一定方式连接而成的。

图 2-9(a) 所示为手电筒的电路结构,它由电池、电珠、开关和金属连接片等组成。当我们将手电筒的开关接通时,金属连接片把电池和电珠连接成通路,就有电流通过电珠,使电珠发光,这时电能转化为热能和光能。其中,电池是提供电能的器件,称为电源;电珠是用电器件,称为负载;金属连接片相当于导线,它和开关将电源与负载连接起来,起传输和控制作用,称为中间环节。

由此可知,一个完整的电路由电源、负载、中间环节(包括开关和导线等)三部分按一定方式组合而成。

(2) 电路的功能

在通信、自动控制、计算机、电力等技术领域中,按各自的实际要求通过各种元器件和电气设备组成了各种千差万别的电路。但就其实质而言,其功能可概括为两个方面:

① 能量的传送、分配与转换。例如电力系统中的输电线路,发电厂的发电机组将其他形式的能量转换为电能,通过变电站、输电线路传送、分配到用电单位,再通过负载把电能转换为其他形式的能量,为社会生产与人们生活服务。

② 实现信息的传递与处理。通过将输入的电信号进行传送、转换或加工处理,使之成为满足一定要求的输出信号。例如载有音像、文字信息的电磁波,即电视机电路的输入信号,通过天线将其收进电路并处理后送到显像管、扬声器,还原成音像,被我们看见、听到的即电视机的输出信号。

2. 理想电路元件

实际电路种类繁多,用途各异,组成电路的元器件以及它们在工作过程中发生的物理现象也形形色色。从能量的角度来看,电路在工作过程中存在三种电磁特性:电能的消耗;电能与电场能的转换;电能与磁场能的转换。在电路中,一个实际电路器件往往具有两种或两种以上电磁特性,同时存在多种能量形式。

例如,一个白炽灯当有电流通过时,它消耗电能,表现为电阻的性质;同时还会产生磁场,将电能转换为磁场能,因而兼有电感的性质;此外,电流还会产生电场,将电能转换为电场能,所以又具有电容的性质。如果我们在进行电路分析时将每个电路器件的电磁特性全部考虑进去,将会使电路的分析变得十分烦琐,甚至难以进行。为了便于分析,我们需借助于抽象的概念——理想电路元件(简称电路元件)。

理想电路元件就是具有某种确定的电或磁性质的假想元件。每种理想电路元件只具有一种物理现象或性质,它们或它们的组合可以反映出实际电路器件的电磁性质和电路的电磁现象。

表示电路中消耗电能的元件称为电阻元件,如电灯、电炉、电阻器等实际电路器件均可用电阻元件作为模型。

具有储存和释放磁场能量性质的元件称为电感元件,如日光灯中的镇流器、电动机中的定子线圈等可用电感元件作为模型。

具有储存和释放电场能量性质的元件称为电容元件,各种电容器都可用电容元件作为模型。

三种理想电路元件的符号如图 2-10 所示。

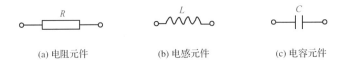

(a) 电阻元件   (b) 电感元件   (c) 电容元件

图 2-10   三种理想电路元件的符号

理想电路元件性质单一,可以用数学关系式精确地描述其性质,因而可以方便地建立由理想电路元件组成的电路模型的数学关系式,用数学方法来分析、计算电路,从而掌握电路的特性。

3. 电路模型

对于实际电路的研究一般可采取两种方法:一是测量法,通过用各种仪表对电路的各种物理量进行测试来研究电路的工作情况;二是分析法,将实际电路抽象成电路模型,通过分析、计算电路模型来进行研究。

电路模型就是用理想电路元件或它们的组合通过一定的连接来模拟实际电路的特性所构成的实际电路的模型(简称电路)。本书所说的电路均指由电路元件构成的电路模型。

图 2-9(b)所示的电路就是实际手电筒的电路模型。通过分析法对电路进行研究时,建立电路模型(简称建模)是一项重要工作。建模时必须考虑工作条件,并按不同精确度的要求把给定工作情况下的主要物理现象及功能反映出来。

例如,一个实际电感器如图 2-11(a)所示,在直流情况下,其电路模型可以是一个电阻元件,如图 2-11(b)所示;在较低频率下,就要用电阻元件和电感元件的串联组合模拟,如图 2-11(c)所示;在较高频率下,还应考虑到导体表面的电荷作用,即电容效应,所以其电路模型还需包含电容元件,如图 2-11(d)所示。

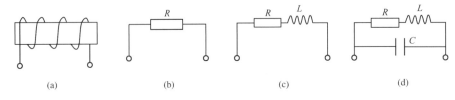

(a)   (b)   (c)   (d)

图 2-11   实际电感器在不同条件下得到的电路模型

可见,在不同的条件下,同一实际元器件可能采用不同的电路模型。电路模型取得恰当,电路分析和计算结果就与实际情况接近;否则会造成很大误差,有时甚至导致自相矛盾的结果。

（二）直流电路基本元件的特性

1.电阻

（1）电阻元件

电阻元件是反映电路器件消耗电能这一物理性能的理想元件。我们常将电阻元件简称为电阻,它是表征材料(或器件)对电流呈现的阻力以及消耗电能的参数。

（2）电阻元件的伏安特性

欧姆定律指出:电阻元件上的电压与流过它的电流成正比。图2-12中的电阻电压、电流为关联参考方向,其伏安特性为

$$u = iR \tag{2-3}$$

在直流电路中,$U = IR$。在图2-13所示的电压、电流非关联参考方向下,伏安特性为

$$u = -iR \tag{2-4}$$

电阻元件有线性电阻元件和非线性电阻元件之分。在任何时刻,两端电压与流过的电流之间服从欧姆定律的电阻元件称为线性电阻元件。

线性电阻元件的伏安特性为过原点的一条直线,如图2-14所示。非线性电阻元件的伏安特性因元件的不同而各不相同。

图2-12　关联参考方向

图2-13　非关联参考方向

图2-14　线性电阻元件的伏安特性

在国际单位制中,电阻的单位为欧姆(Ω)。电阻的倒数称为电导 G,单位为西门子,简称西(S),即

$$G = \frac{1}{R} \tag{2-5}$$

当电路中 a、b 两端的电阻 $R = 0$ 时,我们称 a、b 两点短路;当电路中 a、b 两端的电阻 $R \to \infty$ 时,我们称 a、b 两点开路。

（3）电阻元件上的功率

在图2-12所示的电压、电流关联参考方向下,电阻 R 上的功率为

$$P = ui = (Ri)i = Ri^2 \tag{2-6}$$

可见,$P \geq 0$,即电阻元件总是消耗(或吸收)功率。

（4）电阻器

电阻器和电阻是两个不同的概念。电阻是理想化的电路器件,其工作电压、电流和功率没有任何限制。而电阻器是实际的电路器件,只有在一定的电压、电流和功率范围内才能正常工作。电子设备中常用的碳膜电阻器、金属膜电阻器和线绕电阻器在生产制造时,除了要注明标称电阻值(如100 Ω、10 kΩ 等)外,还要标注额定功率值(如1/8 W、1/4 W、1/2 W、1 W、2 W、5 W 等),以便用户使用时参考。常用电阻器的外形与图形符号如图2-15、图2-16所示。

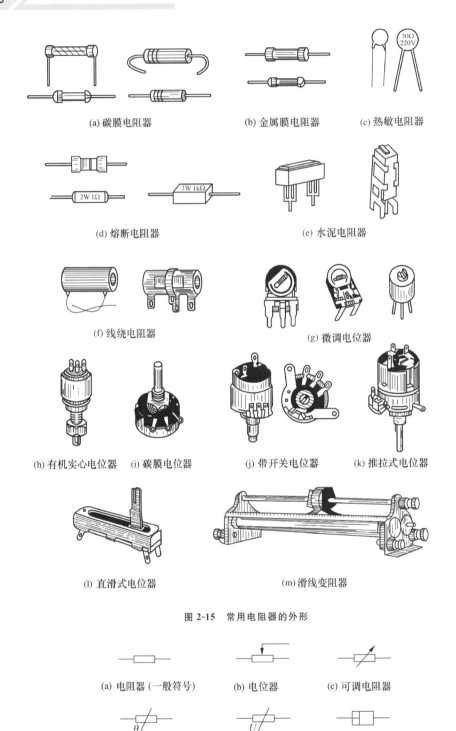

(a) 碳膜电阻器　　　(b) 金属膜电阻器　　　(c) 热敏电阻器

(d) 熔断电阻器　　　(e) 水泥电阻器

(f) 线绕电阻器　　　(g) 微调电位器

(h) 有机实心电位器　(i) 碳膜电位器　(j) 带开关电位器　(k) 推拉式电位器

(l) 直滑式电位器　　　(m)滑线变阻器

图 2-15　常用电阻器的外形

(a) 电阻器 (一般符号)　　(b) 电位器　　　(c) 可调电阻器

(d) 热敏电阻器　　　(e) 压敏电阻器　　　(f) 熔断电阻器

图 2-16　常用电阻器的图形符号

现在还经常使用排电阻,它是一种将按一定规律排列的分立电阻器集成在一起的组合型电阻器,也称为集成电阻器或电阻器网络,如图 2-17 所示。多个相同阻值的电阻的一端接在一起,另一端可分别接其他电路。接在一起的公共端接地,或接其他电路。排电阻一般用于相同多点输入的电路中,如有 N 个开关量的输入需要对输入信号进行限流、滤波的回路。排电阻有单列式(SIP)和双列直插式(DIP)两种外形结构,内部电阻器的排列又有多种形式。排电阻的型号表示了其管脚和电阻的数量,例如型号 10P9R1K 中,"10P"表示 10 个管脚,"9R"表示 9 个电阻,"1K"表示排电阻的每个电阻的阻值为 1 kΩ,所以型号为 10P9R1K 的排电阻就是共有 10 个管脚的阻值均为 1 kΩ 的 9 个电阻的排电阻。

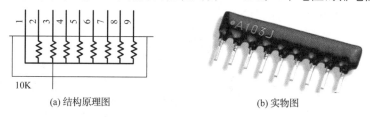

(a) 结构原理图　　　　　　　　(b) 实物图

图 2-17　八只 10K 排电阻

在一般情况下,电阻器的实际工作电压、电流和功率均应小于其额定电压、电流和功率。当电阻器消耗的功率超过额定功率过多或超过虽不多但时间过长时,电阻器会因发热而温度过高,使电阻器烧焦变色甚至断开而产生电路故障。

2. 电感

(1) 电感元件

电感器是把一段导电良好的金属导线绕在一个骨架(或铁芯)上形成一个线圈,再外加屏蔽罩组成的。电感元件是实际电感器的理想化模型,它是反映电路器件储存磁场能量这一物理性能的理想元件。通常将电感元件简称为电感,它是表征材料(或器件)储存磁场能量的参数。

图 2-18 所示为一个电感线圈,当电流 i 通过后,会产生磁通 $\varPhi_L$,若磁通 $\varPhi_L$ 与 N 匝线圈相交链,则线圈的磁链为

$$\varPsi_L = N\varPhi_L \tag{2-7}$$

对于线性电感而言,磁链与线圈中电流的比值是一个常数,用 L 来表示,即

$$L = \varPsi_L / i \tag{2-8}$$

电感器的文字符号用 L 表示。电感的单位是亨利(H),常用的单位还有毫亨(mH)、微亨(μH),它们之间的换算关系为

$$1\ \mathrm{H} = 1 \times 10^3\ \mathrm{mH} = 1 \times 10^6\ \mu\mathrm{H}$$

(2) 电感元件的伏安特性

图 2-19 所示为电感元件的图形符号,在图示的电压、电流关联参考方向下,其伏安特性为

$$u_L = L \cdot \frac{\mathrm{d}i_L}{\mathrm{d}t} \tag{2-9}$$

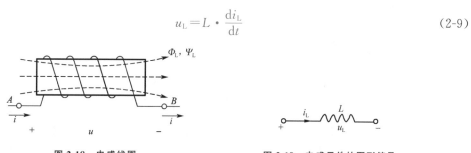

图 2-18　电感线圈　　　　　　　　　图 2-19　电感元件的图形符号

式(2-9)是电感元件伏安特性的微分形式。在稳定的直流电路中，电流 $i = I$（不随时间变化），所以 $u_L = L \cdot \dfrac{\mathrm{d}i_L}{\mathrm{d}t} = 0$。在电流不为零的情况下电压为零，即电感元件在直流电路中相当于短路，不消耗功率。

（3）电感器

常用电感器的外形与图形符号如图 2-20、图 2-21 所示。

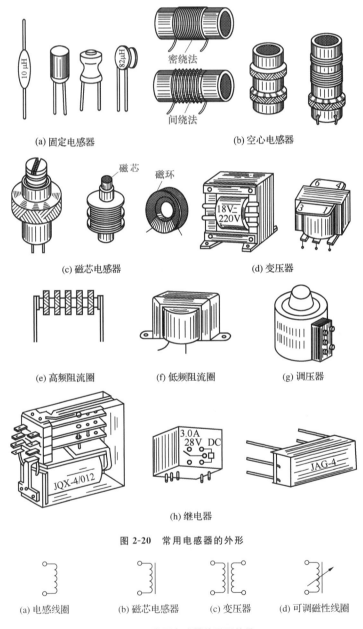

(a) 固定电感器

密绕法

间绕法

(b) 空心电感器

磁芯

磁环

18V～
220V

(c) 磁芯电感器

(d) 变压器

(e) 高频阻流圈

(f) 低频阻流圈

(g) 调压器

JQX-4/012

3.0A
28V DC

JAG-4

(h) 继电器

图 2-20　常用电感器的外形

(a) 电感线圈　　(b) 磁芯电感器　　(c) 变压器　　(d) 可调磁性线圈

图 2-21　常用电感器的图形符号

理想化的电感元件只有储存磁场能量的性质，其两端电压和流过的电流没有限制。在实际电路中使用的电感线圈类型很多，电感的范围也很大，从几微亨到几亨都有。

实际电感线圈可以用一个理想电感或一个理想电感与理想电阻串联作为它的电路模型。在电路工作频率很高的情况下,还需要再并联一个电容来构成线圈的电路模型,如图 2-22 所示。在实际电感器上除了标明其电感值外,还标明了它的额定电流。因为当电流超过一定值时,线圈将有可能由于温度过高而被烧坏。

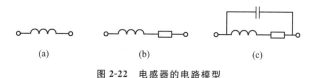

图 2-22　电感器的电路模型

3.电容

(1)电容元件

让两块金属板中间充满绝缘介质,就构成了电容器,这两块金属板称为电容器的极板,其上引出的金属导线作为接线端子。在外电源作用下,两块极板上能分别储存等量的异性电荷,并在介质中形成电场。当外电源撤除后,两块极板上的电荷能长久地储存。在电荷所建立的电场中储存着能量,因此可以说电容器是一种能够储存电场能量的部件。电容元件是实际电容器的理想化模型,它是反映电路器件储存电场能量这一物理性能的理想元件。我们常将电容元件简称为电容,它是表征材料(或器件)储存电场能量的参数。

(2)电容元件的伏安特性

图 2-23 所示为电容元件的图形符号,其文字符号为 C。在国际单位制中,电容 C 的单位是法拉,简称法(F)。因法拉这个单位太大,所以经常用微法(μF)、皮法(pF)等,其换算关系为

$$1 \ \text{F} = 1 \times 10^{6} \ \mu\text{F} = 1 \times 10^{12} \ \text{pF}$$

图 2-23　电容元件的图形符号

电容元件上的电容量与电容器储存的电荷量 q 和它两端的电压 u_C 的关系为

$$q = C u_C \qquad (2\text{-}10)$$

由此可见,当电容两端的电压升高时,其储存的电荷量增加,这一过程称为充电;当电压降低时,电荷量减少,这一过程称为放电。电容在充、放电过程中,它所储存的电荷随时间而变化。当 u、i 采用关联参考方向时,根据电流强度的定义有

$$i = \frac{\mathrm{d}q}{\mathrm{d}t} \qquad (2\text{-}11)$$

则

$$i = C \cdot \frac{\mathrm{d}u_C}{\mathrm{d}t} \qquad (2\text{-}12)$$

式(2-12)是电容元件伏安特性的微分形式,在稳定的直流电路中,电容的端电压为一常数,因此流经电容的电流 $i = C \cdot \dfrac{\mathrm{d}u_C}{\mathrm{d}t} = 0$,电容相当于开路,故电容有隔断直流的作用。电容在直流电路中不消耗功率。

(3)电容器

常用电容器的外形与图形符号如图 2-24、图 2-25 所示。

电容元件是理想化的电路元件,它只有储存电场能量的性质,其两端电压和流过的电流没有限制。而实际电容器两极板之间的介质不可能是理想的,必然存在一定的漏电阻。就是说,它既有储能的性质,也有一些能量损耗。因此,实际电容器的电路模型中,除了电容之

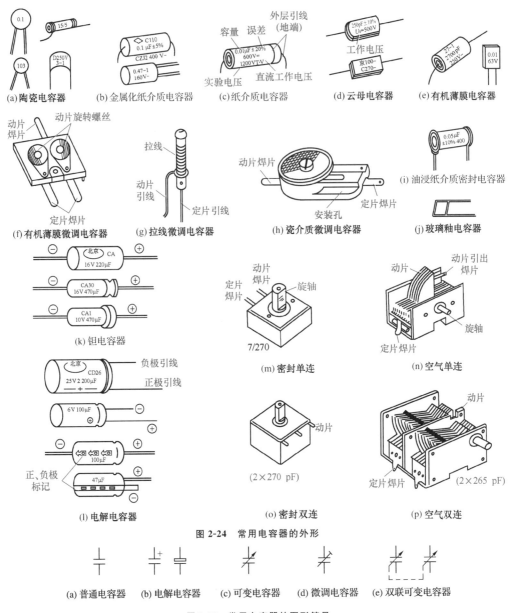

图 2-24　常用电容器的外形

(a) 普通电容器　(b) 电解电容器　(c) 可变电容器　(d) 微调电容器　(e) 双联可变电容器

图 2-25　常用电容器的图形符号

外,有时还应并联一个电阻元件。另外,电容器上除了标明其电容外,还标明了它的额定工作电压,以供用户选用。因为每个电容器能够承受的电压是有限的,电压过高,介质将被击穿,从而丧失了电容器的作用。此外,电解电容器的两个极板是有正、负极性的,因此电解电容器还标出了其负极,实际使用时两个电极不可接反;否则,电容器也将被击穿。

任务实施

1. 实训器材

(1)万用表 1 只。

（2）色环电阻及其他电阻若干。

（3）电容（最好用电解电容）若干。

2. 实训原理

(1)电阻的测量

①电阻的标注方法

对于常用固定阻值的电阻,可以通过电阻本身的标称值进行读数。电阻器的主要参数有标称阻值、允许误差和额定功率。电阻器表面所标注的阻值称为标称阻值,其标注方法如图 2-26 所示。允许误差是指电阻器的实际阻值相对于标称阻值的允许最大误差范围,可以通过查表得到。额定功率是指在规定的环境温度中允许电阻器承受的最大功率,也可以通过查表得到。

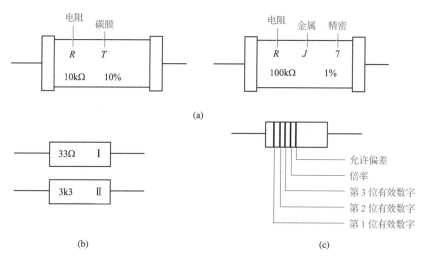

图 2-26　标称阻值的标注方法

②用万用表的欧姆挡直接测量

先估计被测电阻的大小,选择适当的量程,将万用表转换开关拨到电阻的相应挡位上,被测电阻的值应尽量接近这一挡位的中心电阻值,这样读数时误差较小。这种方法最简单,但准确度低。

③用伏安法进行测量

根据欧姆定律 $U=IR$,只要用电压表测出电阻两端的电压,用电流表测出通过电阻的电流,就可以求出电阻值,这就是测量电阻的伏安法,如图 2-27 所示。

要注意的是,图 2-27(a)所示的测量电路实际测得的电阻是电流表的内阻和被测电阻的串联值,而图 2-27(b)所示的测量电路实际测得的电阻是电压表的内阻和被测电阻的并联值。一般情况下,如果待测电阻的阻值比电流表的内阻大得多,则采用电压表外接法,由电流表的分压而引起的误差就小;如果待测电阻的阻值比电压表的内阻小得多,则采用电压表内接法,由电压表的分流而引起的误差就小。

④用直流单电桥(惠斯通电桥)法进行测量

图 2-28 所示为直流单电桥法的原理。由 4 个桥臂 R_1、R_2、R_3、R_4 和直流电源以及检流计 G 组成,其中 R_1 为被测电阻。通过调节已知的可调电阻 R_2、R_3、R_4 使检流计 G 的电流为零,则表明检流计两端电位相同,则有 $I_1=I_2$,$I_3=I_4$。

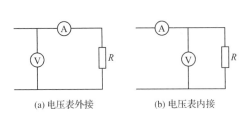

(a) 电压表外接   (b) 电压表内接

图 2-27   用伏安法测量电阻   图 2-28   直流单电桥法的原理

因为 R_1 和 R_3 上的电压降相等，R_2 和 R_4 上的电压降相等，所以有

$$R_1 I_1 = R_3 I_3$$

$$R_2 I_2 = R_4 I_4$$

$$\frac{R_1}{R_2} = \frac{R_3}{R_4}$$

得

$$R_1 = \frac{R_3}{R_4} \cdot R_2 \tag{2-13}$$

由于 R_2、R_3、R_4 都是已知的，因此可计算出 R_1。

这种测量方法的准确度较高，其准确度在检流计的灵敏度足够高的情况下，与电源无关，仅由标准电阻的准确度决定。

(2)电容的测量

①电容器容量的鉴别

电容器容量一般可直接由电容器外壳上标注的数据读取。一般标注的规则是：当容量为 100 pF～1 μF 时，常不标注单位，没有小数点的单位是 pF，有小数点的单位是 μF，如 4 700 就是 4 700 pF，0.22 就是 0.22 μF；当容量大于 10 000 pF 时，以 μF 为单位；当容量小于 10 000 pF 时，以 pF 为单位。当电容器的标注被擦除或看不清时，可用电容表进行测量。

②电容器好坏的判断

电容器常见故障有断路、短路、漏电等，可用万用表来判断其好坏。

● 漏电电阻的测量

把两表笔分别接到电容器的两引脚上，将万用表转换开关拨到欧姆挡（$R×10$ k 或 $R×1$ k 挡），可以看到万用表指针先摆向零，然后慢慢反向退回到无穷大附近，指针稳定后所指示的值即该电容器的漏电电阻。若指针离无穷大较远，则表明电容器漏电严重，该电容器不能使用。

● 断路测量

对于 0.01 μF 以上的电容器，可以用万用表进行测量，但必须根据电容器容量的大小选取合适的量程才能正确判断。如测量 0.01～0.47 μF 的电容器用 $R×10$ k 挡，测量 0.47～10 μF 的电容器用 $R×1$ k 挡，测量 10～300 μF 的电容器用 $R×100$ 挡，测量 300 μF 以上的电容器用 $R×10$ 或 $R×1$ 挡。具体测量时将万用表的两表笔分别接到电容器的两引脚上，若表针不动，则将表笔对调后再测量；若表针仍不动，则说明电容器已断路。对于 0.01 μF 以下的小电容器，用万用表不能判断其是否断路，只能用其他仪表进行鉴别（如 Q 表等）。

● 电容器短路的测量

用万用表的 $R\times1$ 挡将两表笔分别接到电容器的两引脚上,如指示值很小或为零,且指针不返回,则说明电容器已被击穿,不能使用。

③电解电容器极性的判别

在生产实际中,经常用到电解电容器,它的极性不能接反。判别其极性的方法是用万用表正、反两次测量电解电容器的漏电电阻,将两次所测得的阻值对比,漏电电阻小的那一次,黑表笔所接触的就是电解电容器的负极。

(3)电感器的好坏判断及大小判别

实际中使用电感器的常见故障为电感器断路。判断的方法是用万用表的 $R\times1$ 或 $R\times10$ 挡测量电感器的阻值,若为无穷大,则表明电感器断路;若阻值小,则表明电感器正常。

可直接由标在固定电感器外壳上的数字读取电感量。当数字不清晰或被擦除时,应该用高频 Q 表或电桥等仪器进行测量。

3. 实训内容

(1)用万用表测量电阻

首先读出各色环电阻的阻值(按图 2-26 和表 2-2),选择合适的挡位进行测量,每挡测量三个电阻,将测量结果记入表 2-3 中。

表 2-2　　　　　　　　　　色环所代表的含义

颜色	有效数字	倍率	允许误差/%
银	—	10^{-2}	±10
金	—	10^{-1}	±5
黑	0	10^{0}	—
棕	1	10^{1}	±1
红	2	10^{2}	±2
橙	3	10^{3}	—
黄	4	10^{4}	—
绿	5	10^{5}	±0.5
蓝	6	10^{6}	±0.2
紫	7	10^{7}	±0.1
灰	8	10^{8}	—
白	9	10^{9}	±5
无色	—	—	±20

表 2-3　　　　　　　　　　电阻的测量结果

项目		测量记录							
电阻	电阻挡倍率	$R\times1$			$R\times10$			$R\times1$ k	$R\times10$ k
	测量电阻值								

(2)用万用表测量电容

根据已知电容的容量大小,选择合适的电阻挡位进行测量,以判定电容器的质量,同时判别电容器的极性,自行设计表格并记录。

任务 5 直流电路中电位的测量及故障检测

知识链接

▓▓ 电位及其测量

（一）直流电路中的电位

电路中电流之所以能够沿着电压的方向流动，是因为电路中某两点之间存在电位差。要比较两点电位的高低，必须要确定电位的起点——零参考点。我们常以大地为参考点，电子电路中则以金属底板、机壳为参考点，用符号"⊥"表示。

电路中，当我们选定参考点后，某点对参考点的电压即该点的电位，用 V 表示，故电位的单位与电压相同。在电路中不确定参考点而讨论电位是没有意义的，在一个电路中只能选择一个参考点，其本身的电位为零，一旦选定，电路中其他各点的电位也就确定了。当参考点选择得不同时，同一点的电位值也随之改变，可见电路中各点电位的大小与参考点的选择有关。

由电位的定义可知，电路中 a 点到 b 点的电压就是 a 点电位与 b 点电位之差，即

$$U_{ab} = V_a - V_b$$

因此，电压又称电位差。

在电子电路中，为使电路简化，常省略电源不画，而在电源端用电位的极性及数值标出，如图 2-29（a）所示电路可简化为图 2-29（b）所示电路，a 端标出 $+V_a$，意为电源的正极接在 a 端，其电位值为 V_a，电源的负极则接在参考点 c。

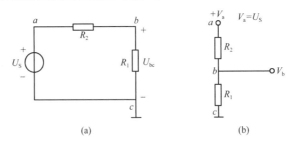

(a)   (b)

图 2-29 用电位简化电路

（二）直流电路中电压和电位的测量

测量电路中任意两点间的电压时，先在电路中假定电压的参考方向（或参考极性），将电压表的正、负极分别与电路中假定的正、负极相连。若电压表正向偏转（实际极性与参考极

性相同),则将该电压记为正值;若电压表反向偏转,则立即交换电压表两表笔的接触位置,再读取读数(实际极性与参考极性相反),将该电压记为负值。

测量电路中的电位时,首先在电路中选定一参考点,将电压表跨接在被测点与参考点之间,电压表的读数就是该点的电位值。若电压表的正极接被测点,负极接参考点,电压表正向偏转,则该点的电位为正值;若电压表反向偏转,则立即交换电压表两表笔的接触位置,读取读数,该点的电位即负值。

任务实施

1. 实训器材

(1)双输出直流稳压电源 1 台。

(2)可变电阻器 1 只。

(3)直流电流表 1 只。

(4)直流电压表(或万用表)1 只。

(5)100 Ω、200 Ω(均 1 W)电阻各 1 只。

2. 实训内容

(1)按图 2-30 所示连线。$U_{S1} = 3$ V(稳压电源 1),$U_{S2} = 8$ V(稳压电源 2),$R_1 = 100$ Ω,$R_2 = 200$ Ω,R_P 为可变电阻器,选择 d 点为参考点,调节 $R_P = R_2$,$R_P = R_2/2$ 时,分别测量 a、b、c、e 各点的电位,记入表 2-4 中。

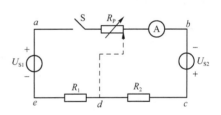

图 2-30　测量电位的电路

(2)取上述情况的 $R_P = R_2/2$ 时作为正常情况。在 R_2 断路和 R_2 短路两种情况下,分别测量 a、b、c、e 各点的电位,记入表 2-4 中。比较故障时的测量值与正常情况下的测量值的差别,重新分析故障的原因。

表 2-4　　　　　　　　　　　　　　　电位的测量结果

电路状态		d 点为参考点			
		V_a	V_b	V_c	V_e
正常	$R_P = R_2$				
	$R_P = R_2/2$				
断路故障	$R_P = R_2/2$				
短路故障	$R_P = R_2/2$				

任务6　电压和电流分配关系的认识

知识链接

■■ 电源的理想模型和电路的重要定律

（一）电源的理想模型

电路中的耗能器件或装置有电流流动时，会不断消耗能量，为电路提供能量的器件或装置就是电源。常用的直流电源有干电池、稳压电源、稳流电源等，常用的交流电源有电力系统提供的正弦交流电源、各种信号发生器等。为了得到各种实际电源的电路模型，我们首先定义理想电源。理想电源是实际电源的理想化模型，根据实际电源工作时的外特性，一般将独立电源分为电压源、电流源两种。

理想电源按其特性的不同，可分为理想电压源和理想电流源两种。

1. 理想电压源

理想电压源的符号及伏安特性如图 2-31 所示，图中"＋""－"表示 U_S 的参考极性。

由伏安特性可知理想电压源的特点如下：

(1)它的端电压保持为一个定值 U_S，与流过它的电流无关。

(2)通过它的电流取决于它所连接的外电路。

2. 理想电流源

理想电流源的符号及伏安特性如图 2-32 所示，图中箭头所指的方向为 I_S 的参考方向。

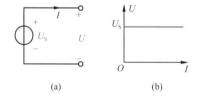

（a）　　　　　　　　（b）

图 2-31　理想电压源的符号及伏安特性

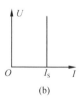

（a）　　　　　　　　（b）

图 2-32　理想电流源的符号及伏安特性

由伏安特性可知理想电流源的特点如下：

(1)流过它的电流保持为一个定值 I_S，与它两端的电压无关。

(2)它的端电压取决于它所连接的外电路。

（二）关于电路结构的常用名词

只含有一个电源的串、并联电路的电流、电压等的计算可以根据欧姆定律进行，但对于含有两个以上电源的电路或由电阻特殊连接构成的复杂电路的计算,仅靠欧姆定律是解决不了根本问题的,必须分析电路中各电流之间和各电压之间的相互关系。

1. 支路

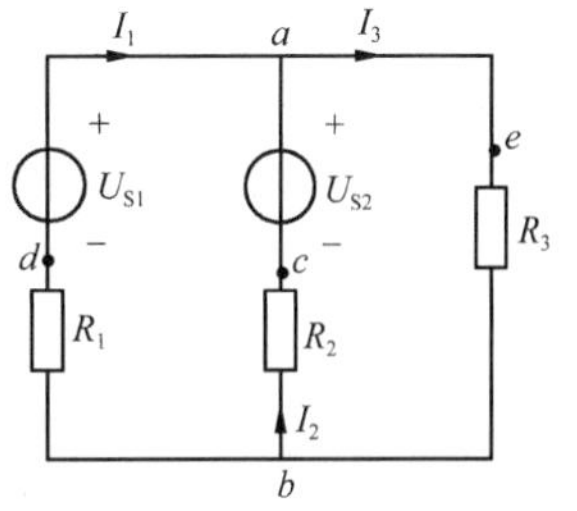

电路中通过同一电流的每个分支称为支路。在图 2-33 中,共有 aeb、acb、adb 三条支路。

2. 节点

电路中 3 个或 3 个以上支路的连接点称为节点。图 2-33 中共有两个节点——a 节点和 b 节点。

图 2-33　具有三条支路两个节点的电路

3. 回路

电路中任一闭合的路径称为回路。图 2-33 中的 $acbda$、$aebca$、$aebda$ 都是回路。

4. 网孔

网孔是存在于平面电路的一种特殊回路,这种回路除了构成其本身的那些支路外,在回路内部不另含有支路。图 2-33 中共有 $acbda$、$aebca$ 两个网孔。

(三)关于电路的重要定律

基尔霍夫定律是表示电路中各电流之间和各电压之间相互关系的基本定律,它包含基尔霍夫电流定律(KCL)和基尔霍夫电压定律(KVL)。

1. 基尔霍夫电流定律(KCL)

基尔霍夫电流定律的基本内容:对于集中参数电路的任一节点,在任一瞬间,流入该节点的电流之和等于流出该节点的电流之和。

KCL 数学表达式为

$$\sum i_i = \sum i_o \qquad (2\text{-}14)$$

在图 2-33 中,根据 I_1、I_2、I_3 的电流参考方向,对节点 a 有

$$\sum I_i = I_1 + I_2, \sum I_o = I_3$$

由 KCL 可得

$$I_1 + I_2 = I_3$$

或

$$I_1 + I_2 - I_3 = 0$$

因此,基尔霍夫电流定律还可以表述为:对于集中参数电路的任一节点,在任一瞬间,通过该节点的各支路电流的代数和恒等于零。KCL 数学表达式也可以写为

$$\sum i = 0 \qquad (2\text{-}15)$$

在表示电流关系时,不但要选定每一支路电流的参考方向,而且要事先对节点电流方程中电流的正负做好规定。一般规定流入节点为正,流出节点为负,当然也可以做相反的规定。

例 2-2

在图 2-34 所示电路中,已知 $i_1=6$ A,$i_2=-4$ A,$i_3=-8$ A,$i_4=10$ A,求 i_5。

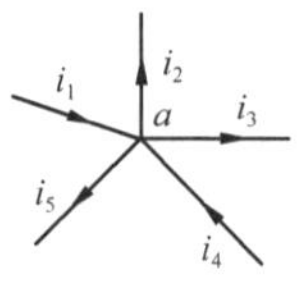

解:根据式(2-14)列出电路中 a 点电流的关系式为

$$i_1+i_4=i_2+i_3+i_5$$

图 2-34　例 2-2 图

$$i_5=i_1+i_4-i_2-i_3=6+10-(-4)-(-8)=28 \text{ A}$$

2. 基尔霍夫电压定律(KVL)

基尔霍夫电压定律的基本内容:对于集中参数电路的任一回路,在任一瞬间,沿任意给定的绕行方向,该回路内各段电压的代数和等于零。其数学表达式为

$$\sum u=0 \tag{2-16}$$

式中,各段电压符号按照其参考方向与选定的回路绕行方向的关系来确定。当电压的参考方向与选定的回路绕行方向相同时,电压为正,该电压前面取"+"号;相反时,电压为负,该电压前面取"−"号。

在图 2-35 所示的电路中,按照确定的绕向,其 KVL 数学表达式为

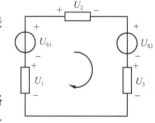

$$-U_1-U_{S1}+U_2+U_{S2}+U_3=0$$
$$-U_1+U_2+U_3=U_{S1}-U_{S2}$$

因此,基尔霍夫电压定律还可以表述为:对于集中参数电路的任一回路,在任一瞬间,沿任意给定的绕行方向,该回路内各支路负载电压降的总和恒等于各支路电源电压升的总和。其数学表达式为

图 2-35　回路电压正负的选定

$$\sum u_i=\sum u_S \tag{2-17}$$

式中　u_i——回路上各支路负载的电压,以电压"降"为正;

　　　u_S——回路上各支路电源的电压,以电压"升"为正。

例 2-3

图 2-36 所示为某复杂电路中的一个回路,已知各元件电压:$U_1=U_4=2$ V,$U_2=U_5=-5$ V,求 U_3。

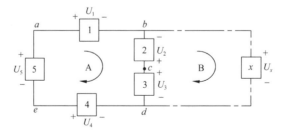

图 2-36　例 2-3 图

解：各元件上的电压参考极性如图 2-36 所示，从 a 点出发沿顺时针方向绕行一周，可得

$$U_1 - U_2 + U_3 - U_4 - U_5 = 0$$

将已知数据代入得

$$2 - (-5) + U_3 - 2 - (-5) = 0$$

解得

$$U_3 = -10 \text{ V}$$

U_3 为负值说明 U_3 的实际极性与图 2-36 中的参考方向相反。从本例可以看出，为正确列写 KVL 方程，首先应在电路图中标注回路中各个元件的电压参考方向，然后选定一个绕行方向(顺时针或逆时针均可)，自回路中某一点开始按所选绕行方向绕行一周。若某元件上电压的参考方向与所选的绕行方向相同，则电压取正号；反之，则取负号。

基尔霍夫定律是电路分析的基础，它反映了电路结构对各元件电压、电流之间的约束关系。这种结构约束关系与各元件自身的电压、电流约束关系就成为电路分析的两个基本关系。

例2-4

求图 2-37 所示电路中两个电阻上的电流和各元件的功率。

解：各电流和电压的参考方向如图 2-37 所示，由 KCL 定律有

$$-9 + I_1 + I_2 + 3 = 0$$

由欧姆定律有

$$I_1 = \frac{U}{5} \qquad I_2 = \frac{U}{10}$$

则

$$-9 + \frac{U}{5} + \frac{U}{10} + 3 = 0$$

故

$$U = 20 \text{ V}$$

$$I_1 = \frac{20}{5} = 4 \text{ A} \qquad I_2 = \frac{20}{10} = 2 \text{ A}$$

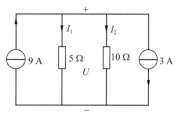

图 2-37　例 2-4 图

9 A 电源的电压和电流为非关联参考方向，则

$$P_{9\text{ A}} = 20 \times (-9) = -180 \text{ W(发出功率)}$$

3 A 电源的电压和电流为关联参考方向，则

$$P_{3\text{ A}} = 20 \times 3 = 60 \text{ W(吸收功率)}$$

5 Ω 电阻的电压和电流为关联参考方向，则

$$P_1 = 4^2 \times 5 = 80 \text{ W(吸收功率)}$$

10 Ω 电阻的电压和电流为关联参考方向,则

$$P_2 = 2^2 \times 10 = 40 \text{ W(吸收功率)}$$

吸收总功率为

$$P_{吸} = P_{3A} + P_1 + P_2 = 60 + 80 + 40 = 180 \text{ W(与发出总功率相等)}$$

任务实施

1. 实训器材

(1)双输出直流稳压电源 1 台。

(2)直流电压表(或万用表)1 只。

(3)直流电流表 1 只。

(4)电源插座 1 只。

(5)330 Ω、510 Ω、1 kΩ(均为 1 W)电阻共 5 只。

2. 实训内容

根据图 2-38 所示电路的支路电流和各段电压的测量结果,分析复杂电路中的电流和电压是如何分配的,它们之间存在怎样的相互关系。

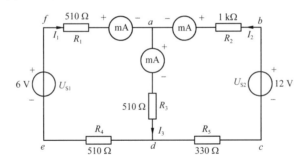

图 2-38　基尔霍夫定律实验电路

(1)按图 2-38 所示接线,分别测量各支路电流和各段电压的数值,记入表 2-5 中。

表 2-5　　　　　　　　　　　　　　　　　实验记录

被测量	I_1/mA	I_2/mA	I_3/mA	U_{S1}/V	U_{S2}/V	U_{fa}/V	U_{de}/V	U_{ba}/V	U_{dc}/V	U_{ad}/V
测量值										

(2)分析表 2-5 中的数据是否符合下列关系,通过分析我们能得出什么结论?

①节点 a 上的电流关系:$I_1 + I_2 = I_3$。

②回路 $fadef$ 上的电压关系:$U_{fa} + U_{ad} + U_{de} = U_{S1}$。

③回路 $badcb$ 上的电压关系:$U_{ba} + U_{ad} + U_{dc} = U_{S2}$。

④回路 $bafedcb$ 上的电压关系:$U_{ba} - U_{fa} - U_{de} + U_{dc} = U_{S2} - U_{S1}$。

练 习 题

1.试说明 KCL、KVL 的含义及适用范围。

2.对于有 n 个节点的电路,有多少个独立的 KCL 方程？试举例说明。

3.求图 2-39 所示电路中的电流 I。

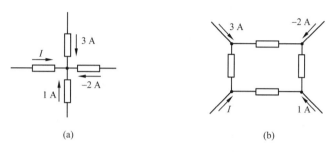

(a)　　　　　　　　　　(b)

图 2-39　练习题 3 图

4.求图 2-40 所示电路中的电流 I 及 U_{ab}、U_{cd}。

5.求图 2-41 所示电路中的电压 U。

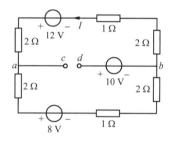

图 2-40　练习题 4 图

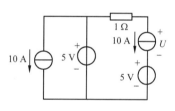

图 2-41　练习题 5 图

项目 **3**

单相正弦交流电路及其测量

知识目标与技能目标

◆ 掌握正弦量的三要素。*

◆ 理解交流电的相位差和有效值的概念。

◆ 学习交流信号的测量方法。

◆ 理解电阻元件、电感元件及电容元件上电压与电流的向量关系。

◆ 掌握功率的计算与功率因数的提高方法。*

◆ 掌握谐振电路的测量方法。

任务7 正弦交流电路的认识与测量

实验演示

单相正弦波交流电的波形

（1）用示波器观察单相交流电的波形,结合图3-1所示波形,初步认识正弦波。

（2）用示波器观察低频信号发生器输出的 5 V、50 Hz 的正弦信号波形。

（3）用示波器观察低频信号发生器输出的 5 V、100 Hz 的正弦信号波形。

（4）用双踪示波器同时观察 5 V、50 Hz 和 3 V、100 Hz 的正弦信号波形,比较两者的不同。

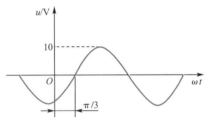

图 3-1　正弦波的波形

（5）用双踪示波器同时观察 5 V、100 Hz 和 3 V、1 000 Hz 的正弦信号波形,比较两者的不同。

知识链接

▓▓ 正弦交流电路

（一）正弦交流电路的基本物理量

1. 正弦量的三要素

正弦交流量简称正弦量,其一般表达式（以正弦交流电流为例）为

$$i(t) = I_m \sin(\omega t + \varphi)$$

式中　I_m——正弦交流电流的振幅;

　　　ω——角频率;

　　　φ——初相位。

用振幅、角频率和初相位三个量可以准确地表达一个正弦量,故振幅、角频率和初相位称为正弦量的三要素。

（1）振幅（最大值）

正弦量在任一瞬间的数值称为瞬时值,用小写字母 i 或 u 分别表示电流或电压的瞬时

值,如图 3-2(a)所示。正弦量瞬时值中的最大值称为振幅,又
称为峰值,用大写字母加下标 m 表示,如图 3-2(b)中的 I_m。

(2)角频率

角频率是描述正弦量变化快慢的物理量。正弦量在单位
时间内所经历的电角度称为角频率,用字母 ω 表示,其单位为
弧度/秒(rad/s)。正弦量交变一周的电角度是 2π 弧
度(2π rad $= 360°$)。

正弦量交变一周所用的时间称为周期,用 T 表示,单位为
秒(s)。正弦量在单位时间内交变的次数称为频率,用 f 表
示,单位为赫兹(Hz)。频率与周期的关系为

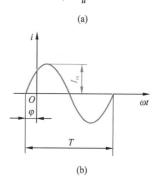

图 3-2　正弦交流电流的振幅

$$f = \frac{1}{T} \tag{3-1}$$

周期、频率与角频率的关系为

$$\omega = \frac{2\pi}{T} = 2\pi f \tag{3-2}$$

我国和世界上许多国家采用的电力工业的标准频率(工频)均为 50 Hz;也有一些国家
如美国,采用的工频为 60 Hz。

(3)初相位

正弦量表达式中的($\omega t + \varphi$)称为相位角,简称相位,它不仅确定了正弦量瞬时值的大小
和方向,还描述了正弦量变化的趋势。

初相位是计时起点 $t = 0$ 时的相位,用 φ 表示,简称初相。它确定了正弦量在计时起点
时的瞬时值,通常规定它不超过 π 弧度。

2. 相位差

两个同频率正弦量的相位之差称为相位差,例如

$$u_1 = U_{1m}\sin(\omega t + \varphi_1)$$
$$u_2 = U_{2m}\sin(\omega t + \varphi_2)$$

它们之间的相位差用 φ_{12} 表示,则

$$\varphi_{12} = (\omega t + \varphi_1) - (\omega t + \varphi_2) = \varphi_1 - \varphi_2 \tag{3-3}$$

可见,同频率正弦量的相位差等于两个同频率正弦量的初相之差,且不随时间改变,是
个常量,与计时起点的选择无关,如图 3-3 所示。相位差就是相邻两个零点(或正峰值)之间
所间隔的电角度。

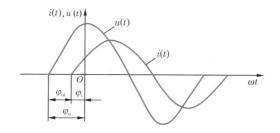

图 3-3　初相不同的两个正弦波形

若 u_1 比 u_2 先达到正的最大值或零值,则相位差 $\varphi_{12} > 0$,即 $\varphi_1 > \varphi_2$,称 u_1 超前 u_2(或称
u_2 滞后 u_1)。

若两个正弦量同时达到正的最大值或零值,则相位差 $\varphi_{12}=0$,即 $\varphi_1=\varphi_2$,这时正弦电压 u_1 和 u_2 的初相位相等,称 u_1 与 u_2 同相,其波形如图 3-4(a)所示。

当一个正弦量达到正的最大值时,另一个正弦量达到负的最大值,则相位差 $\varphi_{12}=\pm\pi$,称 u_1 与 u_2 反相,其波形如图 3-4(b)所示。

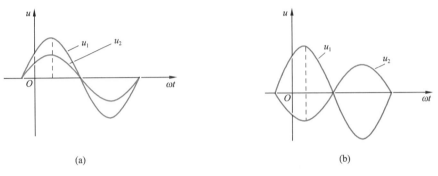

(a)   (b)

图 3-4   同相与反相的两个正弦波形

设有两个频率相同的正弦电流,$i_1=10\cos(\omega t+45°)$ A,$i_2=8\sin(\omega t+30°)$ A,求这两个电流之间的相位差,并说明它们的相位关系。

解:首先将 i_1 改写成正弦函数,即

$$i_1=10\cos(\omega t+45°)=10\sin(\omega t+135°) \text{ A}$$

故相位差为

$$\varphi_{12}=\varphi_1-\varphi_2=135°-30°=105°$$

所以电流 i_1 比 i_2 超前 $105°$。

3. 有效值

交流电的大小是变化的,如何用某个数值来描述交流电的大小呢? 这可以通过电流的热效应来确定。

定义:将一个正弦交流电流 i 和某直流电流 I 分别通过两个阻值相等的电阻,如果在相同的时间 T(正弦信号的周期)内两个电流产生的热量相等,则称该直流电流 I 的值为该正弦交流电流 i 的有效值。

正弦交流电压和正弦交流电流的有效值分别用大写字母 U、I 来表示,正弦量的有效值与其最大值的关系为

$$I=\frac{I_{\mathrm{m}}}{\sqrt{2}}=0.707I_{\mathrm{m}}$$

$$U=\frac{U_{\mathrm{m}}}{\sqrt{2}}=0.707U_{\mathrm{m}}$$

引入有效值后,正弦交流电流和电压的表达式可写为

$$\left.\begin{array}{l}i(t)=I_{\mathrm{m}}\sin(\omega t+\varphi_i)=\sqrt{2}\,I\sin(\omega t+\varphi_i)\\u(t)=U_{\mathrm{m}}\sin(\omega t+\varphi_u)=\sqrt{2}\,U\sin(\omega t+\varphi_u)\end{array}\right\}$$

(3-4)

有效值和最大值是从不同角度反映正弦量大小的物理量。通常所说的正弦波的电流、电压值,如果不特殊说明,则都是指有效值。例如,在各种交流电气设备铭牌上所标注的电流和电压值均指有效值;日常照明的交流电压值为220 V,也是指有效值。一般测量用的电流表和伏特表上刻度的指示数,都是指正弦波电流和电压的有效值。

注意

在选择元器件和电气设备的耐压性能时,必须考虑交流电压的最大值。

例 3-2

有一电容器,标有"额定耐压为250 V"字样,问其能否接在电压为220 V的交流电源上。

解:该电容器正弦交流电压的最大值 $U_m = \sqrt{2} \times 220 = 311$ V,这个数值超过了该电容器的额定耐压值,可能会击穿该电容器,所以不能接在220 V的交流电源上。

(二)测量交流信号的常用仪器

1. 示波器

示波器是一种用来观察各种周期性变化的电压、电流波形的仪器,也可以用来测量电压、电流的幅值、相位和周期等参数,它具有输入阻抗高、频带宽、灵敏度高等优点,被广泛应用于交流信号的测量。

2. 信号发生器

信号发生器的种类很多,按频率和波段不同可分为低频信号发生器、高频信号发生器和脉冲信号发生器。

低频信号发生器的输出频率范围通常为20 Hz~20 kHz,所以又称为音频信号发生器。现代生产的低频信号发生器的输出频率范围已延伸到1 Hz~1 MHz频段,且可以产生正弦波、方波及其他波形的信号。

高频信号发生器的工作频段为1 MHz~1 GHz,多用于广播、电视和雷达探测。

3. 电子毫伏表

电子毫伏表是一种专门用于测量正弦波交流电压有效值的电子仪器。它具有很高的输入阻抗,频率范围很宽,灵敏度也比较高。它的最大优点在于能测量20 Hz~500 MHz的交流信号,而一般万用表只对50 Hz的交流信号能准确地显示出其有效值。因此,电子毫伏表是在电信号测量中不可缺少的仪器。

任务实施

1. 实训器材

(1)低频信号发生器1台。

（2）毫伏表 1 台。

（3）双踪示波器 1 台。

（4）万用表 1 只。

2.实训内容

（1）用毫伏表和万用表分别测量低频信号发生器在不同输出挡的输出电压，将测量值记入表 3-1 中。

表 3-1 　　　　　　　　用毫伏表和万用表测量低频信号发生器的输出电压

信号频率/Hz	20	50	100	1 k	5 k	10 k	20 k
毫伏表测量值							
万用表测量值							

（2）用双踪示波器分别观察低频信号发生器输出为 5 V、100 Hz 和 3 V、1 000 Hz 时的正弦信号电压波形，研究正弦信号电压的特点。

任务 8　在正弦交流电路中 *R*、*L*、*C* 特性的测量

现场展示

初识电路中的基本元器件——电阻器

（1）现场展示电路中的基本元器件电阻器，识别其外形和标志。

（2）对照图 3-5 认识常用的电阻器。观察图中各种电阻器的外形照片，查找相关资料，认识不同种类的电阻器。

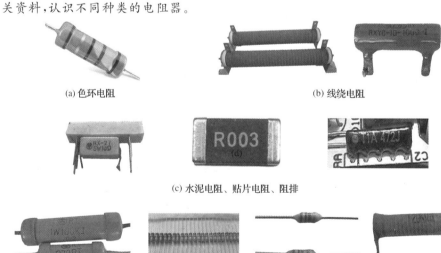

(a) 色环电阻　　　　　　　　　　　　　　　　(b) 线绕电阻

(c) 水泥电阻、贴片电阻、阻排

(d) 碳膜电阻

图 3-5　常用电阻器示例

　　(3)对照图3-6认识常用的电位器。观察图中各种电位器的外形照片,查找相关资料,认识不同种类的电位器。

图3-6　常用电位器示例

　　(4)对照图3-7认识常用的特殊电阻。观察图中各种特殊电阻的外形照片,查找相关资料,认识不同种类的特殊电阻。

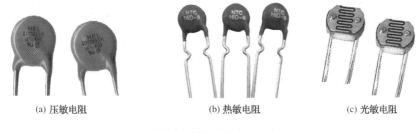

(a) 压敏电阻　　　　　　(b) 热敏电阻　　　　　　(c) 光敏电阻

图3-7　常用特殊电阻示例

知识链接

▓▓ 电路基本元器件在交流电路中的特性

　　电阻元件是组成交流电路的基本元件,在交流电路中与在直流电路中有不同的特性。

(一)电阻元件在交流电路中的特性

1.电阻元件上电压与电流的关系

　　在正弦交流电路中,任一瞬间线性电阻元件的电压和电流的关系仍然遵循欧姆定律,即$u=iR$。

设电流为

$$i = I_m \sin(\omega t + \varphi_i)$$

由欧姆定律得

$$u = R I_m \sin(\omega t + \varphi_i) = U_m \sin(\omega t + \varphi_u)$$

可以看出：在交流电路中，电阻元件的电压和电流是同频率的正弦量，幅值和有效值的关系为 $U_m = I_m R$ 和 $U = IR$，均遵循欧姆定律，并且电流和电压同相位。

电阻元件在交流电路中电压、电流的关系也具有欧姆定律的形式，电阻元件的向量模型及在交流电路中电压与电流的波形如图 3-8 所示。

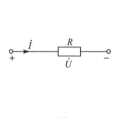
(a)

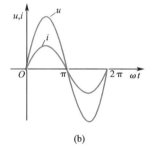
(b)

图 3-8　电阻元件的向量模型及在交流电路中电压与电流的波形

例 3—3

已知通过电阻 $R = 100\ \Omega$ 的电流 $i = 2.2\sqrt{2}\sin(314t + 30°)$ A，试写出该电阻两端的电压瞬时值表达式。

解：电压的有效值为

$$U = IR = 2.2 \times 100 = 220\ \text{V}$$

由于在纯电阻电路中电流和电压同相位，因此电路中电压的瞬时值表达式为

$$u = 220\sqrt{2}\sin(314t + 30°)\ \text{V}$$

2. 电阻元件的功率

当电阻元件上的电压与电流为关联参考方向时，在任一瞬间，电压瞬时值与电流瞬时值的乘积称为瞬时功率，用 p 表示。

设通过电阻的电流为

$$i = I_m \sin(\omega t)$$

则电阻两端的电压为

$$u = U_m \sin(\omega t)$$

电阻的瞬时功率为

$$p = ui = U_m \sin(\omega t) I_m \sin(\omega t)$$

$$= 2UI \sin^2(\omega t) = UI[1 - \cos(2\omega t)]$$

由这个结果可以看出，电阻元件上的瞬时功率由两部分组成：第一部分是常数 UI；第二部分是随时

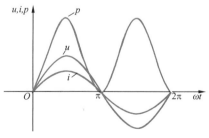

图 3-9　电阻元件电压、电流和功率的波形

间变化的,其频率为 2ω。由瞬时功率的曲线(图 3-9)可以看出,$p \geqslant 0$,这说明电阻元件在任一瞬间(零时刻除外)均从电源吸收能量,将电能转换为热能。因此,电阻元件是耗能元件。

瞬时功率在一个周期内的平均值称为平均功率。平均功率反映了一个电路实际消耗的功率,所以又称为有功功率,用 P 表示,即

$$P = \frac{1}{T}\int_0^T p\,\mathrm{d}t = \frac{1}{T}\int_0^T UI[1-\cos(2\omega t)]\mathrm{d}t = UI = I^2 R = \frac{U^2}{R} \tag{3-5}$$

这里的电压、电流均为有效值。平均功率的单位为瓦(W)或千瓦(kW),通常在电气设备上所标注的功率都是平均功率。

(二)电感元件在交流电路中的特性

现场展示

初识电路中的基本元器件——电感器

(1)现场展示电路中的基本元器件电感器,识别其外形和标志。

(2)对照图 3-10 认识常用固定电感量电感器。观察图中各种固定电感量电感器的外形照片,查找相关资料,认识各种不同种类的电感器件。

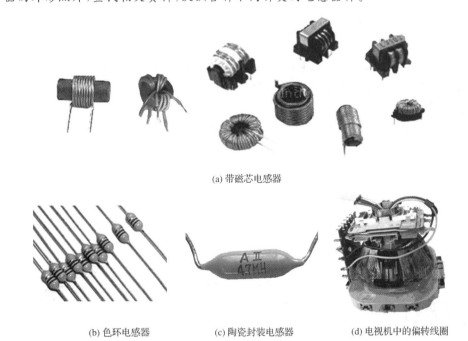

(a) 带磁芯电感器

(b) 色环电感器　　　(c) 陶瓷封装电感器　　　(d) 电视机中的偏转线圈

图 3-10　常用固定电感量电感器示例

电感元件也是组成交流电路的基本元件,在交流电路中与在直流电路中有不同的特性。

1. 电感元件上电压与电流的关系

根据电磁感应定律有

$$e = -\frac{\mathrm{d}\Psi}{\mathrm{d}t}$$

可导出电感元件的伏安特性,即

$$u = -e = \frac{\mathrm{d}\Psi}{\mathrm{d}t} = L \cdot \frac{\mathrm{d}i}{\mathrm{d}t}$$

当 u、i 与参考方向一致时,设通过电感线圈的电流为

$$i = I_\mathrm{m}\sin(\omega t + \varphi_\mathrm{i})$$

则

$$u = L \cdot \frac{\mathrm{d}i}{\mathrm{d}t} = L \cdot \frac{\mathrm{d}I_\mathrm{m}\sin(\omega t + \varphi_\mathrm{i})}{\mathrm{d}t} = \omega L I_\mathrm{m}\cos(\omega t + \varphi_\mathrm{i})$$

$$= \omega L I_\mathrm{m}\sin(\omega t + \varphi_\mathrm{i} + 90°) = U_\mathrm{m}\sin(\omega t + \varphi_\mathrm{u})$$

可以看出,电感元件的电压与电流是同频率的正弦量,其幅值(有效值)关系为

$$U_\mathrm{m} = \omega L I_\mathrm{m} \quad (U = \omega L I)$$

如果令 $X_\mathrm{L} = \omega L = 2\pi f L$,则

$$U = X_\mathrm{L} I \text{ 或 } I = \frac{U}{X_\mathrm{L}}$$

当电压一定时,X_L 越大,电路中的电流越小。X_L 具有阻碍电流通过的性质,称为电感的电抗,简称感抗,其单位为欧姆(Ω)。由 $X_\mathrm{L} = \omega L$ 可知,感抗的大小与电流的频率成正比,频率越高,感抗越大。而对于直流电流来说,由于它的频率 $f = 0$,因此 $X_\mathrm{L} = 0$,即电感对直流没有阻碍,纯电感元件在直流电路中可视为短路。

在相位上 $\varphi_\mathrm{u} = \varphi_\mathrm{i} + 90°$,即电压超前电流 $90°$。

电感元件的向量模型及在交流电路中电压与电流的波形如图 3-11 所示。

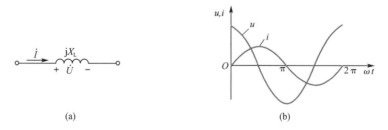

(a)　　　　　　　　　　　　　　(b)

图 3-11　电感元件的向量模型及在交流电路中电压与电流的波形

例 3-4

把 $L = 0.25$ H 的电感线圈接到电压 $u = 220\sqrt{2}\sin(314t + 30°)$ V 的电源上,试求电流的瞬时值表达式。

解: 线圈的感抗为

$$X_\mathrm{L} = \omega L = 314 \times 0.25 = 78.5 \ \Omega$$

则流过线圈的电流有效值为

$$I = \frac{U}{X_L} = \frac{220}{78.5} = 2.8 \text{ A}$$

纯电感电路中电压超前电流 $90°$，即

$$\varphi_i = \varphi_u - 90° = 30° - 90° = -60°$$

则电流的瞬时值表达式为

$$i = 2.8\sqrt{2}\sin(314t - 60°) \text{ A}$$

2. 电感元件的功率

设通过电感元件的电流为

$$i = I_m\sin(\omega t)$$

则电感元件的电压为

$$u = U_m\sin(\omega t + 90°)$$

瞬时功率为

$$p = ui = U_mI_m\sin(\omega t + 90°)\sin(\omega t) = U_mI_m\sin(\omega t)\cos(\omega t) = UI\sin(2\omega t)$$

可见，电感元件的瞬时功率是随时间变化的正弦量，其幅值为 UI，角频率为 2ω，波形曲线如图 3-12 所示。p 为正值，表明电感元件从电源吸收电能并将其转变为磁场能量储存起来；p 为负值，表明电感元件向外释放能量。

电感元件的瞬时功率波形图说明电感元件与外电路不断地进行着能量交换，在一个周期内，电感元件吸收的能量和释放的能量相等，因此一个纯电感元件不消耗能量，其平均功率（有功功率）为零。

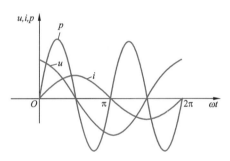

图 3-12　电感元件电压、电流和功率的波形

虽然电感元件不消耗能量，但它与外电路的能量交换始终在进行。为了衡量能量交换的规模，把电感元件瞬时功率的最大值定义为无功功率，用符号 Q_L 表示，即

$$Q_L = UI = I^2X_L = \frac{U^2}{X_L} \tag{3-6}$$

无功功率反映了电感在电路中能量交换的规模，其单位是无功伏安，简称乏（var）。具有电感性质的变压器、电动机等设备，都是靠能量的电磁转换来工作的。

电感元件是一个储能元件，设 $t = 0$ 瞬间电感元件的电流为零，至任一时刻 t 电流增为 i，则该时刻电感元件储存的磁场能量为

$$W_L = \int_0^t p\mathrm{d}t = \int_0^t ui\mathrm{d}t = \int_0^t L \cdot \frac{\mathrm{d}i}{\mathrm{d}t} \cdot i\mathrm{d}t = \int_0^t Li\mathrm{d}i = \frac{1}{2}Li^2 \tag{3-7}$$

结论　电感元件在某一时刻储存的磁场能量仅取决于该时刻的电流值，而与电压值无关。只要电感元件中有电流存在，电感元件就储存磁场能量。

(三)电容元件在交流电路中的特性

现场展示

初识电路中的基本元器件——电容器

(1)现场展示电路中的基本元器件电容器,识别其外形和标志。

(2)对照图 3-13 认识常用固定容量电容器。观察图中各种固定容量电容器的外形照片,查找相关资料,认识各种不同种类的电容器。

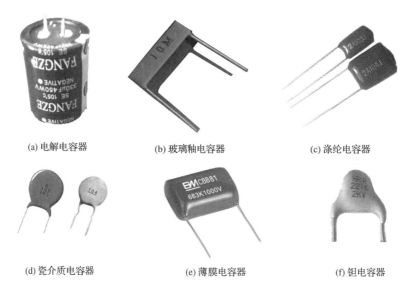

(a) 电解电容器   (b) 玻璃釉电容器   (c) 涤纶电容器

(d) 瓷介质电容器   (e) 薄膜电容器   (f) 钽电容器

图 3-13　常用固定容量电容器示例

(3)对照图 3-14 认识常用可变容量电容器。观察图中各种可变容量电容器的外形照片,查找相关资料,认识各种不同种类的可变容量电容器。

(a) 塑料介质双联   (b) 塑料介质微调   (c) 陶瓷介质微调
可变容量电容器   可变容量电容器   可变容量电容器

图 3-14　常用可变容量电容器示例

电容元件也是组成交流电路的基本元件,在交流电路中与在直流电路中有不同的特性。

电容在国际单位制中的单位为法拉(F),常用单位有微法(μF)、皮法(pF),近些年来又增加了毫法(mF)和纳法(nF)。对线性电容而言,q 和 u 的比值是一个常数,因此电容的容量 C 只与其本身的几何尺寸及内部介质有关,而与其端电压无关。

1. 电容元件上电压与电流的关系

当电容的端电压发生变化时,其极板上的电荷也相应发生变化,从而在与电容相连接的导线中就有电荷移动以形成电流。根据电流的定义,有

$$i=\frac{\mathrm{d}q}{\mathrm{d}t}=C \cdot \frac{\mathrm{d}u}{\mathrm{d}t} \tag{3-8}$$

式(3-8)是电容元件上电压与电流的关系式,表明电容中电流的大小与电压的变化率成正比。当端电压增大时,电流为正,表示电容器被充电;当端电压减小时,电流为负,表示电容器在放电。

理论计算表明,在 u 和 i 参考方向相关联时,设电容两端的电压为正弦波,则电路中的电流也为正弦波,电容元件上的电压和电流是同频率的正弦量,电压和电流幅值之间的关系为

$$I_{\mathrm{m}}=\omega C U_{\mathrm{m}}$$

电压和电流有效值的关系为

$$I=\omega C U$$

若令 $X_{\mathrm{C}}=\dfrac{1}{\omega C}=\dfrac{1}{2\pi f C}$,则得

$$I=\frac{U}{X_{\mathrm{C}}} \quad \text{或} \quad U=IX_{\mathrm{C}}$$

式中,X_{C} 为电容的电抗,简称容抗。容抗反映了电容元件在正弦电路中阻碍电流的能力,单位为欧姆(Ω)。容抗与电流的频率成反比,在直流电路中 $\omega=0$,所以 $X_{\mathrm{C}} \to \infty$,电容相当于开路,这就是电容的隔直作用。

在相位上,$\varphi_{i}=\varphi_{u}+90°$,即电容中的电流超前电压 $90°$。

电容元件的向量模型及在交流电路中电压与电流的波形如图 3-15 所示。

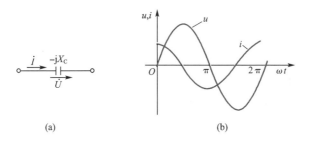

图 3-15　电容元件的向量模型及在交流电路中电压与电流的波形

把一个电容器接到 $u=220\sqrt{2}\sin(314t+60°)$ V 的电源上,电容 $C=40\ \mu\mathrm{F}$,试求电容中电流的瞬时值表达式。

解: 电容的容抗为

$$X_{\mathrm{C}}=\frac{1}{\omega C}=\frac{1}{314\times40\times10^{-6}}=80\ \Omega$$

则电流的有效值为

$$I=\frac{U}{X_{\mathrm{C}}}=\frac{220}{80}=2.75\ \mathrm{A}$$

在纯电容电路中,电流超前电压90°,即

$$\varphi_{\mathrm{i}}=\varphi_{\mathrm{u}}+90°=60°+90°=150°$$

则电流瞬时值表达式为

$$i=2.75\sqrt{2}\sin(314t+150°)\ \mathrm{A}$$

2. 电容元件的功率

设通过电容元件的电流为

$$i=I_{\mathrm{m}}\sin(\omega t)$$

则电容元件两端的电压为

$$u=U_{\mathrm{m}}\sin(\omega t-90°)$$

其瞬时功率为

$$p=ui=U_{\mathrm{m}}I_{\mathrm{m}}\sin(\omega t-90°)\sin(\omega t)=-U_{\mathrm{m}}I_{\mathrm{m}}\cos(\omega t)\sin(\omega t)=-UI\sin(2\omega t) \tag{3-9}$$

由式(3-9)可知,电容的瞬时功率 p 是一个随时间变化的正弦量,其幅值为 UI,角频率为 2ω,波形曲线如图 3-16 所示。当 $p>0$ 时,电容器被充电,表明电容从电源吸取电能并把它转换成电场能量储存起来;当 $p<0$ 时,电容器放电,此时电容器释放能量。可以看出,在一个周期内,电容吸收的能量和放出的能量相等,电容元件不消耗能量,其平均功率(有功功率)为零,即

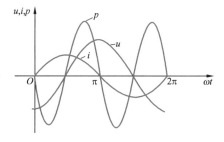

图 3-16　电容元件电压、电流和功率的波形

$$P=\frac{1}{T}\int_0^T p\,\mathrm{d}t=\frac{1}{T}\int_0^T -UI\sin(2\omega t)\mathrm{d}t=0 \tag{3-10}$$

电容元件以电场能量的形式与外界进行能量的交换。为了表示电容与外电路能量交换的规模,把电容电路瞬时功率的最大值称为无功功率,用 Q_{C} 表示,单位也是乏(var),即

$$Q_{\mathrm{C}}=-UI=-I^2X_{\mathrm{C}}=-\frac{U^2}{X_{\mathrm{C}}} \tag{3-11}$$

电容也是储能元件,设 $t=0$ 瞬间电容元件上的电压为零,经过时间 t 电压增为 u,则在任一时刻 t 电容元件上储存的电场能量为

$$W_{C} = \int_0^t p\mathrm{d}t = \int_0^t ui\mathrm{d}t = \int_0^t C \cdot \frac{\mathrm{d}u}{\mathrm{d}t} \cdot u\mathrm{d}t = \int_0^t Cu\mathrm{d}u = \frac{1}{2}Cu^2 \qquad (3\text{-}12)$$

结　论

电容元件在某一时刻储存的电场能量仅取决于该时刻的电压值,而与电流值无关。只要电容元件上有电压存在,电容元件就储存电场能量。

任务实施

1. 实训器材

(1)低频信号发生器1台。

(2)毫伏表1台。

(3)电阻箱1个。

(4)电感箱(10 mH)1个。

(5)电容箱(0.1 μF)1个。

(6)万用表1只。

2. 实训内容

在正弦交流电路中,电感的感抗 $X_L = \omega L = 2\pi f L = U_L/I_L$(忽略线圈内阻),电容的容抗 $X_C = 1/(\omega C) = 1/(2\pi f C) = U_C/I_C$。当电源频率变化时,感抗 X_L 和容抗 X_C 都是频率 f 的函数。

当电源频率较高时,用交流电流表测量电流会产生很大的误差,为此可以用毫伏表间接测出电流值。在图 3-17 中,串联的电阻 $R = 1\ \Omega$,则用毫伏表测量 R 两端的电压约等于电路中的电流值(忽略 $1\ \Omega$ 电阻对电路的影响)。

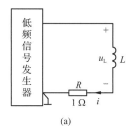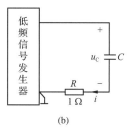

图 3-17　测量电感和电容元件频率特性的电路

3. 实训步骤

(1)电感元件频率特性的测量

①将低频信号发生器、毫伏表接通电源,预热 3 min,用万用表测出电感线圈的电阻值。

②按图 3-17(a)所示接线,调节并保持低频信号发生器的输出电压为 2.0 V,按表 3-2 中所列数据改变低频信号发生器输出电压的频率,分别测量 U_L、I_L,将结果记入表 3-2 中。

表 3-2 　　　　　　　　　　　电感元件频率特性的测量

电感线圈电阻 $r=$ _____

f/kHz	2	4	6	8	10	12	14	16	18
U_L									
I_L									
X_L									
L									

（2）电容元件频率特性的测量

按图 3-17(b)所示接线，调节并保持低频信号发生器的输出电压为 2.0 V，按表 3-3 中所列数据改变低频信号发生器输出电压的频率，分别测量 U_C、I_C，将结果记入表 3-3 中。

表 3-3 　　　　　　　　　　　电容元件频率特性的测量

f/kHz	2	4	6	8	10	12	14	16	18
U_C									
I_C									
X_C									
C									

（3）用测量数据在同一坐标系中绘出 L 和 C 的频率特性曲线，并分析感抗和容抗与频率的关系。

（4）定性分析当电感线圈的电阻不可忽略时，它对电感频率特性的影响。

任务9　日光灯电路的安装和功率因数的提高

现场展示

日光灯电路器材

将实际的荧光灯管、电感式镇流器、电子式镇流器和启辉器进行现场展示，讲解各器件的名称和作用。

知识链接

▦ 交流电路的功率及功率因数

（一）二端网络的功率

实际电路一般是由电阻、电感、电容元件组成的二端网络。

1. 瞬时功率

如图 3-18 所示为一线性无源二端网络,以电流为参考量,设端口电流为

$$i = I_m \sin(\omega t)$$

则端口电压为

$$u = U_m \sin(\omega t + \varphi)$$

式中,φ 为电压与电流的相位差。

当电压、电流的参考方向相关联时,此二端网络的瞬时功率为

$$p = ui = U_m \sin(\omega t + \varphi) I_m \sin(\omega t) = 2UI \sin(\omega t + \varphi)\sin(\omega t) = UI \cos\varphi - UI \cos(2\omega t + \varphi)$$

$$(3\text{-}13)$$

可见,二端网络的瞬时功率由两项组成:一项为恒定分量 $UI\cos\varphi$;另一项为频率为 2ω 的余弦分量 $UI\cos(2\omega t + \varphi)$,其波形曲线如图 3-19 所示。当 u 或 i 为零时,$p=0$;当 u 和 i 同方向时,$p>0$,网络吸收功率;当 u 和 i 反方向时,$p<0$,网络发出功率。从图 3-19 可知,在一个周期内,二端网络吸收的功率和发出的功率不相等,说明二端网络有能量的消耗。

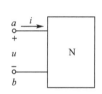

图 3-18　线性无源二端网络

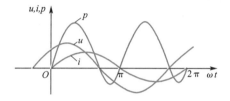

图 3-19　二端网络电压、电流和功率的波形

2. 有功功率(平均功率)

二端网络的有功功率为

$$P = \frac{1}{T}\int_0^T p\,\mathrm{d}t = \frac{1}{T}\int_0^T [UI\cos\varphi - UI\cos(2\omega t + \varphi)]\,\mathrm{d}t \qquad (3\text{-}14)$$

式中,U、I 为端口电压和电流的有效值,φ 为端口电压和电流的相位差,$\cos\varphi$ 称为二端网络的功率因数。

有功功率就是电路中实际消耗的功率,因为电感元件和电容元件的有功功率为零,所以二端网络的有功功率等于各电阻元件消耗的功率之和,即

$$P = \sum (U_R I_R) \qquad (3\text{-}15)$$

3. 无功功率

将二端网络的瞬时功率表达式展开后可得

$$P = UI\cos\varphi[1 - \cos(2\omega t)] + UI\sin\varphi\sin(2\omega t)$$

式中,第一项是在一个周期内的瞬时功率平均值 $UI\cos\varphi$;第二项是瞬时功率的最大值 $UI\sin\varphi$,角频率为 2ω 的正弦量,在一个周期内的平均值为零,它反映了二端网络与外界能量交换的情况。

定义:二端网络瞬时功率的最大值为二端网络的无功功率,用字母 Q 表示,即

$$Q = UI\sin\varphi \qquad (3\text{-}16)$$

因为电阻元件的无功功率为零,所以二端网络的无功功率就等于电感元件与电容元件无功功率的代数和,即

$$Q = \sum Q_L + \sum Q_C = \sum (U_L I_L) + \sum (-U_C I_C) \qquad (3\text{-}17)$$

4. 视在功率

在正弦交流电路中,将电压有效值和电流有效值的乘积称为网络的视在功率,用 S 表示,其单位为伏安(V·A)或千伏安(kV·A),即

$$S=UI$$

因为

$$P=UI\cos\varphi=S\cos\varphi$$
$$Q=UI\sin\varphi=S\sin\varphi$$

所以

$$S=\sqrt{P^2+Q^2} \qquad \varphi=\arctan\frac{Q}{P} \qquad (3\text{-}18)$$

可见，S、P、Q 三者构成了直角三角形的关系，称为功率三角形，如图 3-20 所示。它与网络的阻抗三角形、电压三角形为相似三角形。

视在功率通常用来表示电气设备的容量。各种电气设备的额定电压与额定电流的乘积为额定视在功率，通常称为容量，即 $S_N=U_N I_N$。电气设备的容量表明了电源提供的最大有功功率，而并不等于电气设备实际输出的有功功率，设备的有功功率还与功率因数有关。

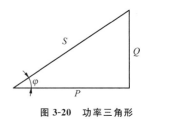

图 3-20　功率三角形

（二）功率因数的提高

由 $P=UI\cos\varphi=S\cos\varphi$ 可知，电路的功率因数越高，电源发出的功率越接近于电气设备的容量，电源能量越能得到充分利用。当负载的功率和电压一定时，功率因数越高，线路中的电流越小，在输电线上的能量损耗越小，其压降越小，输电系统的效率越高。因此，提高电气设备或电气系统的功率因数具有重要的经济意义。

拓展资料

提高功率因数还有很多好处：
- 能够提高用电质量，改善设备运行条件，保证设备在正常条件下工作，从而有利于安全生产。
- 可以节约电能，降低生产成本，减少企业的电费开支。
- 能够提高企业用电设备的利用率，充分发挥企业的设备潜力。
- 可以减少线路的功率损失，提高电网输电效率。

1. 提高功率因数的方法

实际电路中的负载多为感性负载，如日光灯电路、各种含有电动机的电路等。在感性负载两端并联适当容量的电容，就可以对电路的功率因数进行补偿。

注意

所谓提高功率因数，是指感性负载并联电容后提高了整个电路的功率因数，使供电的总电流减小，从而提高了经济效益。但感性负载本身的功率因数及电压、电流和工作状态均未改变。在电路未并联电容时，感性负载所需的无功功率全部由电源提供，而当电路并联上电容后，感性负载所需的无功功率一部分由并联的电容提供，从而进行了电路的功率因数补偿，减小了电源供给的无功功率，使电源的容量得到充分利用。

2. 并联电容的选取

电路中未并联电容时,电源提供的无功功率为

$$Q = UI_1 \sin \varphi_1 = UI_1 \cdot \frac{\cos \varphi_1 \sin \varphi_1}{\cos \varphi_1} = P \tan \varphi_1$$

电路并联上电容后,电源提供的无功功率为

$$Q' = UI \sin \varphi = UI \cdot \frac{\cos \varphi \sin \varphi}{\cos \varphi} = P \tan \varphi$$

因此,电容补偿的无功功率为

$$Q_C = Q - Q' = P(\tan \varphi_1 - \tan \varphi)$$

又因为

$$Q_C = \frac{U^2}{X_C} = \omega C U^2$$

所以

$$C = \frac{P}{\omega U^2}(\tan \varphi_1 - \tan \varphi) = \frac{P}{2\pi f U^2}(\tan \varphi_1 - \tan \varphi)$$

式中,C 为当电源提供有功功率为 P、供电电压为 U、电源频率为 f、将功率因数从 $\cos \varphi_1$ 提高到 $\cos \varphi$ 时,电路所需并联电容的电容量。

例 3-6

将一台功率因数为 0.5、功率为 2 kW 的单相交流电动机接到 220 V 的工频电源上,求:(1)线路上的电流;(2)若将电路的功率因数提高到 0.9,需并联多大的电容? 这时线路中的电流多大?

解:(1)因为

$$P = UI_1 \cos \varphi_1$$

所以线路上的电流为

$$I_1 = \frac{P}{U \cos \varphi_1} = \frac{2 \times 10^3}{220 \times 0.5} = 18.18 \text{ A}$$

(2)当 $\cos \varphi_1 = 0.5$ 时,$\varphi_1 = 60°$;当 $\cos \varphi = 0.9$ 时,$\varphi = 25.84°$。

需并联的电容为

$$C = \frac{P}{\omega U^2}(\tan \varphi_1 - \tan \varphi) = \frac{2 \times 10^3}{314 \times 220^2}(\tan 60° - \tan 25.84°) = 164 \ \mu\text{F}$$

线路中的电流为

$$I = \frac{P}{U \cos \varphi} = \frac{2 \times 10^3}{220 \times 0.9} = 10.10 \text{ A}$$

可见,并联电容使电路的功率因数提高后,线路中的电流减小了。

任务实施

1.实训器材

(1)30 W 日光灯套件 1 套。

(2)单相自耦调压器 1 台。

(3)电容箱 1 个。

(4)交流电压表或万用表 1 只。

(5)交流电流表 1 只。

(6)电源插座 3 套。

(7)交流功率表 1 只。

2.实训内容

(1)日光灯电路的组成

传统的日光灯电路由灯管、镇流器和启辉器三部分组成,其中镇流器就是一个大电感线圈,使整个电路呈现感性。现在许多日光灯电路已经采用了电子镇流器,没有了大电感线圈,大大减小了电路的感性,既没有镇流器工作时发出的嗡嗡声,又没有日光灯管在刚点亮时的闪烁,还节约了电能,是一种值得推广的节能产品。

传统的日光灯电路如图 3-21 所示。

日光灯管是一根细长的玻璃管,管内充有少量的水银蒸气,管的内壁涂有一层荧光粉,管的两端各有一组灯丝,灯丝上涂有易使电子发射的金属氧化物。

镇流器是一个具有铁芯的电感线圈,其作用是产生很大的感应电动势,击穿灯管内的水银蒸气,使灯管点燃。在灯管正常工作时,镇流器则起到限制电流的

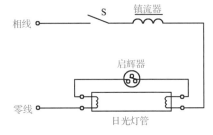

图 3-21　传统的日光灯电路

作用,这也是镇流器名称的由来。镇流器的规格应与灯管的额定功率匹配。

启辉器在日光灯电路中起自动开关的作用。启辉器的玻璃泡内充有氖气,并装有两个电极,其中一个由双金属片制成,双金属片在热胀冷缩时具有自动开关的作用,玻璃泡内温度高时两电极接通,玻璃泡内温度低时两电极断开。

在接通电源开关时,启辉器两极间承受着电源电压(此时日光灯管尚未点亮,在电路中相当于开路),启辉器的两个电极间产生辉光放电,使双金属片受热膨胀而与静触点接触,电源经镇流器、灯丝、启辉器构成电流通路而使灯丝加热。启辉器的两个电极接触而使辉光放电停止,双金属片冷却导致两个电极分离,使电路突然断开,瞬间在镇流器的两端产生较高的自感电动势,这个自感电动势与电源电压共同加在已加热的灯管两端的灯丝间,击穿了管内的水银蒸气,使之电离而形成导电通路。已经电离的水银离子打到管内壁的荧光粉上,使

荧光粉发出光亮。当灯管点亮正常工作后,电路中的电压大约有一半加在镇流器两端,使灯管两端的电压降低,不会使启辉器再次动作。

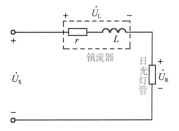

图 3-22　日光灯的等效电路

点亮了的日光灯管近似一个纯电阻,由于镇流器与日光灯管串联,因此日光灯电路可以用图 3-22 所示的等效电路来表示。镇流器具有较大的感抗,因此能限制电路中的电流,维持日光灯管的正常工作。日光灯点亮后,通过测量镇流器和日光灯管两端的电压,可以观察电路中电压的分配情况。

(2)提高日光灯电路功率因数的方法

因为镇流器的感抗较大,所以日光灯电路的功率因数是比较低的,通常在 0.5 左右。过低的功率因数对供电单位和用户来说都是不利的,一般都采用在电路中并联合适容量电容的方法来提高电路的功率因数。

3. 实训步骤

(1)日光灯电路的装配与测量

①按照表 3-4 中所要求的实验内容,首先画出实验电路图和接线图。

②将调压器手柄置于零位,按正确的实验电路接线图接线。

③仔细检查电路,确认无误后接通电源,调节调压器的输出电压为 220 V(日光灯额定电压),使日光灯点亮。根据表 3-4 中所要求的实验内容逐项测量各项数据,并计算此时的功率因数,将结果填入表 3-4 中(表中 I_{St} 为日光灯的启动电流)。

(2)日光灯电路功率因数的提高

①在所画实验电路中的相应位置上加画电容。

②分别计算出当功率因数为 $\cos \varphi = 0.8$、$\cos \varphi = 0.9$ 时所应并联的电容值,并将计算结果填入表 3-4 中。

③将调压器手柄置于零位,按正确的实验电路图在相应位置接入电容。

④仔细检查电路,确认无误后接通电源,调节调压器的输出电压为 220 V,点亮日光灯。根据表 3-4 中所要求的实验内容逐项测量各项数据并记录。

⑤检查实验数据无误后断开电源,电容器经短接放电后拆除线路,测量并记录镇流器线圈的电阻值。

表 3-4　　　　　　　　　　　　**日光灯电路功率因数提高的测量**

镇流器线圈电阻 $r =$ _____

项目		测量数据							计算值		
		U	U_L	U_R	I	I_L	I_C	I_{St}	P	P_R	P_L	C
并联电容前 $\cos \varphi$												
并联电容后	当 $\cos \varphi = 0.8$ 时											
	当 $\cos \varphi = 0.9$ 时											

温馨提示

白炽灯的多开关控制线路

　　白炽灯亦称钨丝灯泡,当电流通过钨丝时,将灯丝加热到白炽状态而发光,一般白炽灯的控制电路如图 3-23 所示。白炽灯的电路结构简单、使用可靠、价格低廉,且便于安装和维修,故应用较广。按使用情况不同,白炽灯的控制电路可分为下列三种基本形式:

　　(1)一只单联开关控制一盏灯,其电路如图 3-23(a)所示。接线时,开关应接在相线(火线)上,这样在开关切断后灯头不会带电,从而保证了使用和维修的安全。

　　(2)两只双联开关分别安装在两个地方控制同一盏灯,其电路如图 3-23(b)所示。这种形式通常用于楼梯或走廊上,在楼上、楼下或走廊的两端均可控制线路的接通和断开。

　　(3)两只双联开关和一只三联开关分别安装在三个地方控制一盏灯,其电路如图 3-23(c)所示。这种形式也常用于楼梯或走廊上。

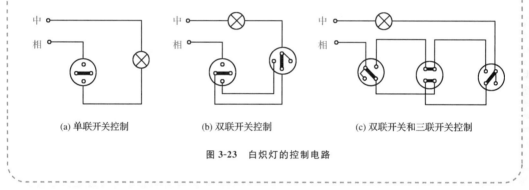

(a) 单联开关控制　　　　(b) 双联开关控制　　　　(c) 双联开关和三联开关控制

图 3-23　白炽灯的控制电路

4. 实训报告

(1)记录、整理实训数据于表 3-4 中,并对数据进行分析。

(2)提高功率因数前、后电路的功率是否发生变化? 日光灯支路的电流 I_L、$\cos \varphi$ 是否发生变化? 为什么?

(3)日光灯电路中启辉器的作用是什么? 若没有启辉器,能否点燃日光灯? 如何操作?

任务 10　谐振电路的测量

知识链接

▓ 谐振电路

　　当电路中含有电感和电容时,在正弦电源的作用下,电路的端口电压与端口电流一般是不同相的。如果调节电路的参数,使端口电压与端口电流同相,整个电路就呈现纯阻性,电路的这种工作状态称为电路的谐振。

(一)串联谐振

1. 串联谐振的条件与谐振频率

如图 3-24 所示,在 RLC 串联电路中,如果电压与电流同相,则必须满足

$$X_L = X_C$$

即

$$\omega L = \frac{1}{\omega C}$$

这就是电路发生串联谐振的条件。

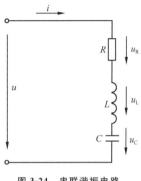

图 3-24   串联谐振电路

可以求出谐振角频率为

$$\omega_0 = \frac{1}{\sqrt{LC}}$$

谐振频率为

$$f_0 = \frac{1}{2\pi \sqrt{LC}} \tag{3-19}$$

2. 串联谐振的特点

(1)串联谐振电路的阻抗和电流

实验和理论分析都指出,交流电路发生串联谐振时,电路的阻抗最小,其值 $|Z| = R$。在电压一定时,电路中的电流在谐振时达到最大,其值为

$$I_0 = \frac{U}{|Z|} = \frac{U}{R} \tag{3-20}$$

(2)串联谐振电路各元件上的电压

实验和理论分析都指出,交流电路发生串联谐振时,各元件上的电压有效值分别为

$$\left.\begin{array}{l} U_R = I_0 R = U \\ U_L = I_0 X_L \\ U_C = I_0 X_C \end{array}\right\} \tag{3-21}$$

因为 $X_L = X_C$,所以 $U_L = U_C$,即电感电压与电容电压的有效值相等,但相位相反,互相抵消。

结 论

交流电路发生串联谐振时,电感两端或电容两端的电压值比总电压大得多,所以串联谐振也称电压谐振,此时电阻上的电压等于电源电压。

在工程上,常把交流电路发生串联谐振时,电容或电感上的电压与总电压之比称为电路的品质因数,用 Q 表示,即

$$Q = \frac{U_L}{U} = \frac{\omega_0 L}{R} = \frac{1}{\omega_0 CR}$$

所以谐振时

$$U_C = U_L = QU \tag{3-22}$$

品质因数是一个无量纲的量,其大小与元件的参数有关,一般可达几十到几百。

在无线电工程中,可利用电路的串联谐振,在电感或电容上获得高于信号电压许多倍的输出信号,从而可以比较容易地收到微弱的电信号。但在电力工程中,由于电源电压值本身较高,若电路发生串联谐振,则可能会击穿电容器和线圈的绝缘层,因此应避免发生串联谐振。

3. 串联谐振的特性曲线

在电源电压和电路参数一定的情况下,电流的有效值是频率的函数。如图 3-25 所示为电路参数固定时,电流随频率变化的曲线,称为 RLC 串联谐振电路的频率响应曲线,或者称为电流谐振曲线。

从电流谐振曲线可以看出,当信号频率偏离谐振频率时,电流将急剧下降,表明电路具有选择最接近于谐振频率附近的信号电流的性能,电路的这一特性称为选择性。

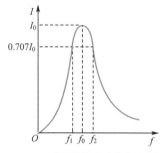

图 3-25 *RLC* 串联谐振电路的电流谐振曲线

电流谐振曲线的形状与 Q 值有关,Q 值越大,曲线越尖锐,电路的选择性越好。在电子技术中,为了获得较好的选择性,总要设法提高电路的 Q 值;但是 Q 值也不是越大越好,就收音机而言,广播电台发射的无线电波是以某一高频为中心频率的一段频率范围,因此要收听电台的广播时,应该把电台发射的这段频带都接收下来。

工程上规定,当电路的电流为 $I = \dfrac{I_0}{\sqrt{2}} = 0.707 I_0$ 时,电流谐振曲线所对应的上、下限频率之间的频率范围称为电路的通频带。如图 3-25 所示,通频带 $f = f_2 - f_1$,它指出了谐振电路允许通过的信号频率范围。

例 3-7

图 3-26 所示为收音机信号接收电路,欲接收频率为 10 MHz、电压为 0.15 mV 的短波信号,线圈 $L = 5.1\ \mu H$,$R = 2.3\ \Omega$。求电容 C、电路的品质因数 Q、电流 I_0 及电容器上的电压 U_C。

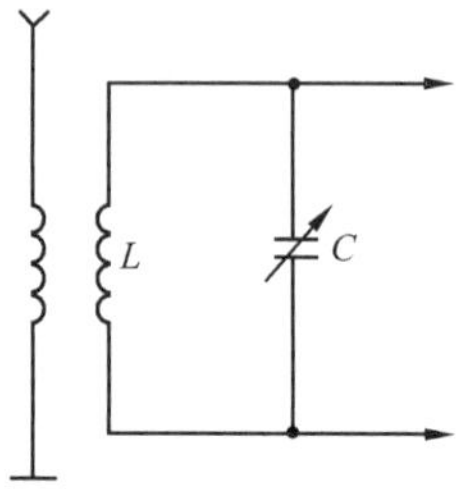

解:根据 $\omega_0 = \dfrac{1}{\sqrt{LC}}$ 得

图 3-26 收音机信号接收电路

$$C = \frac{1}{\omega_0^2 L} = \frac{1}{(2\pi \times 10 \times 10^6)^2 \times 5.1 \times 10^{-6}} \times 10^{12} = 49.7\ \text{pF}$$

$$Q = \frac{\omega_0 L}{R} = \frac{2\pi \times 10 \times 10^6 \times 5.1 \times 10^{-6}}{2.3} = 139$$

电路中的电流为

$$I_0 = \frac{U}{R} = \frac{0.15}{2.3} = 0.065\ 2\ \text{mA}$$

电容器上的电压为

$$U_C = QU = 139 \times 0.15 = 20.85\ \text{mV}$$

（二）并联谐振

1.谐振频率

图 3-27 所示为一个线圈与电容并联的电路,其中 L 是线圈的电感,R 是线圈的内电阻。

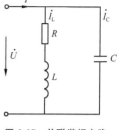

当电路发生谐振时,电压与电流同相,电路为纯阻性。理论分析指出,并联谐振时的频率为

$$f_0 \approx \frac{1}{2\pi\sqrt{LC}}$$

2.并联谐振的特点

图 3-27　并联谐振电路

(1)并联谐振的电路阻抗

实验和理论分析都指出,电路发生并联谐振时,电路的阻抗最大,其值为

$$|Z| = \frac{R^2 + (\omega_0 L)^2}{R} = \frac{R^2 + (\frac{1}{LC} - \frac{R^2}{L^2})L^2}{R} = \frac{L}{RC}$$

(2)并联谐振的电路电流

实验和理论分析都指出,电路发生并联谐振时,电路中的总电流达到最小,其值为

$$I_0 = \frac{U}{|Z|} = \frac{U}{\dfrac{L}{RC}}$$

而此时各并联支路的电流分别为

$$I_L = \frac{U}{\sqrt{R^2 + (\omega_0 L)^2}} \approx \frac{U}{\omega_0 L}$$

$$I_C = \frac{U}{\dfrac{1}{\omega_0 C}}$$

结论

　　交流电路发生并联谐振时,电感支路和电容支路的电流将远大于电路的总电流,因而并联谐振也称为电流谐振。

在工程上,常把交流电路发生并联谐振时,支路电流与总电流的比值称为电路的品质因数,即

$$Q = \frac{I_L}{I_0} = \frac{\omega_0 L}{R} = \frac{1}{\omega_0 CR}$$

$$I_L \approx I_C = QI_0$$

任务实施

1.实训器材

(1)低频信号发生器 1 台。

（2）毫伏表 1 台。

（3）双踪示波器 1 台。

（4）电阻（200 Ω）1 只。

（5）电感（30 mH）1 只。

（6）电容（0.033 μF）1 只。

2. 实训内容

寻找电路的谐振频率，研究谐振电路的特点。

3. 实训步骤

（1）测量谐振电路的频率数据

按图 3-28 所示接线，R 取 200 Ω，L 取 30 mH，C 取 0.033 μF，将低频信号发生器输出阻抗置于 600 Ω。用毫伏表测量电阻上的电压 U_R，因为 $U_R = RL$，所以当 R 一定时，U_R 与 R 成正比，此时电路的电流 I 最大，电阻电压 U_R 也最大。

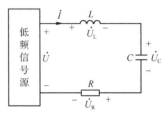

图 3-28　串联谐振线路

保持低频信号发生器的输出电压为 5 V，仔细调节输出电压的频率，使 U_R 为最大，电路即达到谐振，测量电路中的电压 U_R、U_L、U_C，并读取谐振频率 f_0，记入表 3-5 中，同时记录元件参数 R、L、C 的实际数值。

表 3-5　　　　　　　　　　　　谐振电路的频率测量数据

R		L		C	
U_R		U_L		U_C	
f_0		$I_0 = U_R/R$		Q	

（2）用示波器观察并测量 RLC 串联谐振电路中电流和电压的相位关系

按图 3-29 所示接线，R 取 500 Ω，L 和 C 的值同图 3-28。将电路中 a 点的电位送入双踪示波器的 Y_a 通道，它显示出电路中总电压 U 的波形。将 b 点的电位送入 Y_b 通道，它显示出电阻 R 上的电压波形，该波形与电路中电流 i 的波形相似，因此可以直接把它作为电流 i 的波形。

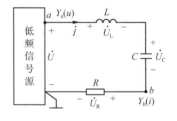

图 3-29　观察并测量电流和电压相位的线路

双踪示波器和低频信号发生器的接地端必须连接在一起，低频信号发生器的输出频率取谐振频率 f_0，输出电压为 5 V，双踪示波器的内触发旋钮必须拉出，调节双踪示波器使屏幕上获得 2～3 个波形，将电流 i 和电压 u 的波形描绘下来。再在 f_0 左、右各取一个频率点，低频信号发生器输出电压仍保持 5 V，观察并描绘出 i 和 u 的波形，画在图 3-30 上。

调节低频信号发生器的输出频率，在 f_0 左右缓慢变化，观察双踪示波器屏幕上 i 和 u 波形的相位和幅度的变化，并分析其原因。

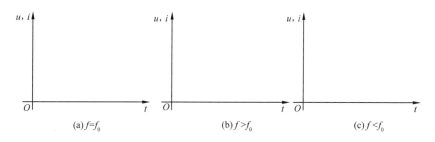

图 3-30　串联谐振电路中电流和电压的相位关系

4. 实训报告

(1)记录、整理实训数据于表 3-5 中,并对数据进行分析。

(2)说明当低频信号发生器的输出频率在 f_0 左右发生变化时,双踪示波器屏幕上 i 和 u 波形的相位和幅度为何发生变化。

练习题

1. 正弦量的三要素是什么? 有效值与最大值的区别是什么? 相位与初相位有什么区别?

2. 在某电路中 $u(t) = 141\cos(314t - 20°)$ V,则:

(1)求它的频率、周期、角频率、幅值、有效值及初相角各是多少;

(2)画出波形图;

(3)如果 $u(t)$ 的正方向选择相反方向,试写出 $u(t)$ 的表达式,画出波形图,并确定(1)中各项是否改变。

3. 为什么把串联谐振称为电压谐振,把并联谐振称为电流谐振?

4. 当某一正弦电压的相位为 $\dfrac{\pi}{6}$ rad 时,其瞬时值为 5 V,试求其振幅值、有效值。

5. 某正弦电流的角频率 $\omega = 314$ rad/s,初相 $\varphi_i = -60°$。当 $t = 0.02$ s 时,其瞬时值为 0.5 A,试写出该电流的瞬时值表达式。

6. 在图 3-31 所示电路中,电阻 $R = 1\ 000\ \Omega$,u 为正弦电压,其最大值为 311 V,求图中电流表和电压表的读数。

7. 已知电压源 $u_S = 10\sqrt{2}\sin(2t)$,电容 $C = 0.1$ F,在关联参考方向下,求:

(1)i_C;

(2)电容平均储能 W_C。

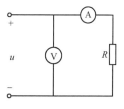

图 3-31　练习题 6 图

8. 将一台功率因数为 0.6、功率为 2 kW 的单相交流电动机接到 220 V 的工频电源上,求线路上的电流及电动机的无功功率。

项目 4

三相正弦交流电路的认识

知 识 目 标 与 技 能 目 标

◇ 了解三相电源和三相负载的连接方式。

◇ 了解对称三相正弦电路线电压与相电压、线电流与相电流的关系。

◇ 了解三相正弦稳态电路功率的计算。

任务 11　常用三相正弦交流电路的认识

实地观察

(1)实地观察校外的高压输电线路,观看三相四线制输电线路。

(2)实地观察学校的配电所,听电工师傅介绍学校内的配电情况。实地观察从高压三相四线制的输入到低压单相电和三相电的输出线路。

(3)实地观察实训室内的三相四线制电源,在教师指导下实际测量线电压与相电压的数值。

知识链接

目前,电力系统所采用的供电方式绝大多数是三相制,工业用的交流电动机大多是三相交流电动机,单相交流电则是三相交流电中的一相。

拓展资料

1891年,世界上第一台三相交流发电机诞生了,它的发明者是塞尔维亚裔美籍发明家特斯拉。这种发电机简单、灵巧,而特斯拉早先发明的变压器又解决了长途输电中的电压升降问题,由此,交流电供电系统得到了迅猛发展,引领世界进入了电气时代。

三相交流电在国民经济中获得了广泛的应用,这是因为三相交流电比单相交流电在电能的产生、输送和应用上具有更显著的优点。例如:在发电机尺寸相同的条件下,三相发电机的输出功率比单相发电机的输出功率高 50% 左右;在电能输送距离和输送功率一定时,采用三相制比单相制要节省大量的有色金属。三相用电设备还具有结构简单、运行可靠、维护方便等特点。

以对称三相电源向负载供电的电路称为三相电路,其组成包括对称三相电源、三相负载和三相传输控制环节。

▦ 三相交流电的产生

(一)三相交流发电机的结构

三相交流电一般是由三相交流发电机产生的,如图 4-1 所示。三相交流发电机的结构主要由电枢和磁极两部分组成。

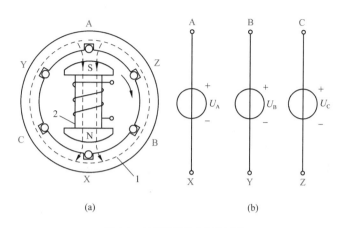

图 4-1　三相交流发电机的原理

电枢是固定部分,亦称定子,由定子铁芯和三相电枢绕组组成。三相定子绕组的几何形状、尺寸和匝数都相同,分别为 AX、BY、CZ,其中 A、B、C 分别表示它们的首端,X、Y、Z 表示末端,每组线圈称为一相,要求各相的始端之间(或末端之间)都彼此间隔 120°。

磁极是发电机中的转动部分,亦称转子,由转子铁芯和励磁绕组组成,用直流电励磁后产生一个很强的恒定磁场。通过选择合适的极面形状和励磁绕组的布置,可使空气隙中的磁感应强度按正弦规律分布。

当转子由原动机带动并以匀速转动时,每相绕组依次切割转子磁场,分别产生感应电压 u_A、u_B、u_C。由于结构上的对称性,各绕组中的电压必然频率相同、幅值相等。因出现幅值的时间彼此相差三分之一周期,故在相位上彼此相差 120°。以 A 相电压为参考,则可得出各相电压的表达式分别为

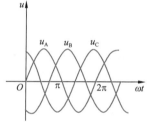

$$u_A = U_m \sin(\omega t)$$
$$u_B = U_m \sin(\omega t - 120°)$$
$$u_C = U_m \sin(\omega t + 120°)$$

对称三相电压源的电压波形如图 4-2 所示。

图 4-2　对称三相电压源的电压波形

(二)三相交流电的相序

三相交流电源的电压达到同一数值(如正的幅值)的先后顺序称为相序。图 4-2 所示的对称三相电压源的相序为 A—B—C,称其为正相序或顺序。若改变转子磁极的旋转方向或定子三相电枢绕组中任意两者的相对空间位置,则其相序为 A—C—B,称其为负相序或逆序。

上面所述的幅值相等、频率相同、彼此间互差 120°的三相电压称为三相对称电压。显然它们的瞬时值之和为零,即

$$u_A + u_B + u_C = 0$$

(三)三相电源的连接

三相发电机有三个独立的绕组,通常是将发电机的三相绕组接成星形(Y),有时也接成三角形(△)。

1. 星形(Y)连接

把发电机三个对称绕组的末端接在一起组成一个公共点 N,就成为星形连接,如图 4-3 所示。

星形连接时,公共点称为中性点,从中性点引出的导线称为中性线,俗称零线。当中性点接地时,中性线又称地线。从首端引出的三根导线称为相线或端线,俗称火线。相线与中性线之间的电压称为相电压,分

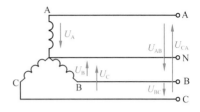

图 4-3   电源的星形连接

别为 u_A、u_B、u_C;任意两相线之间的电压称为线电压,分别为 u_{AB}、u_{BC}、u_{CA}。各电压习惯上规定的参考方向如图 4-3 所示。

结论

在星形连接时,线电压的有效值 U_L 是相电压有效值 U_P 的 $\sqrt{3}$ 倍,即

$$U_L = \sqrt{3} U_P$$

并且这三个线电压的相位分别超前于相应的相电压的相位 $30°$。

2. 三角形(△)连接

将发电机绕组的一相末端与另一相绕组的首端依次相连接,就成为三角形连接,如图 4-4 所示。

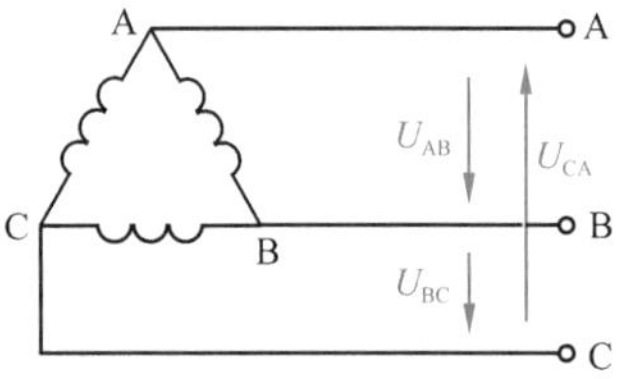

在三角形连接中,电源的线电压就是相应的相电压。

在三相电源电压对称时,$u_A + u_B + u_C = 0$。这表明三角形回路中合成电压等于零,即这个闭合回路中没有电流。

上述结论是在正确判断绕组首、尾端的基础上得出的,否则合成电压不等于零,接成三角形后会出现很大的环路电流,因此在第一次实施三角形连接时,需正确判断各绕组的极性。

图 4-4   电源的三角形连接

结论

在三角形连接时,线电压与相电压相等,即

$$U_L = U_P$$

一般发电机的三相绕组都接成星形,而不接成三角形。

三相负载

交流用电设备分为单相和三相两大类。一些小功率的用电设备例如电灯、各种家用电器等,都使用单相电,称为**单相负载**。

工厂的大型用电设备一般都使用三相,如三相交流电动机等。三相用电设备的内部结构有三部分,根据需要可接成星形(Y)或三角形(△),称为**三相负载**。

三相负载接入电源时应遵循两个原则:一是加在负载上的电压必须等于负载的额定电压;二是应尽可能使电源的各相负载均匀和对称,从而使三相电源供电趋于平衡。

（一）负载的星形连接

把三个负载 Z_A、Z_B、Z_C 的一端连接在一起，接到三相电源的中性线上，把三个负载的另一端分别接到电源的 A、B、C 三相上，称为负载的星形连接（三相四线制），如图 4-5 所示。当忽略导线阻抗时，电源的相、线电压就分别是负载的相、线电压，并且负载中点电位是电源中点电位。

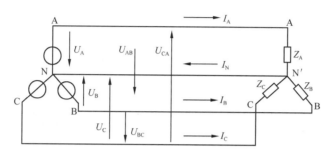

图 4-5 三相四线制电路

负载的各相线电流称为线电流，如图 4-5 中的 I_A、I_B、I_C，参考方向是从电源到负载。各相负载上的电流称为相电流，其参考方向与各相电压关联。显然星形连接时，线电流 I_L 就是相电流 I_P，即

$$I_L = I_P$$

在图 4-5 所示的三个相线与一个中性线供电的三相四线制电路中，计算每相负载中电流的方法与单相电路一样。

1. 对称三相负载电路

如果三相负载完全相同，即各相阻抗的模（值）相同，阻抗角（初相位）相等，则这种三相负载称为对称三相负载。此时三个相电流相等，各相电压与电流间的相位差也相同，即三个相电流之间的相位互差 120°。因此，三相电流也是对称的。显然，此时中性线电流 I_N 为零。既然中性线没有电流，它就不起作用，因此可以把中性线去掉。图 4-6 所示的三相三线制电路就是如此。

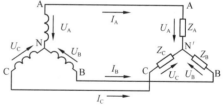

图 4-6 三相三线制电路

对于对称三相负载电路，只要分析、计算其中一相的电压、电流即可，其他两相的电压、电流可以根据其对称性（三相对称量大小相等、相位差 120°）直接写出，不必重复计算。星形负载对称时的线电压与相电压、线电流与相电流之间的关系为

$$U_L = \sqrt{3} U_P$$

$$I_L = I_P$$

2. 不对称三相负载电路

在实际的三相电路中，负载是不可能完全对称的。对于星形连接，只要有中性线，负载的相电压就总是对称的。此时各相负载都能正常工作，只是各相电流不再对称，中性线电流也不再为零。

在负载不对称的三相三线制电路中，电源电压与负载的中点电位不再相等，而且三相中

有的相电压高,有的相电压低,这将影响负载的正常工作,甚至烧坏负载。因此,负载为星形连接的三相三线制电路一般只适用于三相对称负载,如三相交流电动机。在三相四线制供电的不对称电路中,为了保证负载的相电压对称,中性线不允许接入开关和熔断器,以免中性线断开而造成各个负载电压不对称。

(二)负载的三角形连接

将三相负载的两端依次相接,并从三个连接点分别引线接至电源的三根相线上,这样就构成了三角形连接的负载,如图 4-7 所示。此时负载的相电压就是线电压,且与相应的电源电压相等,即

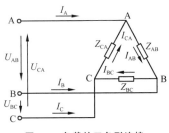

图 4-7 负载的三角形连接

$$U_L = U_P$$

通常电源的线电压总是对称的,所以在三角形连接时,不论负载对称与否,其电压总是对称的。此时的线电流也是对称的,且对称三角形负载的线电流落后于相应的相电流 $30°$,而线电流的有效值 I_L 是相电流有效值 I_P 的 $\sqrt{3}$ 倍,即

$$I_L = \sqrt{3}\, I_P$$

当三角形负载不对称时,各相电流不对称,且各线电流也不对称,故二者不再是 $\sqrt{3}$ 倍的关系,要分别计算。

实际上,负载如何连接,要根据电源电压和负载额定电压的情况而定,保证负载所加的电源电压等于它的额定电压。

三相电路的功率

(一)有功功率
三相负载的总有功功率 P 等于各相负载有功功率 P_A、P_B、P_C 之和,即
$$P = P_A + P_B + P_C$$

在三相对称电路中,因为各相相电压和相电流的有效值都相等,各相阻抗角也相等,所以三相总功率等于其一相功率的 3 倍,即
$$P = 3U_P I_P \cos\varphi$$
式中,φ 为相电压与相电流之间的相位差。

考虑到对称星形连接时 $U_L = \sqrt{3} U_P$、$I_L = I_P$,对称三角形连接时 $U_L = U_P$、$I_L = \sqrt{3}\, I_P$,因此不论是星形连接还是三角形连接,都有 $3U_P I_P = \sqrt{3} U_L I_L$ 成立,所以总功率还可以写为
$$P = \sqrt{3} U_L I_L \cos\varphi$$

(二)无功功率

三相负载的无功功率 Q 也等于各相无功功率的代数和,即
$$Q = Q_A + Q_B + Q_C$$
当负载对称时,可得
$$Q = 3U_P I_P \sin\varphi = \sqrt{3} U_L I_L \sin\varphi$$

（三）视在功率

三相负载的视在功率为

$$S=\sqrt{P^2+Q^2}$$

在对称情况下，有

$$S=3U_PI_P=\sqrt{3}U_LI_L$$

有一台三相电动机，每相的等效电阻 $R=29\ \Omega$，等效感抗 $X_L=21.8\ \Omega$，试求在下列两种情况下电动机的相电流、线电流以及从电源输入的功率，并比较所得结果。

(1)绕组接成星形，且接在 $U_L=380\ V$ 的三相电源上；

(2)绕组接成三角形，且接在 $U_L=220\ V$ 的三相电源上。

解：(1)

$$I_P=\frac{U_P}{|Z|}=\frac{220}{\sqrt{29^2+21.8^2}}=6.1\ A$$

$$I_L=I_P=6.1\ A$$

$$P=\sqrt{3}U_LI_L\cos\varphi=\sqrt{3}\times380\times6.1\times\frac{29}{\sqrt{29^2+21.8^2}}\times10^{-3}=3.2\ kW$$

(2)

$$I_P=\frac{U_P}{|Z|}=\frac{220}{\sqrt{29^2+21.8^2}}=6.1\ A$$

$$I_L=\sqrt{3}I_P=6.1\times\sqrt{3}=10.6\ A$$

$$P=\sqrt{3}U_LI_L\cos\varphi=\sqrt{3}\times220\times10.6\times\frac{29}{\sqrt{29^2+21.8^2}}\times10^{-3}=3.2\ kW$$

比较两种情况下的结果可知：有的三相电动机有两种额定电压，例如 220 V/380 V。这表示当电源电压(指线电压)为 220 V 时，电动机的绕组应连接成三角形；当电源电压为 380 V 时，电动机的绕组应连接成星形。在两种连接法中，电动机的相电压、相电流及功率都未改变，仅线电流在第二种情况下增大为在第一种情况下的 $\sqrt{3}$ 倍。

任务实施

1. 实训器材

(1)三相电路实训板(三相电路灯箱)1个。

(2)交流电流表(0~2.5 A量程)1只。

(3)交流电压表(0~500 V量程)1只。

(4)电容箱1只。

(5)电源插座3套。

2. 实训内容

当三相电源电压对称、三个负载也对称时,采用三相四线制或三相三线制均可,此时的线电压 U_L 和相电压 U_P、线电流 I_L 和相电流 I_P 之间的关系为

$$U_L = \sqrt{3}\,U_P$$

$$I_L = I_P$$

$$I_A + I_B + I_C = I_N = 0$$

当三相电源电压对称、三个负载不对称时,若采用三相四线制,则仍有 $U_L = \sqrt{3}\,U_P$,$I_L = I_P$,但 $I_A + I_B + I_C = I_N \neq 0$,三相电流不对称。若采用三相三线制,则负载上的 $U_L \neq \sqrt{3}\,U_P$,这时会出现中性点位移现象。各相电压的大小不相等,有的相电压过高,将使负载过载;有的相电压过低,将使负载无法正常工作。因此,不对称三相负载采用星形连接时,必须牢固连接中性线。

三相电路实训板(三相电路灯箱)如图 4-8 所示。

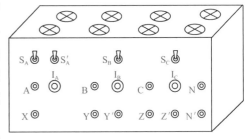

图 4-8 三相电路灯箱

8 个相同的灯泡共分成 4 组,每组 2 个灯泡串联。A 相负载为 2 组灯泡,分别由 S_A 和 S_A' 控制通断;B、C 相负载各 1 组灯泡,分别由 S_B 和 S_C 控制通断。A、B、C 为相首,X、Y、Z 为相尾,N 为电源中点,N′ 为负载中点。I_A、I_B、I_C 为线电流的电流插孔。

3. 实训步骤

(1)三相负载的星形连接

①按图 4-9 所示接线,通电前,使用万用表检测各相的电阻,无误后再合上电源开关。合上 S_A、S_B、S_C,分别测量对称负载、有中性线和无中性线时的线电压、线电流、相电压、相电流及两中性点间的电压(无中性线时)、中性线电流(有中性线时)的值,记入表 4-1 中。

②合上 S_A'(此时 A 相多接了一组灯泡),测量不对称负载有中性线和无中性线两种情况下的各电压及电流值,记入表 4-1 中。

③将 A 相负载全部断开(A 相开路),测量不对称负载在有中性线和无中性线两种情况下的各电压及电流值,记入表 4-1 中,并观察有中性线和无中性线对各灯泡亮度的影响。

(2)三相负载的三角形连接

①按图 4-10 所示接线,仔细检查电路无误后接通电源,分别测量负载对称和不对称两种情况下的线电压、线电流、相电流的值,记入表 4-1 中。

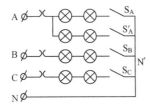

图 4-9 负载星形连接时的电路

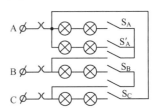

图 4-10 负载三角形连接时的电路

②将 A 相负载全部断开,重新测量各电压、电流的值,记入表 4-1 中。

表 4-1　　　　　　　　　在不同情况下各电压、电流的测量数据

测量项目		U_{AB}	U_{BC}	U_{CA}	U_A	U_B	U_C	I_A	I_B	I_C	$I_{NN'}$	I_N
单位												
有中性线	负载对称											
	负载不对称											
	A 相开路											
无中性线	负载对称											
	负载不对称											
	A 相开路											

注 意

在这个实训中,电路的换接次数较多,要注意正确接线,特别是从星形连接换接成三角形连接时,一定要将中性线从实训板上拆除,以免发生电源短路。在换接电路时,应先断开电源。

练 习 题

1. 一个三相四线制供电系统,电源频率 $f = 50$ Hz,相电压 $U_P = 220$ V,以 u_A 为参考正弦量,试写出线电压 u_{AB}、u_{BC}、u_{CA} 的三角函数表达式。

2. 一个对称三相电源,其线电压 $U_L = 380$ V,负载是呈星形连接的对称三相电炉,每相的电阻 $R = 220$ Ω,试求该电炉工作时的相电流 I_P,并计算其功率。

3. 一个对称三相电源,线电压 $U_L = 380$ V,对称三相电炉采用三角形连接,如图 4-11 所示。若已知电流表的读数为 33 A,试问该电炉每相的电阻 R 为多少?

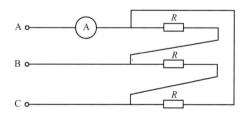

图 4-11　练习题 3 图

4. 一个车间由三相四线制供电,电源线电压为 380 V,车间总共有 220 V、100 W 的白炽灯 132 个,试问该如何连接? 当这些白炽灯全部工作时,供电线路的线电流为多少?

5. 在题 4 所述的车间照明电路中,若 A 相开灯 11 盏,B 相和 C 相各开灯 22 盏,试求各相的电流 I_A、I_B、I_C 及中线电流 I_N。

6. 呈星形连接的对称三相负载,每相阻抗 $Z = 16 + j12\ \Omega$,接于线电压 $U_L = 380$ V 的对称三相电源上,试求线电流 I_L、有功功率 P、无功功率 Q 和视在功率 S。

项目 5

电动机的认识与控制

知识目标与技能目标

◇ 了解电动机的分类与各种电动机的用途。

◇ 认识常用低压电器的名称、符号和用途。

◇ 学习常用电动机的启动和基本控制方法。

任务 12 单相异步电动机的启动与控制

器材展示

单相异步电动机的外形展示及运转情况展示,如洗衣机上的电动机。

知识链接

单相异步电动机

把电能转换为机械能的电机称为电动机。在生产和生活中,电动机得到了极为广泛的应用。各种各样的生产机械,如机床、电铲、吊车、轧钢机、风机、水泵等,都采用电动机进行驱动。在家用电器中,如洗衣机、电风扇、电冰箱等,电动机也是不可缺少的主要器件。

根据使用的电源种类不同,电动机可分为直流电动机和交流电动机两大类。按照使用交流电相数的不同,交流电动机又分为单相电动机和三相电动机。电动机还有许多类型名称,这和电动机的内部构造与工作原理有关。

拓展资料

1888 年,三相交流电动机被广泛应用于工业上作为动力,单相交流电动机则大多用于家庭电器中。

（一）单相异步电动机的认识与启动

用单相交流电源供电的电动机称为单相电动机,单相电动机又分为同步电动机与异步电动机两大类。单相异步电动机的结构简单,制造容易,运行可靠性高,质量轻,成本低,使用和维护都比较方便,但输出的功率比较小(1 kW 以下),广泛应用于各种家用电器、医疗器械、小型机床和电子仪表上,如电风扇、洗衣机、电冰箱、窗式及壁挂式家用空调器、单相手电钻、冲击电钻等都采用单相异步电动机。

1. 单相异步电动机的结构

电动机都是由定子和转子组成的,单相异步感应式电动机的结构如图 5-1 所示。

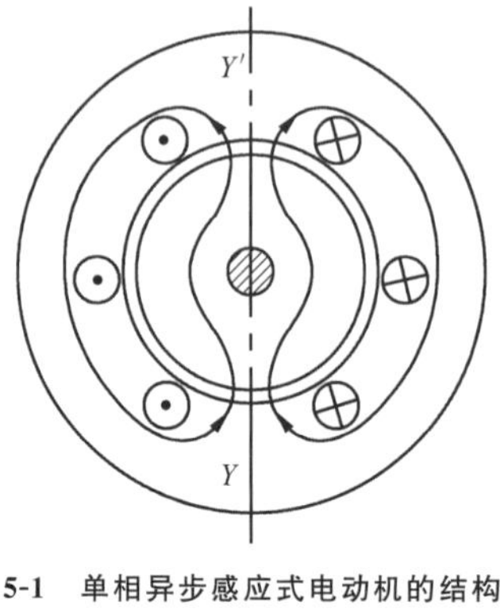

异步电动机的定子由机座和安装在机座内的圆筒形铁芯以及绕组组成。机座是由铸铁或铸钢制成的,铁芯是由相互绝缘的硅钢片叠成的。铁芯的内圆周表面上冲有许多槽,用以放置定子绕组,定子绕组是电动机的电路部分。

图 5-1 单相异步感应式电动机的结构

异步电动机的转子铁芯呈圆柱状,用绝缘的硅钢片叠成。转子大多为鼠笼式的,转子的绕组在转子导线槽内放置铜条或铸铝,两端用金属环焊接或铸铝一次成形。

当单相正弦电流通过定子绕组时,电动机内就产生一个交变磁通,但这个磁通的方向总是垂直向上或向下的,其轴线始终在 YY' 位置上。所以这个磁场是一个位置固定、大小和方向随时间按正弦规律变化的脉动磁场,不能产生旋转磁场,所以单相电动机是不能自行启动的。

2. 采用电容分相使单相异步电动机启动

为了使单相异步电动机能按预定方向自动运转,必须采取一些措施使电动机在启动时产生启动转矩。图 5-2 所示为电容分相式异步电动机的工作原理。单相异步电动机的定子有两个绕组:一个是工作绕组,另一个是启动绕组。两个绕组在空间互呈 90°。启动绕组与一个电容 C 串联,使启动绕组中的电流 i_2 和工作绕组中的电流 i_1 产生 90°的相位差,即

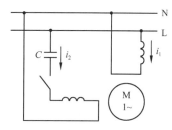

图 5-2 　电容分相式异步电动机的工作原理

$$i_1 = \sqrt{2}\,I_1 \sin(\omega t) \tag{5-1}$$

$$i_2 = \sqrt{2}\,I_2 \sin(\omega t + 90°) \tag{5-2}$$

实验和理论分析都证明:启动绕组中的电流 i_2 和工作绕组中的电流 i_1 产生的合成磁场随着时间的增加沿顺时针方向旋转,这样一来,单相异步电动机就可以在该旋转磁场的作用下启动了。

注意

如果电容分相式异步电动机的启动绕组连续通电,就有可能因过热而烧毁启动绕组,所以在电动机启动完成后,必须把启动绕组和电容器从电源上脱开,只给工作绕组通电,此时电动机转子在惯性的作用下,也可以在脉动磁场的作用下继续运转。

若在电路上采取一定措施,使启动绕组和工作绕组一样按长时间运行方式设计,便成为电容运行式单相异步电动机,其运行性能、过载能力、功率因数等均比电容分相式异步电动机要好。

3. 采用罩极法使单相异步电动机启动

罩极法是在单相异步电动机的定子磁极极面上约三分之一处套装一个铜环,又称短路环,套有短路环的磁极部分称为罩极。

当定子绕组通入电流产生脉动磁场后,有一部分磁通穿过铜环,使铜环内产生感应电动势和感应电流。根据楞次定律,铜环中感应电流所产生的磁场阻止铜环部分磁通的变化,使得没套铜环部分磁极中的磁通与套有铜环部分磁极中的磁通产生相位差,罩极外的磁通超前罩极内的磁通一个相位角。随着定子绕组中电流变化率的改变,单相异步电动机定子磁场的方向也不断发生变化,相当于在电动机内形成了一个旋转磁场。在这个旋转磁场的作用下,电动机的转子就能够启动了。罩极式单相异步电动机磁场的旋转方向是由铜环在罩

极上的位置决定的。这种电动机生产出来以后,其转动方向是固定的,不能随意改变。

罩极式单相异步电动机结构简单、制造容易、价格低廉,其主要缺点是启动转矩较小,且铜环在电动机工作时不断开,因而产生能量损耗,工作效率较低。罩极式电动机的应用范围较窄,主要应用于小台扇、电吹风、录音机、仪表风扇等小功率负载的场合。

通过开关、按钮、继电器、接触器等电器触点的接通或断开,实现对电动机的各种控制,称为继电接触器控制,由这种方式构成的自动控制系统称为继电接触器控制系统。典型的控制环节有点动控制、单向自锁运行控制、正/反转控制、行程控制、时间控制等。

除了对电动机进行控制外,还必须对电动机采取保护措施。常用的保护措施有短路保护、过载保护、零压保护和欠压保护等。

（二）常用低压控制电器

对电动机实现控制和保护的设备称为控制电器。控制电器的种类很多,按其动作方式可分为手动电器和自动电器两类。手动电器的动作是由工作人员手动操纵的,如刀开关、组合开关、按钮等;自动电器的动作是根据指令、信号或某个物理量的变化自动进行的,如中间继电器、交流接触器等。

1.刀开关

开关是控制电路中最常用的控制电器,用于接通或断开电路。刀开关是一种简单而使用广泛的手动电器,又称为闸刀开关,一般在不频繁操作的低压电路中,用于接通和切断电源,有时也用来控制小容量电动机（10 kW 以下）的直接启动与停机。

刀开关由闸刀（动触点）、静插座（静触点）、手柄和绝缘底板等组成,如图 5-3 所示为常见的胶盖瓷底刀开关。

刀开关的种类很多,按极数（刀片数）分为单极、双极和三极,按结构分为平板式和条架式,按操作方式分为直接手柄操作式、杠杆操作机构式和电动操作机构式,按转换方向分为单掷和双掷等。如图 5-4 所示为双极和三极刀开关的图形符号。

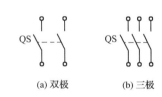

(a) 双极　　(b) 三极

图 5-3　胶盖瓷底刀开关　　　　　　　图 5-4　双极和三极刀开关的图形符号

刀开关一般与熔断器串联使用,在电路发生短路或过载时,熔断器就熔断而自动切断电路。刀开关的额定电压通常为 250 V 或 500 V,额定电流在 1 500 A 以下。

安装刀开关时,电源线应接在静触点上,负荷线接在与闸刀相连的端子上。对于有熔断丝的刀开关,负荷线应接在闸刀下侧熔断丝的另一端,以确保刀开关切断电源后闸刀和熔断丝不带电。刀开关垂直安装时,手柄向上合为接通电源,手柄向下拉为断开电源,不能反装,否则可能因闸刀松动自然落下而误将电源接通。

刀开关的选用主要考虑回路额定电压、长期工作电流以及短路电流所产生的动热稳定性等因素。刀开关的额定电流应大于其所控制的最大负载电流。用于直接启/停 4 kW 及以下的三相异步电动机时,刀开关的额定电流必须大于电动机额定电流的 3 倍。

2. 组合开关

组合开关又称转换开关,是一种转动式的闸刀开关,主要用于接通或切断电路、换接电源以及控制小型电动机的启动、停止、正/反转和照明电路。

组合开关的结构如图 5-5 所示,它有若干个动触片和静触片,分别安装于数层绝缘件内,静触片固定在绝缘垫板上,动触片安装在绝缘转轴上,随绝缘转轴旋转而变换通、断位置。如图 5-6 所示为用组合开关控制电动机启动和停止的接线图。

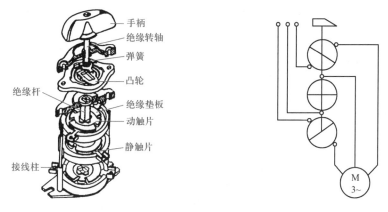

图 5-5　组合开关的结构　　　　　　图 5-6　组合开关的接线图

组合开关按通、断的类型可分为同时通断和交替通断,按转换的位数可分为二位转换、三位转换、四位转换。其额定电流有 10 A、25 A、60 A 和 100 A 等多种。

与刀开关相比,组合开关具有体积小、使用方便、通断电路能力强等优点。

3. 按钮

按钮是一种发出指令的电器,主要用于远距离操作,从而控制电动机或其他电气设备的运行。

按钮由按钮帽、复位弹簧、接触部件等组成,其外形、内部结构和图形符号如图 5-7 所示。

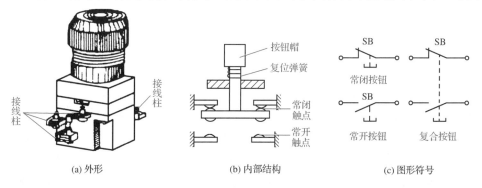

(a) 外形　　　　　　　(b) 内部结构　　　　　　　(c) 图形符号

图 5-7　按钮

按钮的触点分为常闭触点(又称动断触点)和常开触点(又称动合触点)两种。常闭触点是按钮未按下时闭合、按下后断开的触点,常开触点是按钮未按下时断开、按下后闭合的触点。

按钮的种类很多。按钮内的触点对数及类型可根据需要组合,最少具有一对常闭触点或常开触点。由常闭触点和常开触点通过机械机构联动的按钮称为复合按钮或复式按钮。复式按钮按下时,常闭触点先断开,然后常开触点闭合;松开后,依靠复位弹簧使触点恢复到原来的位置,其动作顺序是常开触点先断开,然后常闭触点闭合。

4. 行程开关

行程开关也称位置开关,主要用于将机械位移变为电信号,以实现对机械运动的电气控制。行程开关的结构及工作原理与按钮相似,如图 5-8 所示为直动式行程开关的工作原理,图5-9 所示为行程开关的图形符号。当机械运动部件撞击触杆时,触杆下移使常闭触点断开,常开触点闭合;当运动部件离开后,在复位弹簧的作用下,触杆回到初始位置,各触点恢复常态。

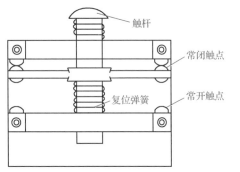

图 5-8 直动式行程开关的工作原理

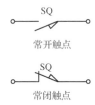

图 5-9 行程开关的图形符号

5. 交流接触器

图 5-10 所示为交流接触器的结构、工作原理及图形符号。

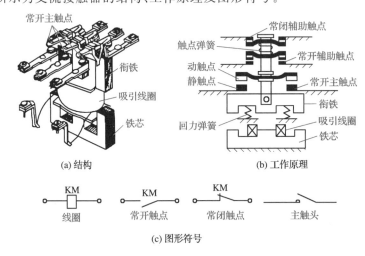

(a) 结构

(b) 工作原理

(c) 图形符号

图 5-10 交流接触器

交流接触器利用电磁铁的吸引力进行动作,主要由电磁机构、触点系统和灭弧装置三部分组成。触点用以接通或断开电路,由动触点、静触点和回力弹簧组成。电磁机构实际上是一个电磁铁,包括吸引线圈、铁芯和衔铁。当电磁铁的线圈通电时,产生电磁吸引力,将衔铁吸下,使常开触点闭合,常闭触点断开。电磁铁的线圈断电后,电磁吸引力消失,依靠回力弹簧使触点恢复到初始状态。

交流接触器的触点分主触点和辅助触点两种。主触点一般比较大,接触电阻较小,用于接通或断开较大的电流,常接在主电路中。辅助触点一般比较小,接触电阻较大,用于接通或断开较小的电流,常接在控制电路(或称辅助电路)中。有时为了接通或断开较大的电流,在主触点上安装灭弧装置,以熄灭由于主触点断开而产生的电弧,防止烧坏触点。

交流接触器是电动机最主要的控制电器之一。设计它的触点时,已考虑到接通负载时启动电流的问题,因此,选用交流接触器时主要应根据负载的额定电流来进行。如一台 Y112M-4 三相异步电动机,额定功率为 4 kW,额定电流为 8.8 A,选用主触点额定电流为 10 A 的交流接触器即可。除电流外,还应满足交流接触器的额定电压不小于主电路额定电压的条件。

6.继电器

继电器是一种根据电量(电压、电流)或非电量(转速、时间、温度等)的变化来接通或断开控制电路,实现自动控制或保护电力拖动装置的电器。按输入信号的性质,继电器可分为电压继电器、电流继电器、中间继电器、速度继电器、时间继电器、压力继电器等;按工作原理,继电器可分为电磁式继电器、感应式继电器、热继电器、电动式继电器、电子式继电器等;按用途,继电器可分为控制继电器、保护继电器等。

(1)中间继电器

中间继电器通常用来传递信号和同时控制多个电路,也可用来直接控制小容量电动机或其他电气执行元件。中间继电器的结构和工作原理与交流接触器基本相同,与交流接触器的主要区别是触点数目较多,且触点容量小,只允许通过小电流。在选用中间继电器时,主要考虑电压等级和触点数目。

图 5-11 所示为 JZ7 电磁式中间继电器的外形,图 5-12 所示为中间继电器的图形符号。

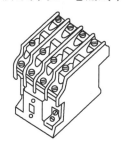

图 5-11　JZ7 电磁式中间继电器的外形

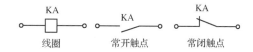

线圈　　　常开触点　　　常闭触点

图 5-12　中间继电器的图形符号

(2)热继电器

热继电器是利用电流的热效应原理工作的保护电器,在电路中用于三相异步电动机的过载保护。图 5-13 所示为热继电器的外形结构、工作原理及图形符号。电动机在实际运行中经常会遇到过载情况,只要过载不太严重,时间较短,绕组不超过允许温升,是允许的。若电动机长期超载运行,则绕组温升会超过允许值,其后果是加速绝缘材料的老化,缩短电动机的使用寿命,严重时会使电动机损坏。过载电流越大,达到允许温升的时间越短。因此,长期运行的电动机都应设置过载保护。

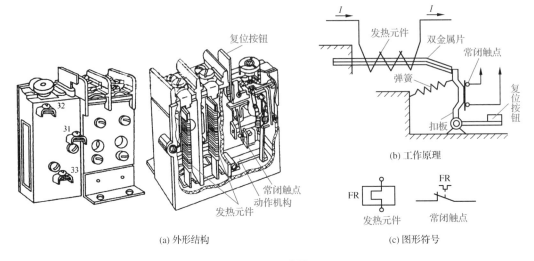

(a) 外形结构   (c) 图形符号

图 5-13　热继电器

热继电器触点的动作不是由电磁力产生的,而是利用感温元件受热产生的机械变形推动机构动作来开、闭触点的。热继电器中的发热元件是一段阻值不大的电阻丝,接在电动机的主电路中。感温元件是双金属片,由热膨胀系数不同的两种金属辗压而成。图 5-13(b)中,下层金属膨胀系数大,上层金属膨胀系数小。当主电路中的电流超过允许值而使双金属片受热时,双金属片的自由端将向上弯曲超出扣板,扣板在弹簧拉力的作用下将常闭触点断开。触点接在电动机的控制电路中,控制电路断开将使接触器的线圈断电,从而断开电动机的主电路。

注 意

由于热惯性,热继电器不能用于短路保护。因为发生短路事故时要求电路能够立即断开,而热继电器是不能立即动作的。但这个热惯性也是符合人们的要求的,在电动机启动或短时过载时,热继电器不会动作(也不应该动作),这可避免电动机不必要的停车。热继电器动作后如果要复位,按下复位按钮即可。

热继电器中有 2～3 个发热元件,使用时应将各发热元件分别串联在两根或三根电源线中,可直接反映三相电流的大小。

常用热继电器有 JR0 和 JR10 系列,其主要技术参数是整定电流。整定电流是指长期通过发热元件而不致使热继电器动作的最大电流。当通过发热元件的电流为整定电流的120%时,热继电器应在 20 min 内动作。整定电流与电动机的额定电流一致,应根据整定电流选择热继电器。

(3)时间继电器

吸引线圈得到动作信号后,要延迟一段时间触头才动作的继电器称为时间继电器。时间继电器的种类很多,有空气式、电磁式、电子式等。图 5-14 所示为通电延时空气式时间继电器的结构、原理与图形符号。

通电延时空气式时间继电器利用空气的阻尼作用达到动作延时的目的,它主要由电磁系统、触点、空气室和传动机构等组成。吸引线圈通电后将衔铁吸下,使衔铁与活塞杆之间

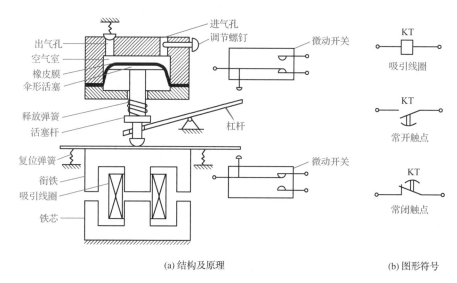

(a) 结构及原理　　　　　　　　　　　　(b) 图形符号

图 5-14　通电延时空气式时间继电器

产生一段距离,在释放弹簧的作用下,活塞杆向下移动。伞形活塞的表面固定有一层橡皮膜,当伞形活塞向下移动时,橡皮膜上将会出现空气稀薄的空间,伞形活塞受到下面空气的压力而不能迅速下移,当空气由进气孔进入时,伞形活塞才逐渐下移。移动到最终位置时,杠杆使微动开关动作。延时时间指从电磁铁吸引线圈通电时刻起到微动开关动作时为止的这段时间。通过调节螺钉改变进气孔的大小可以调节延时时间。

吸引线圈断电后,依靠复位弹簧的作用复原,空气经出气孔被迅速排出。图 5-14 所示的时间继电器有两个延时触点:一个是延时断开的常闭触点,另一个是延时闭合的常开触点。此外还有两个瞬动触点。

7. 熔断器

熔断器是一种最简单、有效且价格低廉的保护电器。熔断器主要用于短路保护,串联在被保护的线路中。线路正常工作时,熔断器如同一根导线,起通路作用;当线路短路或严重过载时,电流大大超过额定值,熔断器中的熔体迅速熔断,从而起到保护线路上其他电器的作用。

熔断器一般由夹座、外壳和熔体组成。熔体有片状和丝状两种,用电阻率较高的易熔合金或截面积很小的良导体制成。图 5-15 所示为熔断器的图形符号,图 5-16 所示为熔断器的常用结构。

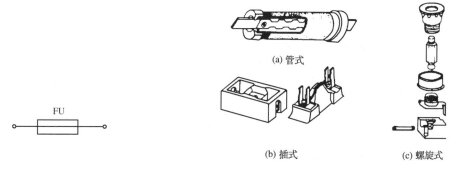

(a) 管式

(b) 插式　　　　　　　　(c) 螺旋式

图 5-15　熔断器的图形符号　　　　　　　　图 5-16　熔断器的常用结构

选择熔断器时主要选择熔体额定电流。选择熔体额定电流的方法如下：

(1)电灯支线的熔体

$$熔体额定电流 \geq 支线上所有电灯的工作电流之和$$

(2)一台电动机的熔体

$$熔体额定电流 \geq 电动机的额定电流 \times 2.5$$

如果电动机启动频繁，则

$$熔体额定电流 \geq 电动机的额定电流 \times (1.6\sim2)$$

(3)几台电动机合用的总熔体

$$熔体额定电流 = (1.5\sim2.5) \times 容量最大的电动机的额定电流 + 其余电动机的额定电流之和$$

为了有效地熄灭电路切断时产生的电弧，通常将熔体装在壳体内并采取适当措施，使其快速导热而将电弧熄灭。安装时，熔断器应安装在开关的负载一侧，这样便可在不带电的情况下将开关断开更换熔体。

8.断路器

断路器又称自动开关、自动空气开关或自动空气断路器，其主要特点是具有自动保护功能，当发生短路、过载、欠电压等故障时能自动切断电路，起到保护作用。

图 5-17 所示为断路器的图形符号，图 5-18 所示为断路器的工作原理。断路器主要由触点系统、操作机构和保护元件组成。主触点靠操作机构(手动或电动)闭合。开关的脱扣机构是一套连杆装置，有过流脱扣器和欠压脱扣器等，它们都是电磁铁。主触点闭合后就被锁钩锁住。在正常情况下，过流脱扣器的衔铁是释放的，一旦发生严重过载或短路故障，线圈因流过大电流而产生较大的电磁吸力，把衔铁往下吸而顶开锁钩，使主触点断开，起到过流保护作用。欠压脱扣器的工作情况与之相反，正常情况下吸住衔铁，主触点闭合，当电压严重下降或断电时释放衔铁使主触点断开，实现欠压保护。自动开关切断电路后，若电源电压恢复正常，则需要重新合闸才能工作。

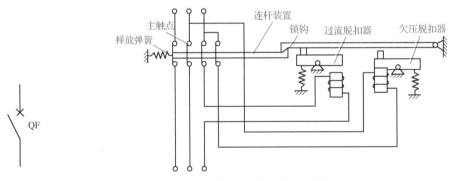

图 5-17　断路器的图形符号　　　　　　图 5-18　断路器的工作原理

任务实施

1.实训器材

(1)单相电容式异步电动机 1 台。

(2)油浸电容器(1~2 μF,400 V)1 台。

(3)刀开关(5 A,220 V)2个。

(4)风扇电抗器1个。

(5)MF-47型万用表1只。

2. 实训内容

单相电容式电动机的运行方式有两种:电容启动式和电容运行式,如图5-19所示。

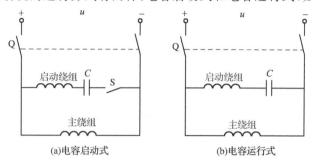

图 5-19　单相电容式电动机的接线图

电容式电动机的旋转方向由旋转磁场方向决定,改变电动机的旋转方向,只要调换两个绕组中任何一个绕组的首端及末端与电源的接线即可。

单相电容式电动机的调速方法有许多种,采用电抗器是一种常见的方法。电抗器主要由铁芯和线圈两大部分组成,电抗器的线圈上有多个抽头。调节电抗器的抽头位置,即可改变串联在定子绕组中的电感量的大小,就可以改变电动机定子绕组所获得的电压,从而实现电动机转速的调节。图5-20和图5-21所示分别为电风扇的电路原理和调速电路原理。

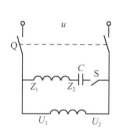

图 5-20　电风扇的电路原理

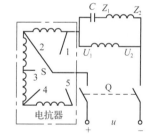

图 5-21　电风扇的调速电路原理

3. 实训步骤

(1)观察单相电容式电动机、电抗器、开关的结构,检查各转动部分是否灵活,触点接触是否良好。

(2)记录单相电容式电动机、电容器的铭牌参数,填在表5-1中。

表 5-1　　　　　　　　　　　单相电容式电动机、电容器的铭牌参数

额定功率/W	额定电压/V	额定电流/A	额定转速/(r·min⁻¹)	电容器容量/μF	电容器额定耐压/V

(3)确定单相电容式电动机的主、副绕组。用万用表的电阻挡测量电动机的绕组电阻,即可确定单相电容式电动机的主、副绕组。单相电容式电动机两套绕组的电阻不同,电阻值大的为副绕组,电阻值小的为主绕组。分别测出电动机主、副绕组的阻值,填在表5-2中。

表 5-2 　　　　　　　　单相电容式电动机绕组的直流电阻测量数据

步骤	主绕组	副绕组	备注
第一次测量的电阻值/Ω			
第二次测量的电阻值/Ω			

（4）按图 5-20 所示连接电路，检查无误后再接电源。

（5）先接通开关 S，将启动电容接入副绕组，然后再合上电源开关 Q，观察单相电容式电动机的启动，仔细观察电动机的转动方向及转速，将观察结果填入表 5-3 中。

（6）当电动机进入稳态运行后，切断开关 S，将电容器和副绕组从电路中切除，仔细观察电动机的转速及转动方向，将观察结果填入表 5-3 中。

（7）关闭电源开关 Q 和开关 S，将电动机主绕组 U_1、U_2 与电源的接线位置对调（或将副绕组 Z_1、Z_2 的接线位置对调），先合上开关 S，再合上电源开关 Q，仔细观察电动机的转动方向及转速，将观察结果填入表 5-3 中。

（8）切断电源开关 Q，按图 5-21 接入电抗器，经检查无误后再合上电源开关 Q，调节电抗器的抽头位置，仔细观察电动机的转速及转动方向，将观察结果填入表 5-3 中。

表 5-3 　　　　　　单相电容式电动机的启动情况、转向及转速数据记录

步骤	电动机启动情况	电动机转向（顺时针还是逆时针，从电动机轴的伸出端侧观察）	电动机转速
步骤 5			
步骤 6			
步骤 7			
步骤 8（调速开关接电抗器抽头 1）			
步骤 8（调速开关接电抗器抽头 2）			
步骤 8（调速开关接电抗器抽头 3）			
步骤 8（调速开关接电抗器抽头 4）			
步骤 8（调速开关接电抗器抽头 5）			

（9）根据实际观察情况填空。

①按图 5-20 所示接线，电动机进入稳态运行后切除启动绕组，电动机转速及转向_____。

②按图 5-20 所示接线，当任意一相绕组与电源接线对调后，电动机的转向_____。

③按图 5-21 所示接入电抗器后，电动机的转向_____。调节调速电抗器的电抗值，观察电动机的转速，当调速开关接电抗器的_____抽头时，电动机的转速最高；当调速开关接电抗器的_____抽头时，电动机的转速最低。

4. 实训报告

（1）抄录单相电容式电动机的铭牌参数。

（2）记录电动机主、副绕组的电阻值。

（3）在实训中电路是否发生故障？若发生故障，是如何进行检查和处理的？

（4）在电动机启动时，如果不合上开关 S 而直接合上电源开关 Q，会出现什么现象？此时用手拨动电动机转轴，电动机又会出现什么现象？

任务 13　三相异步电动机的启动与控制

器材展示

三相异步电动机的外形展示及运转,如实训室中的三相异步电动机。

知 识 链 接

▓ 三相异步电动机

(一)三相异步电动机的结构及转动原理

1. 三相异步电动机的结构

三相异步电动机也由定子和转子两部分构成。

(1)定子

三相异步电动机的定子由机座、装在机座内的圆筒状铁芯以及嵌在铁芯内的三相定子绕组组成。

为了便于接线,常将三相绕组的 6 个出线头引至接线盒中,三相绕组的始端分别标为 U_1、V_1、W_1,末端分别标为 U_2、V_2、W_2。6 个出线头在接线盒中的位置排列以及星形和三角形两种接线方式如图 5-22 所示。

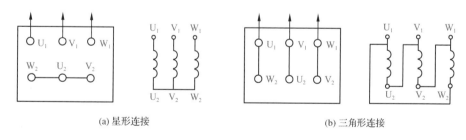

(a) 星形连接　　　　　　　　　　　　　(b) 三角形连接

图 5-22　三相异步电动机定子绕组的接线方式

(2)转子

三相异步电动机的转子按照构造上的不同,可分为鼠笼式和绕线式两种。两种转子的铁芯都为圆柱状,用硅钢片叠成,表面上冲有管槽。铁芯安装在转轴上,转轴上加机械负载。

鼠笼式转子绕组的特点是在转子铁芯的槽中放置铜条,两端用端环连接,如图 5-23 所示,因其形状极似鼠笼而得名。

在实际制造中,对于中小型电动机,为了节省铜材,常采用在转子槽管内浇铸铝液的方式来制造鼠笼式转子。现在 100 kW 以下的三相异步电动机中,转子槽内的导体、端环及风扇叶都是用铝铸成的,各部分形状如图 5-24 所示。绕线式转子绕组如图 5-25 所示,其形式与定子绕组基本相同。3 个绕组的末端连接在一起构成星形连接,而 3 个始端则连接在 3 个铜集电环上。环和环之间以及环和轴之间都彼此绝缘。启动变阻器和调速变阻器通过电刷与集电环和转子绕组相连接。

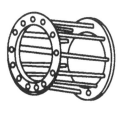

图 5-23　鼠笼式转子绕组

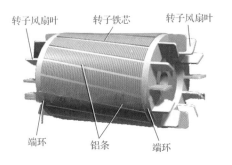

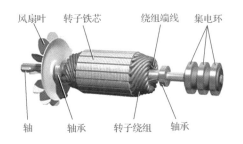

图 5-24　转子槽内的导体、端环及风扇叶　　图 5-25　绕线式转子绕组

虽然鼠笼式异步电动机和绕线式异步电动机在转子结构上有所不同,但二者的工作原理是一样的。由于鼠笼式异步电动机构造简单、价格低廉、工作可靠、使用方便,因此在工业生产和家用电器上得到了广泛应用。

2. 三相异步电动机的转动原理

(1)旋转磁场的产生

当把三相异步电动机的三相定子绕组接到对称三相电源上时,定子绕组中便有对称的三相电流流过,设电流的参考方向为由各个绕组的首端流向末端,则流过三相绕组的电流分别为

$$i_A = I_m \sin(\omega t)$$
$$i_B = I_m \sin(\omega t - 120°)$$
$$i_C = I_m \sin(\omega t + 120°)$$

实验和理论分析都证明:

①在空间对称排列的三相绕组中通入三相对称电流后,能够产生一个在空间旋转的合成磁场。

②旋转磁场的旋转方向是由 3 个绕组中三相电流的相序决定的,即只要改变流入三相绕组中的电流相序,就可以改变旋转磁场的转向。具体方法是将定子绕组接到三相电源上的 3 根导线中的任意 2 根对调一下。

③旋转磁场的转速称为同步转速,用 n_0 表示。对于两极(一对磁极)磁场而言,电流变化一周,合成磁场旋转一周。

若三相交流电的频率 $f_1 = 50$ Hz,则合成磁场的同步转速为

$$n_0 = 50 \text{ r/s}$$

工程上,转速的单位习惯采用 r/min,则同步转速为

$$n_0 = 60f_1 = 3\,000 \text{ r/min}$$

由此可见,同步转速的大小与电流频率有关,改变电流频率就可以改变合成磁场的转速,这就是现代电子技术中被广泛应用的变频调速的工作原理。

同步转速 n_0 的大小还与旋转磁场的磁极对数有关。上面讨论的旋转磁场只有 2 个磁极,即只有 1 对 N、S 极,称为 1 对磁极,用 $p=1$ 表示。如果电动机的旋转磁场不只 1 对磁极,则为多极旋转磁场。如 4 极旋转磁场有 2 对 N、S 极,称为 2 对磁极,用 $p=2$ 表示;6 极旋转磁场有 3 对 N、S 极,称为 3 对磁极,用 $p=3$ 表示。当旋转磁场的磁极对数增加时,同步转速将按比例减小。可以证明,同步转速 n_0 与旋转磁场的磁极对数 p 的关系为

$$n_0 = \frac{60f_1}{p} \text{ r/min} \tag{5-3}$$

式中,f_1 为三相电源的频率,我国电网的频率 $f_1 = 50$ Hz。对于成品电动机,磁极对数 p 已定,所以决定同步转速的唯一因素就是频率。同步转速 n_0 与旋转磁场的磁极对数 p 的对应关系见表 5-4。

表 5-4　　　　　同步转速 n_0 与旋转磁场的磁极对数 p 的对应关系

磁极对数 p	1	2	3	4	5	6
同步转速 $n_0/(\text{r} \cdot \text{min}^{-1})$	3 000	1 500	1 000	750	600	500

三相异步电动机的磁极对数越多,旋转磁场同步转速越小。若电动机磁极对数增加,则需要采用更多的定子线圈,加大电动机的铁芯,这将使电动机的成本提高,质量增大。因此,对电动机的磁极对数 p 有一定的限制,常用电动机的磁极对数多为 $1\sim4$。

(2)三相异步电动机的转动原理

由以上分析可知,三相异步电动机的定子绕组通入三相电流后,即在定子铁芯、转子铁芯及其之间的气隙中产生一个同步转速为 n_0 的旋转磁场。在旋转磁场的作用下,转子导体将切割磁力线而产生感应电动势。

在图 5-26 中,旋转磁场在空间按顺时针方向旋转,因此转子导体相对于磁场按逆时针方向旋转而切割磁力线。

根据右手定则可确定感应电动势的方向。转子上半部分导体中产生的感应电动势方向从里向外,转子下半部分导体中产生的感应电动势方向从外向里。因为鼠笼式转子绕组是短路的,所以在感应电动势的作用下,转子导体中产生出感应电流,即转子电流。因为异步电动机的转子电流是由电磁感应产生的,所以异步电动机又称为感应电动机。

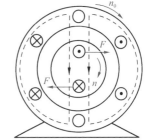

图 5-26　三相异步电动机的转动原理

通有电流的转子处在旋转磁场中,将受到电磁力 F 的作用。电磁力 F 的方向可用左手定则判定。在图 5-26 中,转子上半部分导体受力的方向向右,转子下半部分导体受力的方向向左。这对电磁力对转轴形成转动力矩,称为电磁转矩,其方向为顺时针。在该方向的电磁转矩作用下,转子便沿顺时针方向以转速 n 旋转起来。

由此可见,三相异步电动机电磁转矩的方向与旋转磁场的方向一致。如果旋转磁场的方向改变,电磁转矩的方向就改变,电动机转子的转动方向也随之改变。因此,可以通过改变三相绕组中的电流相序来改变电动机转子的转动方向。

显然，电动机转子的转速 n 必须小于旋转磁场的同步转速 n_0，即 $n < n_0$。如果 $n = n_0$，转子导体与旋转磁场之间就没有相对运动，转子导体不切割磁力线，就不会产生感应电流，电磁转矩为零，转子因失去动力而减速。待 $n < n_0$ 时，转子导体与旋转磁场之间又有了相对运动，产生电磁转矩。因此，电动机在正常运转时，其转速 n 总是稍低于同步转速 n_0，因而称为异步电动机。异步电动机同步转速和转子转速的差值与同步转速之比称为转差率，用 S 表示，即

$$S = \frac{n_0 - n}{n_0} \times 100\% \tag{5-4}$$

转差率表示了转子转速与同步转速之间相差的程度，是分析异步电动机的一个重要参数。转子转速越接近同步转速，转差率越小。

当 $n = 0$（启动初始瞬间）时，$S = 1$；当理想空载时，即 $n = n_0$ 时，$S = 0$。因此，$0 < S < 1$。

由于三相异步电动机的额定转速与同步转速十分接近，因此转差率很小。通常异步电动机在额定负载下运行时的转差率为 $1\% \sim 9\%$。

例 5-1

有一台三相异步电动机，额定转速 $n_N = 1\,440$ r/min，电源频率 $f_1 = 50$ Hz，试求这台电动机的磁极对数及额定负载时的转差率。

解：三相异步电动机的额定转速略小于同步转速，而同步转速对应于不同的磁极对数有一系列固定的数值，见表 5-4。显然，与 $1\,440$ r/min 最接近的同步转速为 $n_0 = 1\,500$ r/min。与此相对应的磁极对数 $p = 2$。因此，额定负载时的转差率为

$$S_N = \frac{n_0 - n_N}{n_0} \times 100\% = \frac{1\,500 - 1\,440}{1\,500} \times 100\% = 4\%$$

（二）三相异步电动机的启动

电动机从接通电源开始转动到转速逐渐升高，一直达到稳定转速的过程称为启动过程。

电动机启动时，由于旋转磁场对静止的转子相对运动速度很大，因此转子导体切割磁力线的速度也很快，转子绕组中产生的感应电动势和感应电流都很大，定子电流必须相应增大。一般中小型鼠笼式三相异步电动机的定子启动电流（指线电流）为额定电流的 $5 \sim 7$ 倍。由于启动后转子的速度不断增加，因此电流将迅速下降。若电动机启动不频繁，则短时间的启动过程对电动机本身的影响不大。但当电网的容量较小时，这么大的启动电流会使电网电压显著降低，从而影响电网上其他设备的正常工作。另外，在启动瞬间，由于转差率为 1，因此转子电路的功率因数较小，启动转矩也较小。电动机可能会因启动转矩太小而需要较长的启动时间，甚至不能带动负载启动，故应设法提高启动转矩。但在某些情况下，如机械系统中，启动转矩过大会使传动机构（如齿轮）受到冲击而损坏，故又需设法减小启动转矩。

由上述可知，三相异步电动机启动时的主要缺点是启动电流较大，为了减小启动电流，有时也为了提高或减小启动转矩，必须根据具体情况选择不同的启动方法。鼠笼式三相异步电动机的启动有直接启动和降压启动两种方法。

1. 直接启动

直接启动是利用闸刀开关或接触器将电动机直接接到额定电压上的启动方式,又称全压启动,如图 5-27 所示。这种启动方法简单,但启动电流较大,会使线路电压下降,影响负载正常工作。一般电动机容量在 10 kW 以下且小于供电变压器容量的 20% 时,可采用直接启动。

2. 降压启动

如果电动机直接启动时电流太大,就必须采用降压启动。由于降压启动同时减小了电动机的启动转矩,因此这种方法只适用于对启动转矩要求不高的生产机械。鼠笼式三相异步电动机常用的降压启动方式有 Y-△(星形-三角形)换接启动和自耦降压启动。

(1)Y-△换接启动

Y-△换接启动是在启动时将定子绕组连接成星形,通电后电动机运转,当转速升高到接近额定转速时,由双投开关换接成三角形,如图 5-28 所示。这种启动方式只适用于正常运行时定子绕组是三角形连接且每相绕组都有两个端子的电动机。用 Y-△换接启动可以使电动机的启动电流降低到全压启动时的 1/3。

注 意

由于电动机的启动转矩与电压的平方成正比,因此采用 Y-△换接启动方式时,电动机的启动转矩也是直接启动时的 1/3。这种启动方法使启动转矩减小很多,故只适用于空载或轻载启动。

Y-△换接启动可采用 Y-△启动器来实现换接。为了使鼠笼式三相异步电动机在启动时具有较高的启动转矩,应该考虑采用高启动转矩的电动机,这种电动机的启动转矩是额定转矩的 1.6~1.8 倍。

(2)自耦降压启动

自耦降压启动是利用三相自耦变压器将电动机在启动过程中的端电压降低,以达到减小启动电流的目的,如图 5-29 所示。对于某些三相异步电动机,正常运转时要求其转子绕组必须接成星形,这样一来就不能采用 Y-△换接启动方式,而只能采用自耦降压启动方式。三相自耦变压器备有 40%、60%、80% 等多种抽头,使用时要根据电动机启动转矩的具体要求进行选择。

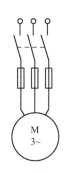

图 5-27 直接启动

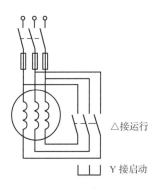

图 5-28 Y-△换接启动

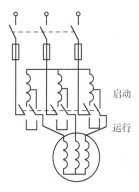

图 5-29 自耦降压启动

可以证明,若三相自耦变压器原、副绕组的匝数比为 k,则采用自耦降压启动时电动机的启动电流为直接启动时的 $1/k^2$。由于电动机的启动转矩与电压的平方成正比,因此采用自耦降压启动时电动机的启动转矩也是直接启动时的 $1/k^2$。

对于既要求限制启动电流,又要求有较高启动转矩的生产场合,可采用绕线式异步电动机启动。在绕线式异步电动机的转子绕组中串联适当的附加电阻后,既可以降低启动电流,又可以增大启动转矩,其接线图如图 5-30 所示。绕线式异步电动机多用于启动较频繁且要求有较高启动转矩的机械设备上,如卷扬机、起重机、锻压机等。

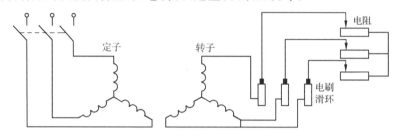

图 5-30　绕线式异步电动机启动

(三)三相异步电动机的调速

电动机的调速是在保持电动机电磁转矩(负载转矩)一定的前提下,改变电动机的转动速度,以满足生产过程的需要。

从转差率公式可得三相异步电动机的转速为

$$n = (1-S)n_0 = (1-S)\frac{60f_1}{p}$$

因此,三相异步电动机的调速可以从三个方面进行:改变磁极对数 p;改变电源频率 f_1;改变转差率 S。

1. 变极调速

若电源频率 f_1 一定,则改变电动机的定子绕组所形成的磁极对数 p,就可以达到调速的目的。但因为磁极对数只能按 1、2、3……的规律变化,所以用这种方法调速不能连续、平滑地调节电动机的转速。

能够改变磁极对数的电动机称为多速电动机。这种电动机的定子有多套绕组或绕组上有多个抽头引至电动机的接线盒,可以在外部改变绕组接线来改变电动机的磁极对数。多速电动机可以做到二速、三速、四速等,它普遍应用在机床上。采用多速电动机可以简化机床的传动机构。

2. 变频调速

变频调速是目前生产过程中使用最广泛的一种调速方式。图 5-31 所示为鼠笼式三相异步电动机变频调速的原理。

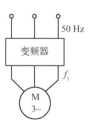

变频调速主要通过由电子器件组成的变频器,把频率为 50 Hz 的三相交流电源变换成频率和电压均可调节的三相交流电源,再供给三相异步电动机,从而使电动机的速度得到调节。变频调速属于无级调速。

图 5-31　变频调速

3. 变转差率调速

变转差率调速只适用于绕线式异步电动机,通过改变转子绕组中串联调速电阻的大小来调整转差率,从而实现平滑调速,又称为变阻调速。当在转子绕组中串联附加电阻后,改变转子电阻的阻值大小,电动机的转速就随之发生变化,从而达到调速的目的。调速电阻的接法与启动电阻相同。

变转差率调速使用的设备简单,但能量损耗较大,一般只用于起重设备上。

(四)三相异步电动机铭牌的含义

每台异步电动机出厂时,在机座壳上都会钉上一块铭牌,上面标有该电动机的各种技术参数。现以 Y132M-4 型电动机为例来说明铭牌上各参数的含义,如图 5-32 所示。

三相异步电动机		
型　号　Y132M-4	功　率　7.5 kW	频　率　50 Hz
电　压　380 V	电　流　15.4 A	接　法　△
转　速　1 440 r/min	效　率　87%	功率因数　0.85
绝缘等级　B	工作方式　连续	质　量　××kg
年　　月	编　号	××电机厂

图 5-32　Y132M-4 型电动机的铭牌参数

(1)型号用来表示电动机的产品代号、规格代号和特殊环境代号。例如,"Y132M-4"的含义如下:

(2)额定电压 U_N 指额定运行状态下加在定子绕组上的线电压,单位为 V。

(3)额定电流 I_N 指电动机额定运行时定子绕组上的线电流,单位为 A。

(4)额定功率 P_N 和额定效率 η_N。铭牌上的功率值指电动机额定运行时轴上输出的机械功率值,输出功率与输入功率不同。以 Y132M-4 型电动机为例:

输入功率为

$$P_1 = \sqrt{3}U_1I_1\cos\varphi = \sqrt{3}\times380\times15.4\times0.85\times10^{-3} = 8.6 \text{ kW}$$

输出功率为

$$P_N = 7.5 \text{ kW}$$

额定效率为

$$\eta_N = \frac{P_N}{P_1}\times100\% = \frac{7.5}{8.6}\times100\% = 87\%$$

(5)额定转速 n_N 指在电动机上加额定频率的额定电压,在轴上输出额定功率时电动机的转速,单位为 r/min。

(6)额定频率 f_N 指电动机额定运行时定子绕组所加交流电源的频率,单位为 Hz。

(7)接法是指定子三相绕组的接法,若铭牌上电压标注为 380 V,接法标注为△,则表明定子每相绕组的额定电压是 380 V,当电源线电压为 380 V 时,定子绕组应接成三角形。若铭牌上电压标注为 380/220 V,接法标注为 Y/△,则表明定子每相绕组的额定电压是

220 V,当电源线电压为 380 V 时,定子绕组应接成星形;当电源线电压为 220 V 时,定子绕组应接成三角形。

(8)工作方式是指电动机的运行状态,主要有连续、短时和断续三种。

电动机型号中字母的含义见表 5-5。

表 5-5　　　　　　　　　　　　　　　　电动机型号中字母的含义

代号	含义	代号	含义
Y	异步电动机	W	户外
T	同步电动机	F	化学防腐
Z	直流电动机	H	船、海洋
B	隔爆	G	高原

(五)电动机的基本控制线路

在三相异步电动机的基本控制电路中,用接触器和按钮控制电动机的启动与停止,用熔断器和热继电器对电动机进行短路保护和过载保护。电动机的控制电路主要有点动控制、单向自锁运行控制、正/反转控制、多地控制、行程控制、时间控制等。

1. 电动机单向运转点动控制

点动控制常用于各种机械的调整和调试。图 5-33 所示为用按钮和接触器实现三相异步电动机点动控制的控制线路,其中 SB 为启动按钮,KM 为接触器,QS 为闭合开关,三相电源被引入控制电路,但电动机还不能启动。按下启动按钮 SB,接触器 KM 的线圈通电,衔铁吸合,常开主触点接通,电动机定子接入三相电源启动运转。松开启动按钮 SB,接触器 KM 的线圈断电,衔铁松开,常开主触点断开,电动机因断电而停转,即松开手后电动机不能继续转动。

在图 5-33 中,各个电器是按照实际位置画出的,属于同一电器的各个部件集中画在一起,这样的图称为控制线路的接线图。接线图比较直观,容易接受,但当线路比较复杂、所用控制电器较多时,线路就不容易看清楚,因为同一电器的各部件在机械上虽然连接在一起,但在电路上并不一定互相关联。因此,为了分析和设计电路方便,控制电路通常用规定的符号画成原理图。图 5-34 所示为电动机点动控制的电气原理。

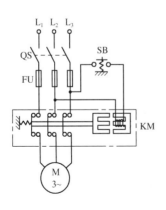

图 5-33　点动控制的控制线路

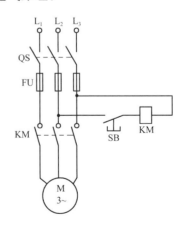

图 5-34　点动控制的电气原理

2. 电动机直接启动连续长时间运转控制

如要求电动机连续长时间运转，则可以按照图 5-35 所示电路进行接线。其工作过程如下：

（1）启动过程

按下启动按钮 SB_1，接触器 KM 的线圈通电，与 SB_1 并联的 KM 辅助常开触点闭合，以保证松开 SB_1 后 KM 的线圈持续通电，串联在电动机回路中的 KM 主触点持续闭合，从而实现电动机连续运转控制。与 SB_1 并联的 KM 辅助常开触点的这种作用称为自锁。

（2）停止过程

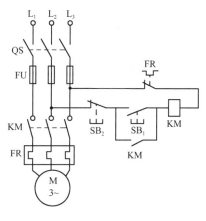

图 5-35　直接启动的控制原理

按下停止按钮 SB_2，接触器 KM 的线圈断电，与 SB_1 并联的 KM 辅助常开触点复位断开，以保证松开 SB_2 后 KM 的线圈持续失电，串联在电动机回路中的 KM 主触点持续断开，电动机停转。

起短路保护作用的是串联在主电路中的熔断器 FU，电路发生短路故障，熔体立即熔断，电动机立即停转。

起过载保护作用的是热继电器 FR。过载时，热继电器的发热元件发热，将其常闭触点断开，使接触器 KM 的线圈断电，串联在电动机回路中的 KM 主触点断开，电动机停转。同时 KM 辅助触点也断开，解除自锁。故障排除后若要重新启动，则需按下 FR 的复位按钮，使 FR 的常闭触点复位（闭合）即可。

起零压（或欠压）保护作用的是接触器 KM。当电源暂时断电或电压严重下降时，接触器 KM 的线圈电磁吸力不足，衔铁自行释放，使主、辅触点自行复位，切断电源，电动机停转，同时解除自锁，电动机等待重新启动。

3. 电动机运行的正/反转控制

在实际生产中，无论是工作台的上升、下降，还是立柱的夹紧、放松，或是进刀、退刀，大多是通过电动机的正/反转来实现的。图 5-36 所示为电动机正/反转控制原理。

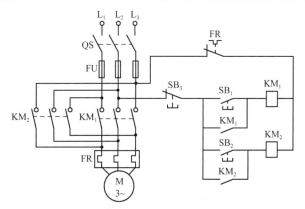

图 5-36　电动机正/反转控制原理

在主电路中，通过接触器 KM_1 的主触点将三相电源顺序接入电动机的定子三相绕组，

通过接触器 KM_2 的主触点将三相电源逆序接入电动机的定子三相绕组。当接触器 KM_1 的主触点闭合而 KM_2 的主触点断开时,电动机正向运转。当接触器 KM_2 的主触点闭合而 KM_1 的主触点断开时,电动机反向运转。为了实现主电路的要求,在控制电路中使用了3个按钮 SB_1、SB_2 和 SB_3,用于发出控制指令。SB_1 为正向启动控制按钮,SB_2 为反向启动控制按钮,SB_3 为停机按钮。通过接触器 KM_1、KM_2 实现电动机的正/反转控制。动作过程如下:

(1)正向启动过程

按下启动按钮 SB_1,接触器 KM_1 的线圈通电,与 SB_1 并联的 KM_1 辅助常开触点闭合,以保证 KM_1 的线圈持续通电,串联在电动机回路中的 KM_1 主触点持续闭合,电动机连续正向运转。

(2)停止过程

按下停止按钮 SB_3,接触器 KM_1 的线圈断电,与 SB_1 并联的 KM_1 辅助常开触点断开,以保证 KM_1 的线圈持续失电,串联在电动机回路中的 KM_1 主触点持续断开,切断电动机定子电源,电动机停转。

(3)反向启动过程

按下启动按钮 SB_2,接触器 KM_2 的线圈通电,与 SB_2 并联的 KM_2 辅助常开触点闭合,以保证 KM_2 的线圈持续通电,串联在电动机回路中的 KM_2 主触点持续闭合,电动机连续反向运转。

在使用图 5-36 所示的控制电路时应特别注意,KM_1 和 KM_2 的线圈不能同时通电,因此不能同时按下 SB_1 和 SB_2,也不能在电动机正转时按下反转启动按钮,不能在电动机反转时按下正转启动按钮,接触器 KM_1 和 KM_2 的主触点不能同时闭合。如果操作错误,将引起主回路电源短路,给操作带来潜在的危险。因此,要在控制回路中引入联锁(互锁)环节,以解决这一问题。

4. 电动机的正/反转运行联锁控制

图 5-37 所示为带有接触器联锁的正/反转控制原理,它是在图 5-36 所示的控制电路的基础上,将接触器 KM_1 的辅助常闭触点串入 KM_2 的线圈回路中,从而保证在 KM_1 的线圈通电时,KM_2 的线圈回路总是断开的;将接触器 KM_2 的辅助常闭触点串入 KM_1 的线圈回路中,从而保证在 KM_2 的线圈通电时,KM_1 的线圈回路总是断开的。这样,接触器的辅助常闭触点 KM_1 和 KM_2 保证了两个接触器的线圈不能同时通电,这种控制方式称为联锁或互锁,两个辅助常闭触点称为电气联锁触点或电气互锁触点。

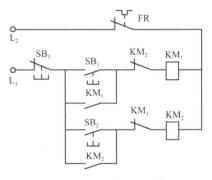

图 5-37　带有接触器联锁的正/反转控制原理

在具体操作时,若电动机处于正转状态,则必须先按停止按钮 SB_3,使联锁触点 KM_1 闭合后再按下反转启动按钮 SB_2,才能使电动机反转;若电动机处于反转状态,则必须先按停止按钮 SB_3,使联锁触点 KM_2 闭合后再按下正转启动按钮 SB_1,才能使电动机正转。

　　在图 5-37 中还可以采用复式按钮,将 SB_1 按钮的常闭触点串联在 KM_2 的线圈电路中,将 SB_2 的常闭触点串联在 KM_1 的线圈电路中,这样无论何时,只要按下 SB_2,在 KM_2 的线圈通电之前就首先使 KM_1 的线圈断电,从而保证 KM_1 和 KM_2 不同时通电。从反转到正转的情况也是一样。这种由机械按钮实现的联锁称为机械联锁或按钮联锁。相应地将上述由接触器触点实现的联锁称为电气联锁。在控制电路图中用虚线表示机械联动关系,也可以不用虚线而将复式按钮用相同的文字符号表示。

任务实施

1. 实训器材

(1)三相异步电动机(10 kW)1 台。

(2)三极刀开关(100 A/380 V)1 个。

(3)三相热继电器 1 个。

(4)交流接触器 1 个。

(5)复式按钮开关 1 个。

(6)熔断器(100 A)3 个。

(7)万用表(MF-47 型)1 只。

2. 实训内容

实现三相异步电动机的启动、反转和停止控制。

3. 实训步骤

(1)观察三相异步电动机、三极刀开关、三相热继电器、交流接触器、复式按钮开关和熔断器的结构。

(2)记录三相异步电动机的铭牌参数,填在表 5-6 中。

表 5-6　　　　　　　　　　　　三相电容式电动机的铭牌参数

额定功率/W	额定电压/V	额定电流/A	额定转速/(r·min^{-1})

(3)用万用表的电阻挡测量电动机的绕组电阻,填在表 5-7 中。

表 5-7　　　　　　　　　　　三相异步电动机绕组的直流电阻测量数据

步骤	绕组 1	绕组 2	绕组 3
第一次测量的电阻值/Ω			
第二次测量的电阻值/Ω			

(4)按照图 5-37 所示连接电路,检查无误后再接电源。

(5)按下启动按钮 SB1,观察电动机连续正向运转。

(6)按下停止按钮 SB3,观察电动机停转。

(7)按下启动按钮 SB2,观察电动机连续反向运转。

(8)按下停止按钮 SB3,观察电动机停转。

(9)将观察结果填入表 5-8 中。

表 5-8　　　　　　　三相异步电动机的启动情况、转向及转速数据记录

步骤	电动机启动情况	电动机转向 （顺时针还是逆时针， 从电动机轴的伸出端侧观察）	电动机转速
步骤 6			
步骤 7			
步骤 8			
步骤 9			

4. 实训报告

（1）抄录三相异步电动机的铭牌参数。

（2）记录三相异步电动机各绕组的电阻值。

（3）在实训中电路是否发生故障？若发生故障，是如何进行检查和处理的？

任务 14　直流电动机的认识与控制

器材展示

　　直流电动机的外形展示及运转，如计算机的风扇电动机、各种电动玩具的电动机。

知识链接

▪▪ 直流电动机

（一）直流电动机的结构及分类

1. 直流电动机的结构

　　直流电动机也是由定子和转子两部分组成的，其剖面图如图 5-38 所示。

　　定子的主要作用是产生磁场，它包括主磁极、换向磁极、机座和电刷装置等。主磁极由铁芯和励磁线圈组成，用于产生一个恒定的主磁场，改变外接直流励磁电源的正负极性，就能够改变主磁场的方向。换向磁极也由铁芯和绕在上面的励磁线圈组成，安装在两个相邻的主磁极之间，用来减小电枢绕组换向时产生的火花。电刷装置的作用是通过与换向器之间的滑动接触，

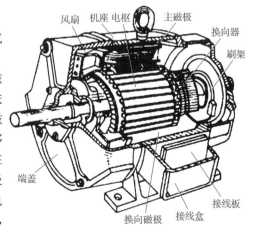

图 5-38　直流电动机的剖面图

把直流电压、直流电流引入或引出电枢绕组。

转子又称电枢,其主要作用是产生电磁转矩。转子由电枢铁芯、电枢绕组和换向器等组成。电枢铁芯上冲有槽孔,槽内放电枢绕组,电枢铁芯也是直流电动机磁路的组成部分。电枢绕组的一端装有换向器,换向器是由许多铜质换向片组成的一个圆柱体,换向片之间用云母绝缘。换向器是直流电动机的重要构造特征。换向器通过与电刷的摩擦接触,将两个电刷之间固定极性的直流电流变换成为绕组内部的交流电流,以便形成固定方向的电磁转矩。

2. 直流电动机的分类

直流电动机按励磁方式的不同分为他励式电动机和自励式电动机。

(1)他励式电动机

他励式电动机的特点是电动机的励磁绕组和电枢绕组分别由不同的直流电源供电,如图 5-39(a)所示,这种电动机构造比较复杂,一般用于对调速范围要求很大的重型机床等设备中。

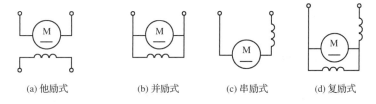

$$\text{(a) 他励式} \qquad \text{(b) 并励式} \qquad \text{(c) 串励式} \qquad \text{(d) 复励式}$$

图 5-39　直流电动机的种类

他励式电动机在使用中有以下几点值得注意:

①他励式电动机启动时,电枢电流比额定电枢电流大十多倍,故应该在电枢电路中串联启动限流电阻。

②他励式电动机的励磁绕组电源与电枢绕组电源不是同一个电源,使用中必须先给励磁绕组加上电压,再给电枢绕组加上电压,否则将损坏电枢绕组。

③启动时不允许把电动机的额定电压直接加到电枢上,应逐渐升高电枢电压,避免因启动电流过大而致使电枢绕组、控制电器和控制线路过热烧毁。

(2)自励式电动机

自励式电动机根据励磁绕组与电枢绕组连接方式的不同可分为并励式电动机、串励式电动机和复励式电动机,如图 5-39(b)~图 5-39(d)所示。它们的共同特点是励磁电流和电枢电流由同一个直流电源提供。

①并励式电动机的励磁绕组与电枢绕组并联在同一个电源上,励磁绕组匝数较多,电阻较大,故可以起到减小励磁电流的作用。

并励式电动机有以下特点:

● 在外加电压一定的情况下,励磁电流产生的磁通保持恒定不变。

● 启动转矩大,负载变动时转速比较稳定,转速调节方便,调速范围大。

● 并励式电动机在运转时切不可断开励磁电路,因为这时电动机的磁通很小,转速很大,空载会导致飞转,在有一定负载时会停转并导致电枢电流过大而引起事故。

②串励式电动机的励磁绕组和电枢绕组串联,为了减小串励绕组的电压降和铜损耗,串励绕组的匝数较少,且铜线的截面积较大。

串励式电动机有以下特点:

● 串励式电动机的转速随转矩的增加而显著下降。这种特性特别适用于起重设备,当提升较轻的货物时,电动机的转速较高,以便提高生产率;当提升较重的货物时,电动机的转速较低,保证工作安全。

● 串励式电动机的启动转矩很大,电动机启动时很快就能达到正常转速。

● 串励式电动机的磁通和转矩随负载的变化而变化,因此其转速随负载的变化而变化较大,对于需要转速稳定的场合不太适用。

● 串励式电动机在负载很小时电枢电流很小,即励磁电流和磁通都很小,这时电动机的转速将急剧增大,远远超过电动机机械强度所允许的数值,特别是在无负载的情况下,电动机将出现飞车现象,有发生破裂和飞散的危险。因此,串励式电动机决不允许在无载或轻载(小于额定负载 25%~30%)时启动。此外,串励式电动机应与生产机械直接耦合,不能用皮带传动,因为万一皮带松脱,将会使电动机处于空载状态而出现飞车现象。

③复励式电动机上有两个励磁绕组,一个与电枢绕组串联,另一个与电枢绕组并联。

当复励式电动机的两个励磁绕组产生的磁通方向一致时,称为积复励;当两个励磁绕组产生的磁通方向相反时,称为差复励。差复励电动机应用较少,但它具有负载变化时转速几乎不变的特性,因此常用于要求转速稳定的机械中。

(二)直流电动机的转动原理

图 5-40(a)所示的简化原理图代表直流电动机,其中 N 和 S 代表定子绕组产生的一对固定磁极,线圈 a、b 代表电枢绕组导线的两端,A、B 为一对换向片,U 是电枢绕组的外加直流电源电压。

当接通直流电压 U 时,直流电流从 a 边流入、b 边流出,由于电枢的 a 边处于 N 极之下,b 边处于 S 极之上,因此线圈两边将受到电磁力的作用,从而形成一个逆时针方向的电磁转矩 T,这个电磁转矩将使电枢绕组绕轴线沿逆时针方向转动,如图 5-40(b)所示。

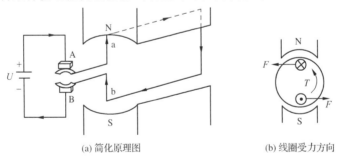

(a) 简化原理图   (b) 线圈受力方向

图 5-40　直流电动机的转动原理

当电枢转动半周后,电枢的 a 边正好处于 S 极之上,b 边正好处于 N 极之下。由于采用了电刷和换向器装置,因此当电枢处于上述位置时,电刷 A、B 所接触的换向片恰好对调,因此电枢中的直流电流方向也随之改变,即电流从 b 边流入、a 边流出。这样一来,电枢仍然受到一个逆时针方向的电磁转矩 T 的作用,因此,电枢继续绕轴线沿逆时针方向转动。这就是直流电动机的转动原理。

直流电动机中采用换向器结构是将外部直流电源转换成电枢内部交流电流的关键,它保证了每个磁极之下的线圈电流始终有一个固定不变的方向,从而保证电枢导体所受到的电磁力对转子产生确定方向的电磁转矩,这就是换向器的作用。

从上述分析还可以知道,改变定子绕组中励磁电流的方向或改变电枢绕组中直流电流的方向都可以使直流电动机反转。

(三)直流电动机的运行与控制

直流电动机的基本运行与控制过程包括启动、正/反转、调速和制动等。

1. 直流电动机的启动

直流电动机直接启动时的启动电流为

$$I_{st} = \frac{U}{R_a} \tag{5-5}$$

通常电枢电阻 R_a 很小,启动电流很大,达到额定电流的 $10\sim20$ 倍,因此必须限制启动电流。限制启动电流的方法就是启动时在电枢电路中串联启动电阻 R_{st},如图 5-41 所示。

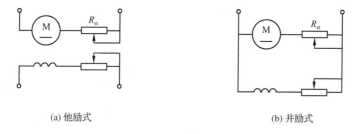

(a) 他励式　　　　　　　　　　(b) 并励式

图 5-41　直流电动机串联启动电阻的接线图

在电枢电路中串联启动电阻 R_{st} 后,电枢中的启动电流为

$$I_{st} = \frac{U}{R_a + R_{st}}$$

由此可确定启动电阻为

$$R_{st} = \frac{U}{I_{st}} - R_a$$

一般规定启动电流不应超过额定电流的 $1.5\sim2.5$ 倍。启动时将启动电阻调至最大,待启动后,随着电动机转速的上升将启动电阻逐渐调小。

例 5-2

一直流电动机的额定电压 $U=110$ V,电枢电流 $I_a=10$ A,电枢电阻 $R_a=0.5\ \Omega$。

(1)求直接启动时的启动电流及正常运转时的反电动势。

(2)若要将启动电流减小到 20 A,则应在电枢绕组中串联一个多大的启动电阻?

解:(1)直接启动时的启动电流为

$$I_{st} = \frac{U}{R_a} = \frac{110}{0.5} = 220 \text{ A}$$

正常运转时的反电动势为

$$E = U - I_a R_a = 110 - 10 \times 0.5 = 105 \text{ V}$$

(2)若要将启动电流减小到 20 A,应在电枢绕组中串联的启动电阻 R_{st} 为

$$R_{st} = \frac{U}{I'_{st}} - R_a = \frac{110}{20} - 0.5 = 5\ \Omega$$

2.直流电动机的调速

根据直流电动机的转速计算公式可知,直流电动机的调速方法有三种:改变磁通;改变电枢电压;改变电枢串联电阻。

(1)改变磁通调速的优点是调速平滑,可做到无级调速;调速经济,控制方便;稳定性较好。但由于电动机在额定状态运行时磁路已接近饱和,因此通常只是减小磁通将转速往上调,调速范围较小。

(2)改变电枢电压调速的优点是稳定性好;控制灵活、方便,可实现无级调速;调速范围较大,可达到6~10。但电枢绕组需要一个单独的可调直流电源,设备较复杂。

(3)改变电枢串联电阻调速简单、方便,但调速范围有限,且电动机的损耗增大太多,因此只适用于调速范围要求不大的中小容量直流电动机的调速。

3.直流电动机的制动

直流电动机的制动有能耗制动、反接制动和发电反馈制动三种。

(1)能耗制动即在停机时将电枢绕组的接线端从电源上断开后立即与一个制动电阻短接,由于惯性,短接后电动机仍保持原方向旋转,电枢绕组中的感应电动势仍存在,并保持原方向,但因为没有外加电压,所以电枢绕组中的电流和电磁转矩的方向改变了,即电磁转矩的方向与转子的旋转方向相反,起到了制动作用。

(2)反接制动即在停机时将电枢绕组的接线端从电源上断开后立即与一个相反极性的电源相接,电动机的电磁转矩立即变为制动转矩,使电动机迅速减速至停转。

(3)发电反馈制动即在电动机转速超过理想空载转速时,电枢绕组内的感应电动势将高于外加电压,使电动机变为发电状态运行,电枢电流改变方向,电磁转矩成为制动转矩,限制电动机转速升得过高。

微型特种电动机

(一)伺服电动机

伺服电动机是应用较广的一种控制电动机,又称为执行电动机,它可分为直流伺服电动机和交流伺服电动机两种。交流伺服电动机的结构如图5-42所示。

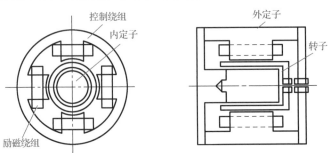

图5-42　交流伺服电动机的结构

伺服电动机具有以下特点：

(1)灵敏度高,即对控制信号反应灵敏,且有快速启动的性能。

(2)无自转现象,即当控制电压为零时能迅速停转。

(3)运行稳定,即在控制电压改变时,电动机能在较大的范围内稳定运行。

(4)具有线性的机械特性和调节特性。

直流伺服电动机的结构和工作原理与普通直流电动机相同,它实际上是一种体积和容量很小的直流电动机。直流伺服电动机在结构上具有气隙小、磁路不饱和、励磁电压和励磁电流成正比、电枢绕组阻值较大、电枢细长、转动惯性小等特点。

交流伺服电动机的结构可分为定子和转子两部分。定子上有空间差为90°电角度的励磁绕组和控制绕组。转子细而长,具有快速反应性能,有鼠笼式转子和非磁性杯形转子两种。交流伺服电动机的工作原理与电容式单相异步电动机的工作原理基本相同。

(二)步进电动机

步进电动机又称为脉冲电动机,是一种用电脉冲信号进行控制,并将电脉冲信号转换成相应的角位移或线位移的电动机。它由专用电源供给电脉冲,每输入一个电脉冲,步进电动机就移进一步,是步进式运动的,所以称为步进电动机。

步进电动机种类很多,按运动方式可分为旋转运动、直线运动和平面运动三种;按结构可分为反应式和励磁式,励磁式又可分为供电励磁式和永磁式两种;按定子数目可分为单定子式和多定子式两种;按相数可分为单相、两相、三相及多相等。

因步进电动机具有自锁功能且能够实现高精度的角位移,故广泛应用于数控机床、自动记录仪表等。

练 习 题

1.试阐述电容分相式单相异步电动机改变旋转方向的原理。罩极式单相异步电动机能否改变旋转方向?

2.三相异步电动机主要由哪几部分构成?各部分的主要作用是什么?

3.三相电源的相序对三相异步电动机旋转磁场的产生有何影响?

4.三相异步电动机转子的转速能否等于或大于旋转磁场的转速?为什么?

5.一台三相异步电动机,电源频率 $f_1 = 50$ Hz,同步转速 $n_0 = 1\ 500$ r/min,求这台电动机的磁极对数及转速分别为2和1 440 r/min时的转差率。

6.一台三相异步电动机,电源频率 $f_1 = 50$ Hz,额定转速 $n_N = 960$ r/min,则该电动机的磁极对数是多少?

7.一台4极的三相异步电动机,电源频率 $f_1 = 50$ Hz,额定转速 $n_N = 1\ 440$ r/min,计算该电动机在额定转速下的转差率 S_N 和转子电流的频率 f_2。

8.三相异步电动机的电磁转矩是否会随负载而变化？若是,则如何变化？

9.如果三相异步电动机发生堵转,则对电动机有何影响？

10.为什么三相异步电动机的启动电流较大？用哪几种启动方法可减小启动电流？

11.绕线式三相异步电动机采用串联转子电阻启动时,是否电阻越大,启动转矩越大？

12.三相异步电动机有哪几种调速方式？各有何特点？

13.三相异步电动机有哪几种制动方式？各有何特点？

14.电动机的额定功率指什么功率？额定电流是指定子绕组的线电流还是相电流？

项目 6

变压器的认识

知识目标与技能目标

◇ 了解变压器的分类与各种变压器的结构。

◇ 认识常用低压变压器的名称和用途。

◇ 学习常用变压器的接线方法。

任务 15　常用变压器的认识

知识链接

变压器是根据电磁感应原理制成的电气设备,是具有变换电压、变换电流和变换阻抗功能的一种装置。

拓展资料

没有变压器,就不能实现高压交流电与各种用电设备的连接。在 2020 年武汉发生的疫情中,中国建设者神速建成的火神山医院共装设了容量达 14 600 kV·A 的变压器设备,可保障医院每天用电 35 万度。

■ 单相变压器

器材展示

常用单相变压器的外形展示,例如一般功率放大器的电源变压器。

(一)变压器的结构

变压器主要是由铁芯和绕组两部分构成的。铁芯是变压器的主磁路,又是它的机械骨架。铁芯由铁芯柱和铁轭两部分组成,铁芯柱上套装绕组,铁轭的作用则是使整个磁路闭合。

为了提高磁路的导磁性能并减少铁芯中的磁滞和涡流损耗,铁芯的厚度一般为 0.22 mm、0.27 mm 或 0.30 mm,由表面涂有绝缘漆的硅钢片叠成。叠片式铁芯按其结构形式可分为心式和壳式两种,如图 6-1 所示。

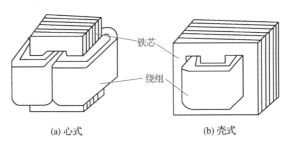

(a) 心式　　　　　　(b) 壳式

图 6-1　变压器铁芯的结构

绕组是变压器的电路部分,它一般用绝缘铜线或铝线绕制而成。

除铁芯、绕组等主要部件外,因变压器工作时绕组和铁芯中分别产生铜损和铁损,使它们发热,故为了防止变压器过热损坏绝缘,必须采用一定的冷却方式和散热装置。

(二)变压器的工作原理

图 6-2 所示为单相变压器的工作原理,接入电源的一边为一次绕组(原绕组),与负载相连的绕组为二次绕组(副绕组)。

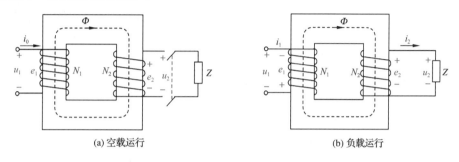

(a) 空载运行 (b) 负载运行

图 6-2 单相变压器的工作原理

当变压器空载运行、原绕组加交流电压 u_1 时,在原绕组中产生交流电流,由于此时副绕组不接负载而处于开路状态(二次电流 $i_2=0$),因此该电流称为空载电流,用 i_0 表示,原绕组中交流的空载电流 i_0 将产生交变的磁通,该磁通通过铁芯形成闭合回路,与原、副绕组相交连,在原、副绕组中产生交变的感应电动势 e_1 和 e_2,根据相关公式可以推导出其大小分别为

$$\left.\begin{array}{l} e_1=4.44fN_1\Phi_m \\ e_2=4.44fN_2\Phi_m \end{array}\right\} \tag{6-1}$$

式中 e_1——原绕组中感应电动势的有效值,V;

e_2——副绕组中感应电动势的有效值,V;

f——电源电压频率,Hz;

N_1——原绕组中的线圈匝数;

N_2——副绕组中的线圈匝数;

Φ_m——铁芯中主磁通的最大值,Wb。

由理论分析可得

$$\frac{e_1}{e_2}=\frac{N_1}{N_2} \tag{6-2}$$

由于空载电流 i_0 一般很小,因此在数值上 $e_1=u_1+i_0r\approx u_1$。因二次电流 $i_2=0$,e_2 在数值上等于副绕组的空载电压 u_2,即 $e_2=u_2$,所以

$$\frac{u_1}{u_2}=\frac{e_1}{e_2}=\frac{N_1}{N_2}=K \tag{6-3}$$

式(6-3)表明,原、副绕组的电压之比等于绕组匝数之比。K 称为原、副绕组匝数比,也称为变压器的额定电压比,俗称变比。当 $K>1$ 时,该变压器是降压变压器;当 $K<1$ 时,该变压器是升压变压器。这就是变压器变换电压的原理。

当副绕组接上负载后,如图 6-2(b)所示,副绕组中有电流 i_2 流过,并产生磁通 Φ_2,因而使原来铁芯中的磁通 Φ 发生了变化。为了阻碍 Φ_2 对原磁通 Φ 的影响,原绕组中电流从空载电流 i_0 增大到 i_1。因此,当二次电流增大或减小时,一次电流也会随之增大或减小。

变压器工作时本身有一定的损耗(铜损和铁损),但与变压器传输功率相比该损耗是很小的,故可近似地认为变压器原绕组的输入功率 $u_1 i_1$ 等于副绕组的输出功率 $u_2 i_2$,即

$$u_1 i_1 = u_2 i_2$$

则

$$\frac{i_1}{i_2} = \frac{u_2}{u_1} = \frac{N_2}{N_1} = \frac{1}{K} \tag{6-4}$$

以上分析表明,原、副绕组内的电流之比近似等于绕组匝数之比的倒数。这就是变压器变换电流的功能。

变压器还有变换阻抗的功能,如图 6-3 所示。当负载阻抗为 Z_L、输入阻抗为 Z_L' 时,有

$$\frac{u_1}{i_1} = \frac{\dfrac{N_1}{N_2} \cdot u_2}{\dfrac{N_2}{N_1} \cdot i_2} = \left(\frac{N_1}{N_2}\right)^2 \cdot \frac{u_2}{i_2} = K^2 \, |Z_L|$$

而

$$\frac{u_1}{i_1} = |Z_L'|$$

则

$$|Z_L'| = K^2 \, |Z_L| \tag{6-5}$$

式(6-5)表明了变压器输出端负载阻抗 Z_L 对输入端的影响,可以用一个接在输入端的等效阻抗 Z_L' 来代替,如图 6-3(b)所示,代替后输入变压器的电压、电流和功率不变。

$|Z_L'|$ 称为负载阻抗 $|Z_L|$ 折算到输入端的等效阻抗,它等于 $|Z_L|$ 的 K^2 倍。在电子线路中,常用阻抗变换来达到阻抗匹配的目的。

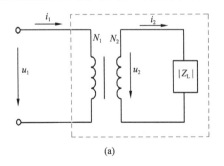
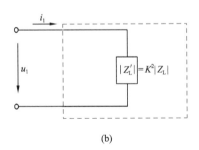

(a)　　　　　　　　　　　　　　　(b)

图 6-3　变压器的阻抗变换

例 6-1

在图 6-4 中，交流信号源的电压 $E=120$ V，内阻 $R_0=800$ Ω，负载 $R_L=8$ Ω。

(1)要求 R_L 折算到原绕组的等效电阻 $R_L'=R_0$，求变压器的变比和信号源的输出功率。

(2)当负载直接与信号源连接时，信号源的输出功率是多少？

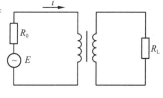

图 6-4　例 6-1 图

解：(1)变压器的变比为

$$K=\frac{N_1}{N_2}=\sqrt{\frac{R_L'}{R_L}}=\sqrt{\frac{800}{8}}=10$$

信号源的输出功率为

$$P=I^2R_L'=(\frac{120}{800+800})^2\times800=4.5\text{ W}$$

(2)当负载直接接在信号源上时，信号源的输出功率为

$$P=(\frac{120}{800+8})^2\times8=0.176\text{ W}$$

其他常用变压器

实地观察

参观学校变电站内的三相变压器，听电工师傅介绍学校变电站内三相变压器的作业情况。

观看实训室内的自耦变压器、电流互感器、电压互感器和电焊变压器的外形，听教师介绍各种变压器的用途。

（一）三相变压器

三相变压器是现代电力系统中使用最多的一种变压器。图 6-5 所示为三相心式变压器的结构原理，它有三个铁芯柱，每一相的原、副绕组同时套装在一个铁芯柱上构成一相，三相绕组的结构是相同的，即对称。三相变压器的原、副绕组各有三个，它们可以接成星形连接，也可以接成三角形连接。

在我国国家标准中，对三相变压器规定了五种标准连接方式：Y，y_{n0}；YN，y_0；Y，y_0；Y，

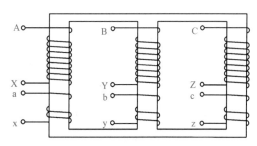

图 6-5　三相心式变压器的结构原理

d_{11}；YN，d_{11}。其中大写字母"Y"表示高压绕组为星形连接，后面加"N"表示带有中性线；小写字母"y"或"d"表示低压绕组为星形或三角形连接，星形连接有中性线引出时，下标加字母"n"。

三相变压器的电压比是高、低压绕组的相电压之比,若高压侧用下标"1"表示,低压侧用下标"2"表示,则电压比为

$$K = \frac{u_{P1}}{u_{P2}} = \frac{N_1}{N_2}$$

高、低压绕组的线电压之比还和绕组的接法有关。例如 Y,y_0 接法时:

$$\frac{u_{11}}{u_{22}} = \frac{N_1}{N_2} = K$$

Y,d_{11} 或 YN,d_{11} 接法时:

$$\frac{u_{11}}{u_{22}} = \sqrt{3} K$$

可见,线电压之比并不一定就是变压器的电压比。

(二)自耦变压器

自耦变压器是将双绕组变压器的一、二次绕组串联起来作为新的一次侧,而二次绕组仍作为二次侧与负载相连接。图 6-6 所示为单相自耦变压器的结构原理和简化电路。

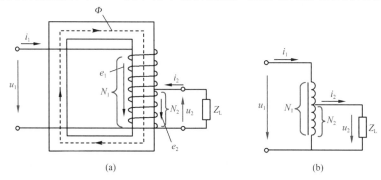

(a)　　　　　　　　　　(b)

图 6-6　单相自耦变压器的结构原理和简化电路

自耦变压器的工作原理与普通变压器相同,其电压变换和电流变换关系式仍为

$$\frac{u_1}{u_2} = \frac{e_1}{e_2} = \frac{N_1}{N_2} = K$$

$$\frac{i_1}{i_2} = \frac{N_2}{N_1} = \frac{1}{K}$$

式中,K 为自耦变压器的变比。

与普通双绕组变压器相比,自耦变压器的优点是制作耗材少,尺寸小,质量轻,效率比普通变压器的效率高;其缺点是短路阻抗小,短路电流大,由于一、二次绕组间有电的直接联系,因此高压侧容易产生过电压。另外,自耦变压器的中性点必须可靠接地。

(三)仪用互感器

仪用互感器是供测量、控制及保护电路用的一种具有特殊用途的变压器。按用途不同,仪用互感器可分为电流互感器和电压互感器,其工作原理与普通变压器的工作原理相同。

1.电流互感器

图 6-7 所示为电流互感器的结构原理,它的原绕组一般只有

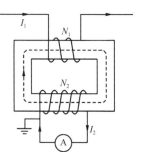

图 6-7　电流互感器的结构原理

一匝或少数几匝,且导线较粗。使用时,其原绕组被串联到需要测量电流的电路中。副绕组的匝数较多,与电流表或功率表的电流线圈相连。因此,原绕组电流 I_1 和通过电流表的电流 I_2 的关系为

$$I_1 = K_i I_2$$

式中,K_i 为电流变比,是一个常数。通常将电流互感器副绕组的电流值设计成标准值 5 A,其原边线圈的额定值应与主线路的最大工作电流相适应。

使用电流互感器时应注意:

(1)二次侧绝对不允许开路。

(2)为了使用安全,电流互感器的二次绕组必须可靠接地,以防止绝缘击穿后电力系统的高压危及二次侧回路中的设备及操作人员的安全。

2. 电压互感器

电压互感器是一种精确地变换电压的降压变压器。将高压电源接入互感器的高压侧,低压侧即输出电压,接到电压表及功率表的电压线圈上,它的原边线圈匝数多,副边线圈匝数少。由于电压表的内阻抗很大,因此电压互感器的运行情况类似于普通变压器的空载运行,所以原边被测电压 u_1 和副边电压表两端的电压 u_2 之比即原、副线圈的匝数比,即

$$\frac{u_1}{u_2} = \frac{N_1}{N_2} = K_u$$

式中,K_u 称为电压变比,是一个常数。

将副边测得的电压值 u_2 乘以电压变比 K_u,便得到原边高压侧的电压值 u_1。通常将电压互感器副边电压的额定值设计成标准值 100 V,而其原边线圈的额定值应选得与被测线路的电压等级相一致。

为了安全地使用电压互感器,应做到以下三点:

(1)使用时二次侧不宜接入过多的仪表,以免影响电压互感器的测量精度。

(2)副绕组一端,铁芯及外壳必须可靠接地。

(3)电压互感器的二次侧不允许短路。

(四)电焊变压器

电焊变压器必须有足够大的空载电压作为电弧点火电压(60~75 V),点火后必须有电压下降的外特性,如图 6-8 所示。为了达到这个目的,电焊变压器需要较大的漏磁通或串联一个电抗器。如图 6-9 所示,电焊变压器 a 通过电抗器 b 来供给焊接处 c 所需的电流。

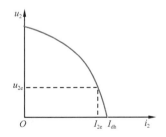
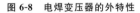

图 6-8 电焊变压器的外特性

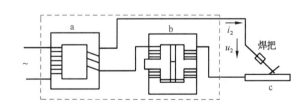

图 6-9 电焊变压器的工作原理

焊接电流的大小可通过电抗器改变磁路中的空气隙来调节(旋动螺杆)。实际上,当改变电抗器磁路中的空气隙时,其电抗随之改变,因此可调节焊接电流的大小。

特殊变压器种类很多,形式多种多样,但它们的基本原理是相同的,只是因它们所要完成的任务及工作场合不同而有其不同特点。

任务实施

1.实训器材

(1)单相变压器1台。

(2)三相电源变压器1台。

(3)自耦变压器1台。

(4)电流互感器1个。

(5)电压互感器1个。

(6)电焊变压器1台。

2.实训内容

认识各种变压器的外形和名称,了解其用途。

3.实训步骤

(1)观察单相变压器的结构,记录该变压器的铭牌参数,填在表6-1中。

(2)观察三相变压器的结构,记录该变压器的铭牌参数,填在表6-1中。

(3)观察自耦变压器的结构,记录该变压器的铭牌参数,填在表6-1中。

(4)观察电流互感器的结构,记录该互感器的铭牌参数,填在表6-1中。

(5)观察电压互感器的结构,记录该互感器的铭牌参数,填在表6-1中。

(6)观察电焊变压器的结构,记录该变压器的铭牌参数,填在表6-1中。

表 6-1　　　　　　　　　　　　元器件的铭牌参数

类型	额定输入电压	额定输出电压	额定功率	其他参数	备注
单相变压器					
三相变压器					
自耦变压器					
电流互感器					
电压互感器					
电焊变压器					

练习题

1.有一台电压为 220 V/110 V 的变压器,$N_1 = 2\,000$ 匝,$N_2 = 1\,000$ 匝。有人想节省铜线,将匝数分别减为 20 匝和 10 匝,是否可以?

2.变压器具有哪些功能?能否变换直流电压?为什么?

3.为什么电流互感器的副绕组严禁开路?

4.为什么电压互感器的副绕组严禁短路?

项目 7

半导体电子元件的认识与应用

知识目标与技能目标

◇ 学习二极管、三极管和集成电路的种类、作用与标记
   方法，了解二极管、三极管和集成电路的主要参数。

◇ 能用目视法判别常见二极管、三极管和集成电路的种
   类，知道各种器件的正确称谓。

◇ 会用万用表对各种二极管、三极管和集成电路进行正
   确测量并评价其质量。

◇ 了解不同类型集成电路的作用。

任务 16　半导体二极管的认识与应用

器材展示

（1）各种类型、不同规格的新二极管若干。

（2）各种类型、不同规格的已经损坏的二极管若干。

观察图 7-1 所示常用二极管，查找相关资料，认识不同种类的二极管。

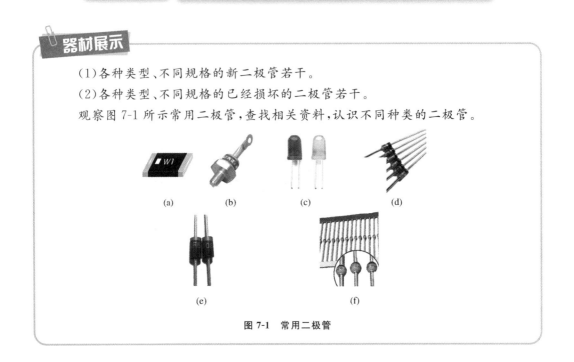

(a)　　　　(b)　　　　(c)　　　　(d)

(e)　　　　(f)

图 7-1　常用二极管

知识链接

▓ 半导体与 PN 结

自然界中的物质，按其导电能力可分为导体、半导体和绝缘体。金、银、铜、铝等金属材料是良导体，塑料、陶瓷、橡胶等材料是绝缘体，这些材料在电力系统中得到了广泛的应用。还有一些物质如硅、锗等，它们的导电能力介于导体和绝缘体之间，被称为半导体。20 世纪 40 年代，科学家在实验中发现半导体材料具有一些特殊的性能，并制造出性能优异的半导体器件，从而引发了电子技术的飞跃发展。

（一）本征半导体

纯净的半导体称为本征半导体。本征半导体需要用复杂的工艺和技术才能制造出来，半导体器件的制造首先要有本征半导体，这也是半导体材料没有导体和绝缘体材料应用早的原因。目前用于制造半导体器件的材料主要有硅（Si）、锗（Ge）、砷化镓（GaAs）、碳化硅（SiC）和磷化铟（InP）等，其中以硅和锗最为常用。硅和锗都是四价元素。

1. 本征半导体中的两种载流子——电子和空穴

在室温下，本征半导体中的少数价电子因受热而获得能量，摆脱原子核的束缚，从共价键中挣脱出来，成为自由电子。与此同时，失去价电子的硅或锗原子在该共价键上留下了一个空位，这个空位称为空穴。电子与空穴是成对出现的，所以称为电子-空穴对。

在室温下，本征半导体内产生的电子-空穴对的数目很少。当本征半导体处在外界电场中时，其内部自由电子逆外电场方向做定向运动，形成漂移电子流；空穴顺外电场方向做定向运动，形成漂移空穴流。自由电子带负电荷，空穴带正电荷，它们都对形成电流有贡献，因此称自由电子为电子载流子，称空穴为空穴载流子。本征半导体在外电场的作用下，其电流为电子流与空穴流之和。

2. 本征半导体的热敏特性和光敏特性

实验发现，本征半导体受热或光照后，其导电能力大大增强。当温度升高或光照增强时，本征半导体内的原子运动加剧，有较多的电子获得能量成为自由电子，即电子-空穴对增多，所以本征半导体中电子-空穴对的数目与温度或光照有密切关系。温度越高或光照越强，本征半导体内的载流子数目越多，导电性能越强，这就是本征半导体的热敏特性和光敏特性。利用这种特性就可以做成各种热敏元件和光敏元件，在自动控制系统中有广泛的应用。

拓展资料

在这次席卷全球的新冠疫情中，测温枪发挥了巨大作用，它就是根据半导体的热敏特性制作的无接触测温设备，完全是由我国自主研制生产的。

3. 本征半导体的掺杂特性

实验发现，在本征半导体中掺入微量的其他元素，会使其导电能力大大加强。例如，在硅本征半导体中掺入百万分之一的其他元素，它的导电能力就会增加一百万倍。这就是本征半导体的掺杂特性。掺入的微量元素称为杂质，掺入杂质后的本征半导体称为杂质半导体。杂质半导体有 P 型半导体和 N 型半导体两大类。

(1) P 型半导体

如果在本征半导体中掺入三价元素，如硼（B）、铟（In）等，在半导体内就产生了大量空穴，这种半导体称为 P 型半导体。

在 P 型半导体中，空穴是多数载流子，简称"多子"；电子是少数载流子，简称"少子"，但整个 P 型半导体是呈现电中性的。P 型半导体在外界电场作用下，空穴电流远大于电子电流。P 型半导体是以空穴导电为主的半导体，所以又称其为空穴型半导体。

(2) N 型半导体

如果在本征半导体中掺入微量五价元素，如磷（P）、砷（As）等，在半导体内就会产生许多自由电子，这种半导体称为 N 型半导体。

在 N 型半导体中，电子数远大于空穴数，所以电子是 N 型半导体中的"多子"，空穴是 N 型半导体中的"少子"，但整个 N 型半导体是呈现电中性的。N 型半导体在外界电场作用下，电子电流远大于空穴电流。N 型半导体是以电子导电为主的半导体，所以又称其为电子型半导体。半导体中"多子"的浓度取决于掺入杂质的多少，"少子"的浓度与温度有密切的关系。

（二）PN 结

单纯的一块 P 型半导体或 N 型半导体只能作为一个电阻元件来使用。但是如果把 P 型半导体和 N 型半导体通过一定的制作工艺结合起来就形成了 PN 结。PN 结是构成半导体二极管、半导体三极管、晶闸管、集成电路等众多半导体器件的基础。

1. PN 结的形成

在一块完整的本征硅（或锗）片上，用不同的掺杂工艺使其一边形成 N 型半导体，另一边形成 P 型半导体，在这两种杂质半导体的交界面附近就会形成一个具有特殊性质的薄层，这个特殊的薄层就是 PN 结，如图 7-2 所示。

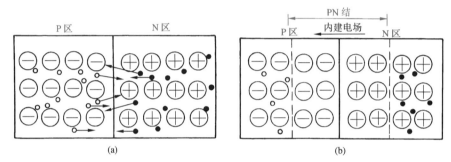

图 7-2 PN 结的形成

2. PN 结的单向导电性

如图 7-3 所示为演示 PN 结单向导电性的实验电路。

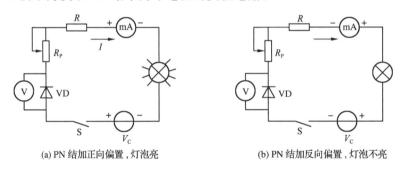

(a) PN 结加正向偏置，灯泡亮   (b) PN 结加反向偏置，灯泡不亮

图 7-3 演示 PN 结单向导电性的实验电路

（1）PN 结加正向偏置

在 PN 结两端加上电压，称为给 PN 结偏置。如果将 P 区接电源的正极，N 区接电源的负极，则称为加正向偏置，简称正偏，如图 7-3(a) 所示。实验表明，此时在电路中形成较大的电流，电流由 P 区流向 N 区，PN 结呈现导通状态，灯泡发出亮光，这种现象称为 PN 结的正向导通。

（2）PN 结加反向偏置

如果将 P 区接电源的负极，N 区接电源的正极，则称为加反向偏置，简称反偏，如图 7-3(b) 所示。实验表明，此时在电路中只有很小的电流，PN 结呈现截止状态，灯泡不发出亮光，这种现象称为 PN 结的反偏截止。

结论

PN 结加正向电压时导通,加反向电压时截止,即 PN 结具有单向导电性。

▣ 二极管及其应用

在 PN 结的两端引出金属电极,外加玻璃、金属或用塑料封装,就做成了半导体二极管。

(一)二极管的结构和符号

1.二极管的结构和图形符号

二极管因用途不同而外形各异,常见二极管的外形和通用图形符号如图 7-4 所示。

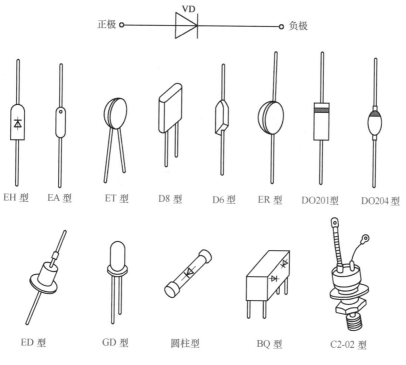

图 7-4 常见二极管的外形和通用图形符号

二极管的结构按 PN 结的制造工艺方式可分为点接触型、面接触型和平面型。点接触型二极管 PN 结的接触面积小,不能通过很大的正向电流和承受较高的反向电压,但它的高频性能好,适于在高频检波电路和小功率电路中使用;面接触型二极管 PN 结的接触面积大,可以通过较大的电流,能承受较高的反向电压,适于在整流电路中使用。平面型二极管适于作为大功率开关管,在数字电路中有广泛的应用。二极管的结构如图 7-5 所示。

2.二极管的电极和文字符号

二极管有两个电极,由 P 区引出的电极是正极,由 N 区引出的电极是负极。二极管符号中的三角箭头方向表示二极管中正向电流的方向,正向电流只能从二极管的正极流入,负

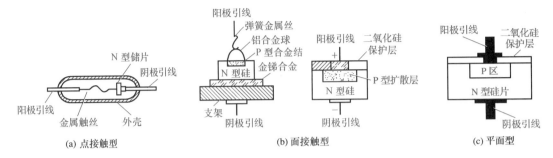

(a) 点接触型　　　　　　　　　　(b) 面接触型　　　　　　　　(c) 平面型

图 7-5　二极管的结构

极流出。二极管的文字符号在国际标准中用"VD"表示。

(二)二极管的伏安特性

二极管的主要特性是单向导电性,可以通过实验来认识二极管两端的电压和流过二极管的电流之间的关系,实验数据见表 7-1、表 7-2。

表 7-1　　　　　　　　　　2CP31 型二极管的实验数据(加正向电压时)

电压/mV	0	100	500	550	600	650	700	750	800
电流/mA	0	0	0	10	60	85	100	180	300

表 7-2　　　　　　　　　　2CP31 型二极管的实验数据(加反向电压时)

电压/V	0	—1	—2	—6	—9	—12	—12.5	—12.8	—13.0
电流/μA	0	10.0	10.0	10.0	10.0	25.0	40.0	150	300

将实验数据在坐标纸上标出,并连成线,就得到了 2CP31 型二极管的伏安特性曲线。伏安特性表示的是二极管两端的电压和流过二极管的电流之间的关系。

图 7-6 所示为标准硅二极管和锗二极管的伏安特性曲线。

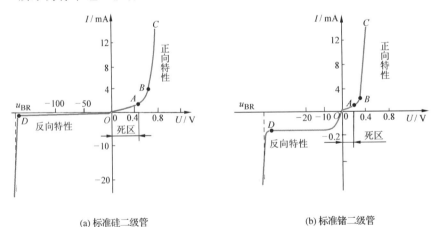

(a) 标准硅二级管　　　　　　　　　(b) 标准锗二级管

图 7-6　二极管的伏安特性曲线

1. 正向特性(二极管加正向电压时的电流-电压关系)

OA 段:当外加正向电压较小时,正向电流非常小,近似为零。在这个区域内,二极管实际上还没有导通,二极管呈现的电阻很大,该区域常称为"死区"。硅二极管的死区电压约为

0.5 V,锗二极管的死区电压约为 0.1 V。

过 A 点后：当外加正向电压超过死区电压后，正向电流开始增加，但电流与电压不成正比。当正向电压大于 0.6 V 以后（对于锗二极管，此值约为 0.2 V），正向电流随正向电压的增加而急剧增大，二者基本上是线性关系。这时二极管呈现的电阻很小，可以认为二极管处于充分导通状态。在该区域内，硅二极管的

微课

二极管的伏安特性（正偏）

导通压降约为 0.7 V,锗二极管的导通压降约为 0.3 V。需要注意的是,应对流过二极管的正向电流加以限制,不能使其超过规定值,否则会使 PN 结过热而烧坏二极管。

2. 反向特性(二极管加反向电压时的电流-电压关系)

OD 段：在所加反向电压下，反向电流很小，且几乎不随电压的增加而增大，该电流称为反向饱和电流。此时二极管呈现很高的电阻，近似处于截止状态。硅二极管的反向电流比锗二极管的反向电流小，约在 1 μA 以下，锗二极管的反向电流达几十微安甚至几毫安以上，这也是现在硅二极管应用比较多的原因之一。

微课

二极管的伏安特性（反偏）

过 D 点后：反向电压稍有增大，反向电流就急剧增大，这种现象称为反向击穿。二极管发生反向击穿时所加的电压称为反向击穿电压。一般二极管是不允许工作在反向击穿区的，因为这将导致 PN 结的反向导通而使其失去单向导电性。

结论

二极管的伏安特性是非线性的，二极管是一种非线性元件。外加电压取不同值，可以使二极管工作在不同的区域。

二极管的伏安特性对温度很敏感。实验发现，随着温度的升高，二极管的正向压降将减小，即二极管的正向压降有负温度系数，约为 -2 mV/℃；二极管的反向饱和电流随温度的升高而增加，温度每升高 10 ℃，二极管的反向饱和电流约增加 1 倍。实验还发现，二极管的反向击穿电压随着温度的升高而降低。二极管的温度特性对电路的稳定是不利的，在实际应用中要加以克服。但人们可以利用二极管的温度特性对温度的变化进行检测，从而实现对温度的自动控制。

（三）二极管的主要参数

在实际应用中，常用二极管的参数来定量描述二极管在某一方面的性能。二极管的主要参数有：

1. 最大整流电流 I_F

最大整流电流 I_F 是指二极管长期工作时允许通过的最大正向直流电流。I_F 与二极管的材料、面积及散热条件有关。点接触型二极管的 I_F 较小，而面接触型二极管的 I_F 较大。在实际使用时，流过二极管的最大平均电流不能超过 I_F，否则二极管会因过热而损坏。

2. 最大反向工作电压 U_{RM}

最大反向工作电压 U_{RM} 是指二极管在工作时所能承受的最大反向电压值。通常以二极管反向击穿电压的一半作为二极管的最大反向工作电压，二极管在实际使用时的电压不应超过该值，否则当温度变化较大时，二极管就有被反向击穿的危险。

此外，二极管还有结电容和最高工作频率等许多参数，在具体使用时，可查阅相关半导体器件手册。

（四）二极管的实际应用

二极管是电子电路中最常用的器件。利用其单向导电性及导通时正向压降很小的特性，可用来整流、检波、对其他元件进行保护等，在数字电路中可将其作为开关来使用。

1. 整流

所谓整流，就是将交流电变成脉动直流电。利用二极管的单向导电性可组成单相和三相整流电路，再经过滤波和稳压，就可以得到平稳的直流电。整流二极管的外形如图 7-7 所示。二极管在整流电路中的具体应用在后面还要详述。

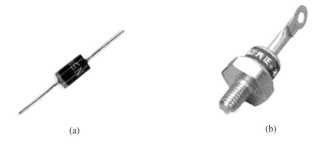

(a)   (b)

图 7-7   整流二极管的外形

2. 检波

在收音机和电视机中，需要将音频信号和视频信号从载波中分离出来，这个任务称为检波，承担检波任务的主要元件就是二极管。检波二极管的结构和外形如图 7-8 所示。用二极管实现检波的电路和波形如图 7-9 所示。

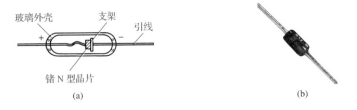

(a)   (b)

图 7-8   检波二极管的结构和外形

3. 限幅

利用二极管导通后压降很小且基本不变的特性，可以构成限幅电路，使输出电压的幅度被限制在某一电压值内，以保证放大器不因信号过强而造成阻塞。限幅电路用到的二极管和普通的二极管一样，其典型的双向限幅电路和波形如图 7-10 所示。

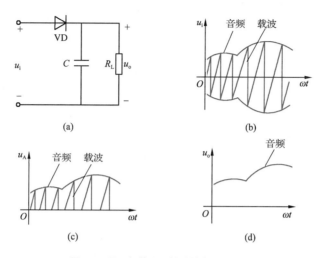

图 7-9 用二极管实现检波的电路和波形

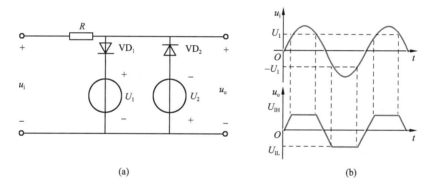

图 7-10 双向限幅电路和波形

4.电子开关

利用二极管的导通状态和截止状态将其串联在电路中,就构成了一个电子开关。这个电子开关没有机械动作,且没有磨损和接触不良现象,更为重要的是,其开关频率可以很高,可达到每秒几百万次,这是机械开关根本做不到的。开关二极管在数字电子技术中有广泛的应用,其结构和外形如图 7-11 所示。

5.定向

人们在日常生活中使用的电话机连接在由电信公司引来的两根电话线上。也许你并未注意到,电话机不仅通过这两根线传递信号,还要靠它提供给电话机电路所需的直流电。电话机的两根线只要随意地和外来线路连接上,电话就能工作,这是为什么呢?难道直流电没有正、负极吗?其实在电话机里,设计人员已经安装了一个电源定向电路,它能保证电话机的两根线无论怎样连接,都能使电路得到正确的电源电压。图 7-12 所示为由四个二极管组成的电源定向电路,可以使电话机始终得到正确连接。这种电路还可以用在其他地方,例如盲人需要连接的各种电器,只要随意将两根线连接起来即可。

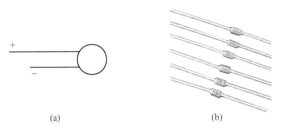

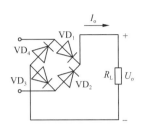

图 7-11　开关二极管的结构和外形　　　　　图 7-12　二极管定向电路

（五）特殊二极管

1.稳压二极管

稳压二极管（简称稳压管）是一种用特殊工艺制造的面结合型硅半导体二极管。它工作在反向击穿区，在规定的电流范围内使用时，不会因击穿而损坏。二极管在反向击穿区内电流变化很大而电压基本不变，利用这一特性可实现直流电压的稳定。稳压二极管的符号和外形如图 7-13 所示。

在实际中使用稳压二极管要满足两个条件：一是要反向运用，即稳压二极管的负极接高电位，正极接低电位，使管子反向偏置，保证管子工作在反向击穿状态；二是要有限流电阻配合使用，保证流过管子的电流在允许范围内。图 7-14 所示为典型的稳压二极管稳压电路，稳压二极管和负载是并联关系，限流电阻和稳压二极管、负载是串联关系。

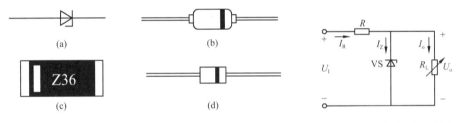

图 7-13　稳压二极管的符号和外形　　　　图 7-14　稳压二极管典型应用电路

稳压二极管用于稳压时，电路的输出电压是固定值。现在已经有新的并联型稳压器件 TL431 问世，其稳定电压可在 $2.5\sim36$ V 范围内连续可调。图 7-15 所示为 TL431 的外形、图形符号和应用电路。选择合适的精密电阻 R_1 和 R_2，则输出电压为

$$U_o = (1 + R_1/R_2)U_{Zmin}$$

式中，U_{Zmin} 是 TL431 的最小稳压值，为 2.5 V。

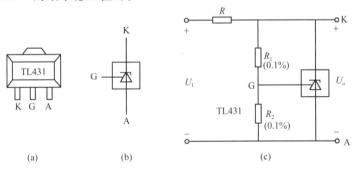

图 7-15　TL431 的外形、图形符号和应用电路

TL431 除了用于并联稳压外,还用于电源电路的电压电路中,这是因为其稳压精度可达微伏级,且在 $-55\sim125$ ℃环境下能可靠工作。

2. 发光二极管(LED)

发光二极管是一种光发射器件,它能把电能直接转化成光能,它由镓(Ga)、砷(As)、磷(P)等元素的化合物制成。由这些材料构成的 PN 结在加上正向电压时就会发出光来,光的颜色主要取决于制造所用的材料,如砷化镓发出红色光、磷化镓发出绿色光等。目前市场上发光二极管的颜色有红、橙、黄、绿、蓝五种,其外形有圆形、长方形等数种。图 7-16 所示为发光二极管的外形和符号。

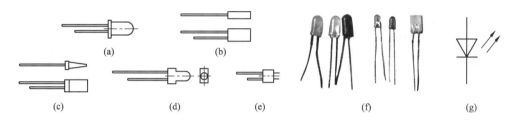

图 7-16　发光二极管的外形和符号

发光二极管的导通电压比普通二极管大,一般为 $1.7\sim2.4$ V,它的工作电流一般取 $5\sim20$ mA。应用时,在发光二极管两端加上正向电压,再接入相应的限流电阻即可。发光二极管的发光强度基本上与电流的大小呈线性关系。

发光二极管用途广泛,常用于微型计算机、电视机、音响设备、仪器仪表中的电源和信号的指示器,也可做成数字式的,用于显示数字。七段 LED 数码管就是用 7 个发光二极管组成一个发光显示单元,可以显示数字(0、1、2、3、4、5、6、7、8、9)。将 7 个发光二极管的负极接在一起,就是共阴极数码管;将 7 个发光二极管的正极接在一起,就是共阳极数码管。市场上有各种型号的产品在出售。发光二极管也可以组成字母、汉字和其他符号,用于

微 课

LED 数码管内部结构与工作原理

广告显示。它具有体积小、省电、工作电压低、抗冲击振动、寿命长、单色性好、响应速度快等优点。

3. 光电二极管

光电二极管又称光敏二极管,是一种光接收器件,其 PN 结工作在反偏状态。图 7-17 所示为光电二极管的结构和图形符号。

光电二极管的管壳上有一个玻璃窗口,以便接受光照。当窗口受到光照时,就形成反向电流,通过接在回路中的电阻 R_L 就可获得电压信号,从而实现了光电转换。光电二极管作为光电器件,广泛应用于光的测量和光电自动控制系统,如光纤通信中的光接收机、电视机和家庭音响的遥控接收,都离不开光电二极管。

大面积的光电二极管可作为能源即光电池,是最有发展前途的绿色能源。近年来,科学家又研制了线性光电器件,通称为光耦,可以实现光与电的线性转换,在信号传送和图形、图像处理领域有广泛的应用。

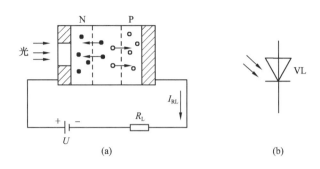

图 7-17　光电二极管的结构和图形符号

4. 变容二极管

变容二极管是利用 PN 结的电容效应工作的,它工作于反向偏置状态,其电容量与反偏电压的大小有关。改变变容二极管的直流反偏电压,就可以改变电容量。变容二极管被广泛应用于谐振回路中,例如,在电视机中使用它作为调谐回路的可变电容器,可实现电视频道的选择。在高频电路中,变容二极管作为变频器的核心元件,是信号发射机中不可缺少的器件。变容二极管的图形符号如图 7-18 所示。

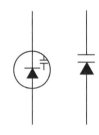

图 7-18　变容二极管的图形符号

5. 激光二极管

激光是由人造激光器产生的,在自然界中尚未发现。激光器分为固体激光器、气体激光器和半导体激光器。半导体激光器是所有激光器中效率最高、体积最小的,现在已投入使用的半导体激光器是砷化镓激光器,即激光二极管。激光二极管的应用非常广泛,计算机的光驱、激光唱机(CD 唱机)和激光影碟机(如 LD、VCD 和 DVD 影碟机)中都少不了它。激光二极管工作时接正向电压,当 PN 结中通过一定的正向电流时,PN 结发射出激光。

▓ 单相整流滤波电路

凡是电子仪器,都必须使用直流电才能工作。生活中用到的许多家用电器,都是把交流电变成直流电再供给电路工作的。利用二极管的单向导电性,就可以把交流电变成直流电,供给电子仪器和许多家用电器使用。

把单相交流电变成直流电的电路称为单相整流电路。单相整流电路又有半波整流电路、全波整流电路、桥式整流电路和倍压整流电路四种方式。

(一)单相半波整流电路

1. 单相半波整流电路的组成

图 7-19 所示为单相半波整流电路。变压器 T 将电网的正弦交流电压 u_1 变成 u_2,设 $u_2 = \sqrt{2}U_2 \sin(\omega t)$,则在变压器副边电压 u_2 的正半周期内,二极管 VD 正偏导通,电流经过二极管流向负载,在负载电阻 R_L 上得到一个极性为上正下负的电压,即 $U_L = u_2$。在 u_2 的负半周期内,二极管反偏截止,负载上几乎没有电流流过,即 $U_L = 0$。因此,负载上得到了单

方向的直流脉动电压,负载中的电流也是直流脉动电流。单相半波整流的波形如图 7-20
所示。

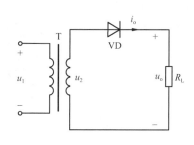

图 7-19　单相半波整流电路　　　　　　　图 7-20　单相半波整流的波形

2. 负载上直流电压和电流的估算

在单相半波整流的情况下,负载两端的直流电压的估算公式为

$$U_o = 0.45U_2$$

负载中的直流电流为

$$I_o = 0.45U_2/R_L$$

3. 二极管的选择

在单相半波整流电路中,二极管中的电流在任何时刻都等于输出电流,因此在选用二极管
时,二极管的最大正向电流 I_F 应大于负载电流 I_o。二极管的最大反向电压就是变压器副边电
压的最大值。根据 I_F 和 U_{RM} 的值,需要查阅半导体手册来选择参数合适的二极管型号。

单相半波整流电路的优点是结构简单,使用元件少。但是它也有明显的缺点:只利用了
交流电半个周期,输出直流分量较低,且输出纹波大,电源变压器的利用率也比较低。因此,
单相半波整流电路只能用在输出电压较低且性能要求不高的地方,如电池充电器电路、电褥
子控温电路等。

(二)单相桥式整流电路

1. 单相桥式整流电路的组成

单相桥式整流电路如图 7-21 所示,其中 4 个二极管可以是 4 个分立的二极管,也可以
是一个内部装有 4 个二极管的桥式整流器(桥堆)。

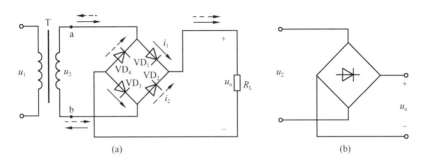

图 7-21　单相桥式整流电路

在 u_2 的正半周期内(设 a 端为正,b 端为负),VD_1、VD_3 因正偏
而导通,VD_2、VD_4 因反偏而截止;在 u_2 的负半周期内(设 b 端为正,a
端为负),VD_2、VD_4 导通,VD_1、VD_3 截止。但是无论在 u_2 的正半周
期内或负半周期内,流过 R_L 中的电流方向是一致的。在 u_2 的整个
周期内,4 个二极管分为两组轮流导通或截止,负载上得到了单方向
的脉动直流电压和电流。单相桥式整流的波形如图 7-22 所示。

微　课

单相桥式整流电路

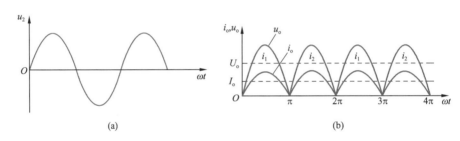

图 7-22　单相桥式整流的波形

2. 负载上直流电压和电流的估算

由图 7-22 可知,单相桥式整流输出电压波形的面积是单相半波整流时的两倍,所以输
出的直流电压也是单相半波整流时的两倍,即

$$U_o = 0.9 U_2$$

输出的直流电流为

$$I_o = 0.9 U_2 / R_L$$

3. 二极管的选择

在单相桥式整流电路中,由于 4 个二极管两两轮流导通,即每个二极管都只是在半个周
期内导通,因此每个二极管上流过的平均电流是输出电流平均值的一半,即

$$I_F = I_o / 2$$

二极管上承受的最大反向峰值电压为

$$U_{RM} = \sqrt{2} U_2$$

单相桥式整流输出电压的直流分量大、纹波小,且每个二极管流过的平均电流也小,因此
单相桥式整流电路应用最为广泛。为了使用方便,工厂已生产出单相桥式整流的组合器件,通
常称为桥堆。它是将 4 个二极管集中制作成一个整体,其外形如图 7-23 示。其中标有"～"符

号的两个引出线为交流电源输入端;另两个引出线为直流输出端,分别标有"+"和"-"。

(a)　　　　　　　　　　(b)

图 7-23　桥堆的外形

可以按照测量二极管的方法对桥堆内部的 4 个二极管分别进行测量。只要每个二极管的正、反向电阻都符合要求,就是好的桥堆。当然,若测量到某个二极管的正、反向电阻不符合正向导通、反向截止的规律,则这个二极管就是坏的。对于内部断路的二极管,可以在桥堆的外部并联一个好的二极管加以修复,要注意二极管的正、负极不要接错。对于内部短路的二极管,则只能将整个桥堆报废了。

(三)滤波电路

单相半波和桥式整流电路的输出电压中都含有较大的脉动成分,除了在一些特殊场合(如电镀、电解和充电电路)可以直接应用外,其他场合不能作为电源为电子电路供电,必须采取措施减小输出电压中的交流成分,使输出电压接近理想的直流电压,这种措施就是采用滤波电路。

构成滤波器的主要元件是电容和电感。电容和电感对交流电和直流电呈现的电抗不同,如果把它们合理地安排在电路中,就可以达到减小交流成分、保留直流成分的目的,实现滤波的作用。

常见的滤波器如图 7-24 所示。

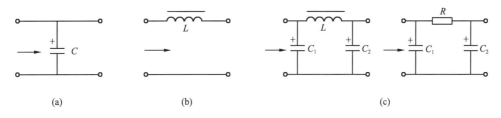

(a)　　　　　　　　　(b)　　　　　　　　　(c)

图 7-24　常见的滤波器

1. 电容滤波电路

图 7-25 所示为单相桥式整流电容滤波电路,图 7-26 所示为该电路的电压波形。

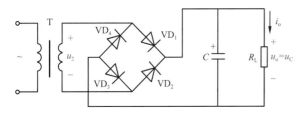

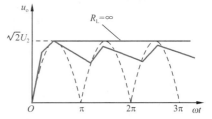

图 7-25　单相桥式整流电容滤波电路　　图 7-26　单相桥式整流电容滤波电路的电压波形

(1)工作原理

设电容 C 上的初始电压为零。接通电源时,u_2 由零逐渐增大,二极管 VD_1、VD_3 正偏导通,此时 u_2 经二极管 VD_1、VD_3 向负载 R_L 提供电流,同时向电容 C 充电,因充电时间常数很小($\tau_充 = R_nC$,R_n 是由电源变压器内阻、二极管正向导通电阻构成的总等效直流电阻),故电容 C 上的电压很快充到 u_2 的峰值,即 $u_C = \sqrt{2}U_2$。u_2 达到最大值后按正弦规律下降,当 $u_2 < u_C$ 时,VD_1、VD_3 的正极电位低于负极电位,VD_1、VD_3 截止,电容 C 只能通过负载 R_L 放电。放电时间常数 $\tau_放 = R_LC$,放电时间常数越大,放电越慢,u_o(即 u_C)的波形就越平滑。

微课

电容滤波电路

在 u_2 的负半周期内,二极管 VD_2、VD_4 正偏导通,u_2 通过 VD_2、VD_4 向电容 C 充电,使电容 C 上的电压很快充到 u_2 的峰值。过了该时刻以后,VD_2、VD_4 因正极电位低于负极电位而截止,电容又通过负载 R_L 放电,如此周而复始。负载上得到的是脉动成分大大减小的直流电压。

(2)输出直流电压和负载电流的估算

一般按经验公式来估算输出直流电压 U_o,即

$$U_o \approx 1.2U_2$$

负载电流 I_o 为

$$I_o = 1.2U_2/R_L$$

在单相半波整流电容滤波时,输出直流电压 U_o 为

$$U_o \approx U_2$$

需要注意的是,在上述输出电压的估算中,都没有考虑二极管的导通压降和变压器副边绕组的直流电阻。在设计直流电源时,当输出电压较低(10 V 以下)时,应该把上述因素考虑进去,否则实际测量结果与理论设计差别较大。实践经验表明,当输出电压较低时,按照上述公式计算的结果再减去 2 V(二极管的压降和变压器绕组的直流压降之和),可以得到与实际测量相符的结果。

结 论

电容滤波电路的特点是输出电压高,脉动成分小,可提供的负载电流比较小。

由于二极管在短暂的导电时间内要流过一个很大的冲击电流,才能满足负载电流的需要,因此在选用二极管时,二极管的工作电流应远小于二极管的正向整流电流 I_F,这样才能保证二极管的安全。二极管承受的反向工作电压 U_2 应小于二极管的最大反向耐压值 U_{RM}。

(3)滤波电容器的选择

在负载 R_L 一定的条件下,电容量越大,滤波效果越好,电容量的值经过实验可按下述公式选取:

$$C \geqslant 2T/R_L$$

式中,T 为交流电压的周期。

电容器的额定耐压值为

$$U_C > 2U_2$$

滤波电容器型号的选择应查阅有关器件手册,并取电容器的系列标称值,可以用口诀记为"系列取值,宁大勿小"。

电容滤波电路结构简单,使用方便,但是当负载电流较大时会造成输出电压下降,纹波增加。因此,电容滤波适合在负载电流较小和输出电压较高的情况下使用。在各种家用电器的电源电路中,电容滤波电路是被广泛应用的滤波电路。

2. 电感滤波电路

图 7-27 所示为单相桥式整流电感滤波电路,电感 L 串联在负载 R_L 回路中。由于电感的直流电阻很小,交流阻抗很大,因此其直流分量经过电感后基本上没有损失,而交流分量大部分降在电感上,因此减小了输出电压中的脉动成分,负载 R_L 上得到了较为平滑的直流电压。该电路的电压波形如图 7-28 所示。

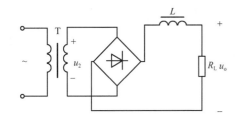

图 7-27　单相桥式整流电感滤波电路

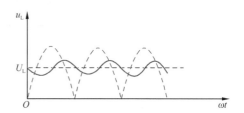

图 7-28　单相桥式整流电感滤波电路的电压波形

当忽略滤波电感器上的直流压降时,输出的直流电压 U_o 为

$$U_o = 0.9U_2$$

电感滤波的优点是输出特性比较平稳,而且电感量 L 越大,负载 R_L 的阻值越小,输出电压的脉动就越小,适用于电压低、负载电流较大的场合,如工业电镀等。其缺点是体积大,成本高,有电磁干扰。

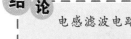

电感滤波电路的特点是输出电压低,脉动成分小,可提供的负载电流比较大。

3. Ⅱ 型滤波电路

图 7-29 所示为 Ⅱ 型 LC 滤波电路,这种滤波电路是在电容滤波的基础上再加一级 LC 滤波电路构成的。

交流电经过整流后得到的脉动直流电再经过电容 C_1 滤波后,剩余的交流成分在电感 L 中受到感抗的阻碍而衰减,然后再次被电容 C_2 滤波,使负载得到的电压更加平滑。当负载电流较小时,

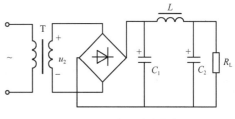

图 7-29　Ⅱ 型 LC 滤波电路

常用小电阻 R 代替电感 L,以减小电路的体积和质量。在小功率的电源滤波电路中,经常采用 Ⅱ 型 RC 滤波电路。

在图 7-30 所示电路中,已知 $u_2=20$ V(有效值),设二极管为理想二极管,操作者用直流电压表测量负载两端的电压值,出现 28 V、24 V、20 V、18 V、9 V 五种情况,试讨论:

(1)在这五种情况中,哪些是电路正常工作的情况?哪些是电路发生了故障?

(2)分析故障形成的原因。

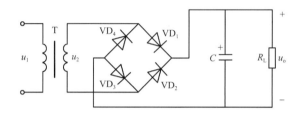

图 7-30 例 7-1 图

解:单相桥式整流电容滤波电路输出的直流电压为

$$U_o \approx 1.2 U_2$$

在电路正常工作时,该电路输出的直流电压 U_o 应为 24 V。因此,在这五种情况中,第二种情况是电路正常的工作情况,其他四种情况均为电路不正常的工作情况。

对于第一种情况:$U_o=28$ V,根据单相桥式整流电容滤波电路的外特性可知,当 R_L 开路时,$U_o=1.4U_2$,所以这种情况是负载 R_L 开路所致。

对于第三种情况:$U_o=20$ V,说明电路已经不是单相桥式整流电容滤波电路了。因为单相半波整流电容滤波电路的输出电压估算式为 $U_o \approx U_2$,所以可知这种情况是 4 个二极管中有 1 个二极管开路,变成了单相半波整流电容滤波电路。

对于第四种情况:$U_o=18$ V,这个数值满足单相桥式整流电路的输出电压值 $U_o=0.9U_2$,说明滤波电容没起作用。因此,出现这种情况的原因是滤波电容开路。

对于第五种情况:$U_o=9$ V,这个数值正好是单相半波整流电路输出的直流电压,即 $U_o=0.45U_2$。出现这种情况的原因是有 1 个二极管开路,并且滤波电容也开路。

任务实施

操作 1 二极管的识别与测量

认识各种二极管,读出印制在二极管上的字母和数字,填在表 7-3 中。

将指针式万用表的挡位选择在 $R \times 1$ k 挡,对各种类型的二极管进行测量。每个二极管测量两次,分别测出二极管的正向电阻值和反向电阻值,将测量值填在表 7-3 中。

表 7-3　　　　　用指针式万用表测量二极管的正向电阻值和反向电阻值

序号	二极管上的字母和数字	正向电阻值	反向电阻值	万用表挡位	二极管质量判断
1					
2					
3					
4					
5					
6					

　　将数字式万用表的挡位选择在测量二极管的挡位,对各种类型的二极管进行测量,测出二极管的正向导通压降,将测量值填在表 7-4 中。

表 7-4　　　　用数字式万用表测量二极管的正向电阻值、反向电阻值和正向导通压降

序号	二极管上的字母和数字	正向电阻值	反向电阻值	万用表挡位	正向导通压降	二极管材料判断
1						
2						
3						
4						
5						
6						

操作 ② 用二极管的单向导电性控制电气设备的实际功率

　　利用二极管的单向导电性可以把交流电变成直流电,如果采用图 7-31 所示的电路,则输出的直流电压的平均值大约是输入的交流电压有效值的一半,利用这一特点可以实现电气设备的功率控制。在图 7-31 中,已经把实际的二极管用一个图形符号表示出来了。人们日常生活中使用的床头灯、电火锅、电褥子等都属于电热产品,当不需要它们工作在额定功率时,可以将其实际功率变为额定功率的五分之一左右。用一个白炽灯泡作为负载时,其明暗的变化程度非常明显,可以清楚地看到功率控制的作用。

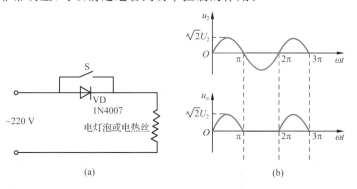

图 7-31　功率控制电路和二极管前、后的电压波形

　　用双踪示波器同时将二极管前、后的电压波形显示出来,能非常明显地看出,交流电已经变成了脉动的直流电,交流电的正半周期通过了二极管,而交流电的负半周期没有通过二极管,所以说二极管具有单向导电性。正是利用了这个特点,电气设备的实际功率大大减小了。

　　图 7-31 中的开关可以使用常见的拉线开关或按键开关,将二极管接在开关的两个接线柱上,不用考虑正、负极。二极管的型号由被控电器的功率而定,对于家用的床头灯、电热毯

而言,选取 1N4004 或 1N4007 即可,其耐压分别为 400 V 和 1 000 V,允许通过的正向电流为 1 A,额定功率 200 W 以下的电气设备都能满足要求。若电气设备是一个电火锅,其额定功率一般在 1 000 W 左右,则可以选用两个 1N5404 或五个 1N4007 并联使用(要注意正极和正极相接),只要电流能满足要求即可。将开关串联在原来电气设备电源线中的一根导线上,可以实现功率控制的电气设备就改造成功了。

操作 3 单相桥式整流电容滤波电路的连接与测试

1. 器材

(1)自耦变压器(1 kV·A/AC 220 V/0～220 V)1 台。

(2)2CZ55C 型二极管 4 个。

(3)电解电容器(2 200 μF/160 V)1 个,涤纶电容(0.1 μF)1 个,电解电容(1 μF/50 V)1 个。

(4)万用表 1 台,双踪示波器 1 台。

2. 操作步骤

(1)按图 7-25 所示接线,连接变压器时要注意分清交流电压的输入端和输出端,连接整流部分时要注意二极管的正、负极不要接错,安装滤波电容时要注意电容的正、负极。

(2)连接完毕经检查无误后可通电,观察几分钟,在元器件无冒烟、发烫的情况下,用万用表测量交流电压 u_2、滤波电容的电压 u_C 及输出端的电压 u_o,用双踪示波器测量输出电压的交流波形。

(3)更换滤波电容的大小,用双踪示波器测量输出电压的交流波形。

(4)将测量结果记录下来,并对结果进行分析。

任务 17 半导体三极管的认识与应用

器材展示

(1)各种类型、不同规格的新三极管若干。

(2)各种类型、不同规格的已经损坏的三极管若干。

观察图 7-32 所示的常用三极管,查找相关资料,认识不同种类的三极管。

(a)　　　　(b)　　　　(c)　　　　(d)

图 7-32　常用三极管

知 识 链 接

▓ 半导体三极管

半导体三极管是近七十年来发展起来的新型电子器件,它具有体积小、质量轻、耗电少、寿命长、工作可靠等优点,应用十分广泛。常用半导体三极管的外形和封装形式如图 7-33 所示。

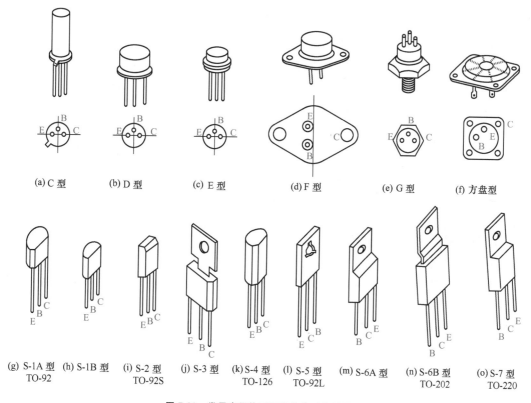

(a) C 型　　(b) D 型　　(c) E 型　　(d) F 型　　(e) G 型　　(f) 方盘型

(g) S-1A 型　(h) S-1B 型　(i) S-2 型　(j) S-3 型　(k) S-4 型　(l) S-5 型　(m) S-6A 型　(n) S-6B 型　(o) S-7 型
TO-92　　　TO-92S　　　TO-92S　　TO-126　TO-92L　　　　　　TO-202　TO-220

图 7-33　常用半导体三极管的外形和封装形式

(一)三极管的结构和类型

1. 三极管的结构

图 7-34 所示为三极管的结构及图形符号。一个三极管由两个 PN 结组成,从而形成了三个区域:集电区、基区和发射区。基区和集电区之间的 PN 结称为集电结,基区和发射区之间的 PN 结称为发射结。由集电区、基区和发射区各引出一个电极,分别称为集电极、基极和发射极,依次用字母 C、B、E 来表示。

三极管的文字符号是 VT,图形符号如图 7-34 所示。发射极箭头的方向表示发射结正偏时电流的流向。

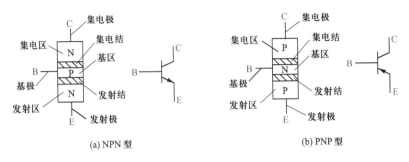

(a) NPN 型   (b) PNP 型

图 7-34　三极管的结构及图形符号

2. 三极管的类型

三极管按制作的材料不同,可分为锗三极管和硅三极管。

根据三个区的半导体导电类型的不同,三极管可分为 NPN 型和 PNP 型两大类。基区为 P 型半导体的称为 NPN 型三极管,基区为 N 型半导体的称为 PNP 型三极管。二者工作原理相同,只是工作电压的极性和电流的流向相反。

三极管按制作工艺的结构不同,可分为点接触型和面结合型;按工作的频率高低,可分为高频管($f_T > 3$ MHz)和低频管($f_T < 3$ MHz);按功率的大小,可分为大功率管($P_c > 1$ W)、中功率管(P_c 为 0.7~1 W)和小功率管($P_c < 0.7$ W)。

(二)三极管的电流放大作用

1. 三极管具有放大作用的条件

三极管在电路中的主要作用是进行信号的放大。要使三极管具有放大作用,必须给三极管加上合适的工作电压,即发射结加上正偏电压,集电结加上反偏电压。也就是说三极管发射结的 P 区接高电位,N 区接低电位;三极管集电结的 P 区接电源负极,N 区接电源正极,如图 7-35 所示。

在放大电路中,不论采用哪种管型的三极管,都要满足上述基本条件。

电源 U_{BB} 使发射结保证有正偏电压,U_{CC} 使集电

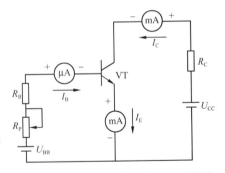

图 7-35　三极管工作在放大状态的电压条件

结保证有反偏电压。图 7-35 中电位器 R_P 的作用是改变基极电流 I_B 的大小,从而改变集电极电流 I_C 和发射极电流 I_E 的大小。

2. 三极管各个极间电流关系的实验数据

在图 7-35 中,改变电位器 R_P 的数值,则基极电流 I_B、集电极电流 I_C 和发射极电流 I_E 都发生变化。例如,对型号为 3DG6 的三极管的实际测量结果见表 7-5。

表 7-5　　　　　　　三极管 3DG6 各个极电流的测量数据　　　　　　　mA

I_B	0	0.010	0.020	0.040	0.060	0.080
I_C	<0.001	0.485	0.980	1.990	2.995	3.995
I_E	<0.001	0.495	1.000	2.030	3.055	4.075

仔细观察表 7-5 中的数据,可以得到以下结论:

(1)每一列的数据都满足基尔霍夫电流定律,即

$$I_E = I_C + I_B$$

这个关系称为三极管的电流分配关系,即三极管的发射极电流等于基极电流和集电极电流之和,且 $I_E \approx I_C$。

(2)每一列中的集电极电流都比基极电流大得多,且基本上满足一定的比例关系,从第 3 列和第 4 列的数据可以得出 I_C 与 I_B 的比值分别为

$$\frac{I_C}{I_B} = \frac{0.980}{0.020} = 49 \qquad \frac{I_C}{I_B} = \frac{1.990}{0.040} = 49.75$$

该比值约为 50,称为直流电流放大系数 $\bar{\beta}$,即

$$\frac{I_C}{I_B} = \bar{\beta}$$

这个关系称为三极管的电流比例关系。

(3)对两列中的数据求得 I_C 和 I_B 的变化量,再加以比较,比如选第 3 列和第 4 列的数据,可得

$$\frac{\Delta I_C}{\Delta I_B} = \frac{1.990 - 0.980}{0.040 - 0.020} = \frac{1.010}{0.020} = 50.5$$

再选第 4 列和第 5 列的数据,可得

$$\frac{\Delta I_C}{\Delta I_B} = \frac{2.995 - 1.990}{0.060 - 0.040} = \frac{1.005}{0.020} = 50.25$$

这说明当基极电流有一个小的变化(如 0.020 mA)时,集电极电流相应有一个大的变化(如 1.010 mA),且两者的比值 β 和比例值 $\bar{\beta}$ 基本相当,即

$$\frac{\Delta I_C}{\Delta I_B} = \beta$$

β 称为交流电流放大系数,这个关系称为三极管的电流控制关系。

β 的大小体现了三极管的电流放大能力,即如果在基极上有一个小的变化的电流信号,则在集电极上就可以得到一个大的且与基极信号成比例的电流信号。正因为如此,三极管才被称为电流控制型器件。

一般情况下,$\bar{\beta}$ 与 β 的数值近似相等。在工程计算中,可认为 $\bar{\beta} = \beta$。用万用表测得的电流放大系数实际上就是 $\bar{\beta}$,但一般都把它作为 β 值来使用。

万用表上一般都有专门测量三极管电流放大系数的挡位"hFE"。

3. 三极管电流放大的实质

图 7-35 所示的电路也称为三极管共发射极放大电路。在这个电路中,由三极管的基极与发射极构成输入回路,由集电极与发射极构成输出回路,三极管的发射极作为输入和输出回路的公共端,所以称其为共发射极放大电路。三极管还可以接成其他形式的电路。

电子电路中所说的放大,一般都指的是对变化的交流信号的放大,在图 7-35 所示电路的输入回路中,若串联一个待放大的输入信号,则发射结上的外加电压将等于直流电压与外加信号电压之和。外加发射结电压的变化,相应地使三极管的基极电流发生变化,由于三极管工作在放大区时,各个极间电流的比例关系和控制关系的存在将使三极管的集电极电流和发射极电流都发生相应的变化,而集电极电流和发射极电流都比基极电流大得多,因此就

认为基极电流得到了放大。

实质上,所谓放大,就是用一个小的基极电流去控制大的集电极电流和发射极电流的变化,将电源的直流能量转化成和信号变化相同的交流能量,这就是三极管的电流放大作用。

三极管的电流放大作用可以归纳为:

(1)三极管必须工作在放大区,工作在放大区的电压条件是:发射结正偏,集电结反偏。

(2)三极管对电流放大作用的实质是用微小的基极电流的变化去控制较大的集电极电流的变化。

(3)三极管是一个电流控制型器件。

(四)三极管的伏安特性和主要参数

1.三极管的伏安特性

三极管的伏安特性分为输入特性和输出特性两种。三极管的伏安特性曲线可根据实验数据绘出,也可以用晶体管图示仪直接测量得到。

(1)三极管的输入特性曲线

三极管的输入特性曲线是当三极管的集-射电压 U_{CE} 一定时,基极电流 I_B 随发射结压降 U_{BE} 变化的关系曲线,如图 7-36(a)所示。由于三极管的发射结正向偏置,因此三极管的输入特性曲线与二极管的正向特性曲线相似。当 U_{BE} 小于死区电压时,$I_B=0$,三极管截止;当 U_{BE} 大于死区电压时,才有基极电流 I_B,三极管导通。三极管导通后,发射结压降 U_{BE} 变化不大,硅管为 $0.6\sim0.7$ V,锗管为 $0.2\sim0.3$ V,这是判断三极管是否工作在放大状态的主要依据。

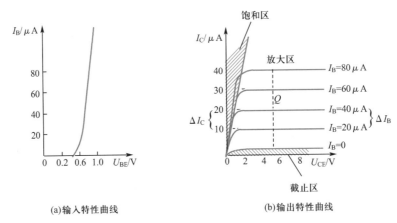

(a)输入特性曲线　　(b)输出特性曲线

图 7-36　三极管的伏安特性曲线

(2)三极管的输出特性曲线

三极管的输出特性曲线是当指三极管的基极电流 I_B 为某一固定值时,输出回路中集电极电流 I_C 与集-射电压 U_{CE} 的关系曲线。取不同的 I_B 值,可得到不同的曲线,因此三极管的输出特性曲线是一个曲线族,如图 7-36(b)所示。通常把三极管的输出特性曲线分成三个工作区:

①放大区　输出特性曲线中近似于水平的部分是放大区。在这个区域里,基极电流不

为零,集电极电流也不为零,且 I_C 和 I_B 成正比,两者的比例称为三极管的电流放大系数,表示三极管的电流放大能力。三极管工作于放大区的电压条件是发射结上有正偏电压,集电结上有反偏电压。

②截止区 在基极电流 $I_B=0$ 所对应的曲线下方的区域是截止区。在这个区域里,$I_B=0$,$I_C=I_{CEO}$(穿透电流)。三极管工作于截止区的电压条件是发射结上有反偏电压,集电结上也有反偏电压。因为三极管在输入特性中存在死区电压,所以对硅三极管而言,当发射结压降 $U_{BE}\leqslant0.5$ V 时,三极管已开始截止;对锗三极管而言,当发射结压降 $U_{BE}\leqslant0.1$ V 时,三极管也进入截止状态。

③饱和区 对应于 U_{CE} 较小(此时 $U_{CE}<U_{BE}$)的区域是饱和区。在这个区域里有 I_B,也有 I_C,但 I_C 与 I_B 已不成正比例关系。三极管工作于饱和区的电压条件是发射结上是正偏电压,集电结上也是正偏电压。集电结电压之所以变成正向偏置,是因为集电极电流大到一定程度时,集电极电阻两端的电压太大,致使集电极电位小于基极电位。

三极管饱和时,虽然有集电极电流,但集电极和发射极两端的电压很小,只有不足 1 V(硅管 0.3 V,锗管 0.1 V);三极管截止时,几乎没有集电极电流。这相当于电路开关的通和断,所以三极管在电路里也常常作为电子开关,在数字电路里有着广泛的应用。三极管作为一个开关来使用时,是一个没有机械触点的开关,其开关速度可以达到每秒几百万次。正是因为这一点,才使计算机技术有了突飞猛进的发展。

重要结论

- 三极管不仅具有电流放大作用,还具有开关特性。
- 当三极管作为放大器件使用时,应该工作在放大区。
- 当三极管作为开关器件使用时,应该工作在截止区和饱和区。
- 改变加在三极管各个极间的电压,就可以控制三极管的工作状态。

2. 三极管的主要参数

三极管的伏安特性完整地表示了三极管的特性,但每种规格的三极管都有自己的特性曲线,而且即使是同种型号的三极管,其特性曲线也往往不同,需要用专门的仪器(晶体管特性测量仪)进行测量才能得到正确的结果。因此,人们还常常用一组数据来描述三极管的特性,这些数据就是三极管的参数,可以通过查半导体手册来得到。

三极管的参数是正确选用三极管的主要根据,主要参数如下:

(1)电流放大系数 $\bar{\beta}$ 和 β

①共发射极直流电流放大系数 $\bar{\beta}$ 当三极管接成共发射极电路时,在没有信号输入的情况下,集电极电流 I_C 和基极电流 I_B 的比值称为共发射极直流电流放大系数,即

$$\bar{\beta}=\frac{I_C}{I_B}$$

②共发射极交流电流放大系数 β 当三极管接成共发射极电路时,在有信号输入的情况下,集电极电流的变化量 ΔI_C 和基极电流的变化量 ΔI_B 的比值称为共发射极交流电流放

大系数,即

$$\beta = \frac{\Delta I_C}{\Delta I_B}$$

这两个参数在定义上是不同的,但二者的值在放大区是非常相近的,所以今后在进行电路计算时,可以用 $\bar{\beta}$ 值来代替 β 值。在生产实践中,用万用表测量三极管的 $\bar{\beta}$ 值很容易,而测量三极管的 β 值则需要使用专门的仪器。

(2)三极管极间反向电流

①反向饱和电流 I_{CBO}　当发射极开路时,集电极和基极之间的反向电流称为反向饱和电流,它是由少数载流子形成的。这个参数受温度的影响较大。硅三极管的反向饱和电流要远远小于锗三极管的反向饱和电流,其数量级在微安和毫安之间。这个值越小越好。

②穿透电流 I_{CEO}　当基极开路时,由集电区穿过基区流入发射区的电流称为穿透电流,它也是由少数载流子形成的。在数量上,穿透电流和反向饱和电流的关系为

$$I_{CEO} = (1+\beta) I_{CBO}$$

尽管反向饱和电流 I_{CBO} 的值很小,但穿透电流 I_{CEO} 的值却不容忽视,尤其是当环境温度变化时,穿透电流 I_{CEO} 的变化更是不容忽视。在考虑到这个因素时,三极管工作在放大区时集电极电流的表达式就变成

$$I_C = \beta I_B + I_{CEO}$$

在选用三极管时,一般情况下要优先选用硅管,因为硅管的穿透电流值比较小。

(3)三极管的极限参数

①集电极最大允许电流 I_{CM}　当三极管工作在放大区时,若集电极电流超过一定值,则其电流放大系数就会下降。三极管的 β 值下降到正常值三分之二时的集电极电流,称为三极管的集电极最大允许电流,用 I_{CM} 来表示。集电极电流超过 I_{CM} 时,不一定会引起三极管的损坏,但电流放大系数的差别过大,这是工作在放大区的三极管所不允许的。

②集电极和发射极反向击穿电压 $U_{(BR)CEO}$　当基极开路时,加在集电极和发射极之间的能使三极管击穿的电压值一般为几十伏到几百伏,具体视三极管的型号而定。选择三极管时,要保证 $U_{(BR)CEO}$ 大于工作电压 U_{CE} 两倍以上,这样才有一定的安全系数。

③发射极和基极反向击穿电压 $U_{(BR)EBO}$　当集电极开路时,在发射极和基极之间所允许施加的最高反向电压一般为几伏到几十伏,具体视三极管的型号而定。选择三极管时,要保证 $U_{(BR)EBO}$ 大于工作电压 U_{BE} 两倍以上。

④集电极最大允许功耗 P_{CM}　三极管工作于放大区时,集电结上的电压是比较大的。当有集电极电流 I_C 流过时,半导体管芯就会产生热量,致使集电结的温度上升。三极管工作时,其温度有一定的限制(硅管的允许温度大约为150 ℃)。三极管在使用时,应保证 $U_{CE} I_C < P_{CM}$,这样才能确保安全。图7-37所示为三极管的集电极最大允许功耗曲线。

3.温度对三极管参数的影响

半导体材料具有热敏特性,用半导体材料做成

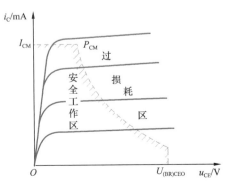

图7-37　三极管的集电极最大允许功耗曲线

的三极管也同样对温度敏感。温度会使三极管的参数发生变化,从而会改变三极管的工作状态。主要的影响有:

(1)温度对发射结压降 U_{BE} 的影响

实验表明,温度每升高 1 ℃,U_{BE} 会下降 2 mV;温度下降,则 U_{BE} 会上升。这将会影响三极管工作的稳定性,需要在电路中加以解决。但也可以利用这一特点制造出半导体温度传感器,可实现对温度的自动控制。

(2)温度对反向饱和电流 I_{CBO} 的影响

温度升高时,三极管的反向饱和电流 I_{CBO} 将会增加。实验表明,温度每升高 10 ℃,I_{CBO} 将增加一倍,而这又将导致穿透电流的更大变化,严重影响三极管的工作状态,需要引起特别注意。

(3)温度对电流放大系数 β 的影响

实验表明,三极管的电流放大系数 β 随温度的升高而增大,温度每升高 1 ℃,β 值增大约 1%。在输出特性曲线上,表现为各条曲线之间的间隔随温度的升高而增大。

综上所述,温度的变化最终都会导致三极管集电极电流发生变化。

三极管在电路中的应用

三极管是电路中的核心器件,其应用十分广泛。尽管三极管可以组成许多电路形式,例如组成运算放大电路、功率放大电路、振荡电路、反相器、数字逻辑电路等,但基本上可以归纳为放大应用和开关应用两大类。

(一)三极管的放大应用

在模拟电子电路中,三极管主要工作于放大状态,它把输入基极的电流 ΔI_B 放大 β 倍后以 ΔI_C 的形式输出,因此三极管的放大应用就是利用三极管的电流控制作用把微弱的电流信号增强到所要求的数值。利用三极管的放大作用可以得到各种形式的电子电路。

(二)三极管的开关应用

三极管工作在开关状态时,可以实现信号的导通与截止,相当于开关的断开和闭合,主要应用于数字电路。处于开关状态的三极管工作于截止区或饱和区,而放大区只出现在三极管饱和与截止的转换过程中,是个瞬间的过渡过程。图 7-38 所示为由三极管构成的受输入信号 u_i 控制的开关应用电路。

若将串联在三极管集电极上的电阻 R_C 换成一个继电器的线圈绕组,继电器的常开触点电路接一个串联在 220 V 电路里的电动机,则当三极管饱和时,继电器的触点将产生吸合动作,就可以实现对电动机负载的运转控制。

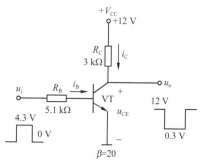

图 7-38　开关应用电路

特殊三极管及其应用

（一）光敏三极管

光敏三极管是一种相当于在基极和集电极接入光电二极管的三极管。为了对光有良好的响应，其基区面积比发射区面积大得多，以扩大光照面积。光敏三极管的管脚有三个的，也有两个的，在两个管脚的光敏三极管中，光窗口即基极。光敏三极管的外形、等效电路和图形符号如图 7-39 所示。

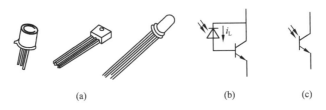

图 7-39　光敏三极管的外形、等效电路和图形符号

（二）光耦合器

光耦合器也称光电隔离器，简称光耦。它是把发光二极管和光敏三极管组装在一起而成的光-电转换器件，其主要原理是以光为媒介，实现了电—光—电的传递与转换。光耦合器的外形和等效电路如图 7-40 所示。

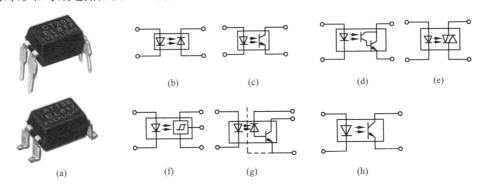

图 7-40　光耦合器的外形和等效电路

光耦合器一般由三部分组成：光的发射、光的接收及信号放大部分。输入的电信号驱动发光二极管，使之发出一定波长的光，被光探测器接收而产生光电流，再经过进一步放大后输出。这就完成了电—光—电的转换，从而起到输入、输出、隔离的作用。由于光耦合器具有输入、输出间互相隔离以及电信号传输单向性等特点，因此具有良好的电绝缘能力和抗干扰能力。

光耦合器中的信号单向传输，输入端与输出端完全实现了电气隔离，输出信号对输入端无影响，抗干扰能力强，工作稳定，无触点，使用寿命长，传输效率高。

任务实施

（1）拆卸一个功率放大器，观看其内部结构，认识功率放大器电路板上各种类型的三极管，识读三极管上的各种数字和其他标志。

（2）用万用表对功率放大器电路板上的三极管进行在线检测。

（3）用万用表对与功率放大器电路板上型号和规格相同的新三极管进行离线检测，并分析比较在线检测与离线检测的结果。

（4）完成下列操作，将操作结果填入相应的表格中。

操作 **1**　功率放大器电路板上三极管的直观识别

要求：对电路板上各种三极管进行直观识别，将识别结果填入表 7-6 中。

表 7-6　　　　　　　　　　　　三极管的直观识别记录表

序号	三极管的外形	三极管的型号	三极管的材料（硅或锗）	三极管在电路中的作用
1				
2				
3				
4				
5				

操作 **2**　三极管的质量检测

要求：用指针式万用表对各种三极管的正向电阻和反向电阻进行测量，将测量和判断结果填入表 7-7 中。

表 7-7　　　　　　　　　　三极管的正向电阻和反向电阻测量记录表

序号	三极管的型号	三极管的正向电阻	三极管的反向电阻	万用表的挡位	三极管质量判断
1					
2					
3					
4					
5					
6					

操作 **3** 三极管的型号及其含义

要求:根据给定的三极管型号,查阅资料并按照表 7-8 的要求进行填写。

表 7-8　　　　　　　　　　　　三极管的型号及其含义

序号	三极管的型号	产品产地	管型	材料	额定功率	最大集电极电流
1	3DD6					
2	3DA87					
3	3CG22					
4	3AD30					
5	3DG8					
6	2SC181S					
7	H2NS401B					
8	8050					
9	8550					
10	9012					
11	9013					

操作 **4** 判断三极管各个极的名称、管型和材料

要求:根据表 7-9 中给出的在放大电路中测得的三极管各个极的对地电压,判断各个极的名称、管型和材料。

表 7-9　　　　　　　　判断三极管各个极的名称、管型和材料

序号	三极管三个极 A、B、C 的对地电压	基极	发射极	集电极	管型	材料
1	$U_A = -2.3$ V, $U_B = -3$ V, $U_C = -6$ V					
2	$U_A = -9$ V, $U_B = -6$ V, $U_C = -6.3$ V					
3	$U_A = 6$ V, $U_B = 5.7$ V, $U_C = 2$ V					
4	$U_A = 0$ V, $U_B = -0.7$ V, $U_C = -6$ V					
5	$U_A = 3$ V, $U_B = 3.7$ V, $U_C = 6$ V					

任务 18　场效应管的认识与应用

器材展示

(1)各种类型、不同规格的新场效应管若干。

(2)各种类型、不同规格的已经损坏的场效应管若干。

观察图 7-41 所示的常用场效应管的外形和管脚排列,查找相关资料,认识不同种类的场效应管。

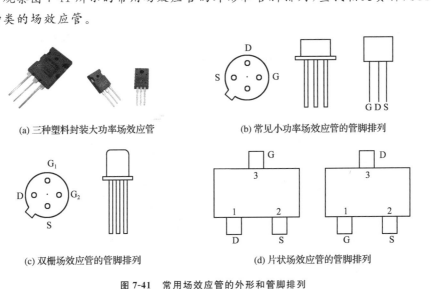

(a) 三种塑料封装大功率场效应管

(b) 常见小功率场效应管的管脚排列

(c) 双栅场效应管的管脚排列

(d) 片状场效应管的管脚排列

图 7-41　常用场效应管的外形和管脚排列

知识链接

■■ 场效应管的认识与应用

半导体三极管是一种电流控制型器件,当它工作在放大状态时,必须给基极提供一定的基极电流,需要从信号源中吸取电流。这对于有一定内阻且信号比较微弱的信号源来说,信号电压在内阻上的损耗太大,其输出电压就更小,以至于不能被放大器有效接收。从器件本身来看,就是其输入电阻太小。

20 世纪 60 年代,科学家研制出另一种三端半导体器件,称为场效应晶体管,简称为场效应管。它是一种电压控制型器件,利用改变外加电场的强弱来控制半导体材料的导电能力。场效应管的输入电阻极高(最高可达 1×10^{15} Ω),几乎不吸取信号源电流。它还具有热稳定性好、噪声低、抗辐射能力强、制造工艺简单、便于集成等优点,因此在电子电路中得到了广泛的应用。

场效应管是继半导体三极管之后又一种重要的新型电子器件,其重要性绝不亚于人类对半导体三极管的发明。没有场效应管,现在大量使用的集成电路就不可能如此普及和廉价,许多电子产品的性能也不会达到如此高的水平。

(一)绝缘栅型场效应管

绝缘栅型场效应管的结构是金属-氧化物-半导体,简称为 MOS 管。MOS 管又分 N 沟道和 P 沟道两种,每一种又分为增强型和耗尽型两种。

1.绝缘栅型场效应管的结构、符号和工作原理

N 沟道增强型 MOS 管的结构如图 7-42(a)所示,它的三个电极分别称为源极、漏极和栅极。在 P 型硅薄片(衬底)上制成两个掺杂浓度高的 N 区(用 N^+ 表示),用铝电极引出以作为源极 S 和漏极 D,两极之间的区域称为沟道,漏极电流经沟道流到源极。然后在半导体表面覆盖一层很薄的 SiO_2 绝缘层,再在 SiO_2 表面上引出一个电极作为栅极 G。栅极同源极、漏极均无电接触,故称其为绝缘栅极。通常在衬底上也引出一个电极,将其与源极相连。

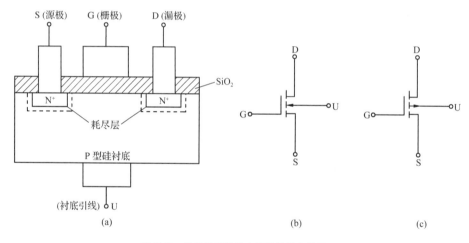

图 7-42　绝缘栅型场效应管的结构和符号

用 P 型半导体做衬底可以制成 N 沟道增强型绝缘栅型场效应管,用 N 型半导体做衬底可以制成 P 沟道增强型绝缘栅型场效应管。N 沟道和 P 沟道增强型绝缘栅型场效应管的符号分别如图 7-42(b)和图 7-42(c)所示,它们的区别是衬底的箭头方向不同,箭头方向总是从半导体的 P 区指向 N 区,这一点和三极管符号的标记方法一样。

2.N 沟道增强型绝缘栅型场效应管的特性曲线

根据实验数据,可以绘出 N 沟道增强型绝缘栅型场效应管的各极电压和电流关系曲线,如图7-43 所示。

图 7-43(a)所示为转移特性曲线,它描述的是当加在漏极和源极之间的电压 U_{DS} 保持不变时,输入电压 U_{GS} 对输出电流 I_D 的控制关系。图 7-43(b)所示为输出特性曲线,它描述的是当加在栅极和源极之间的电压 $U_{GS} > U_{GS(th)}$ 并保持不变时,漏极和源极之间的电压 U_{DS} 对输出电流 I_D 的影响。

输出特性曲线可以分为三个区域:

(1)可变电阻区

在这个区域,当 U_{GS} 一定时,I_D 与 U_{DS} 基本是线性关系,如图 7-43(b)中的①区。不同的

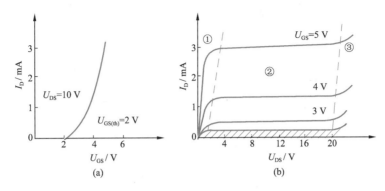

图 7-43　N 沟道增强型绝缘栅型场效应管的特性曲线

U_{GS} 所对应的曲线斜率不同,反映出电阻的值是变化的。

(2)饱和区

图 7-43(b)中的②区称为饱和区,U_{DS} 增加,I_D 基本不变(对应于同一个 U_{GS} 值),管子的工作状态相当于一个恒流源,所以该区又称为恒流区。在饱和区内,I_D 的大小随 U_{GS} 的大小而变化,曲线的间隔反映了 U_{GS} 对 I_D 的控制能力。从这个意义上说,饱和区又可称为放大区,而且基本上是线性关系。场效应管用于放大时,就工作在这个区域。

(3)击穿区

输出特性曲线快速上翘的部分称为击穿区,如图 7-43(b)中的③区。U_{DS} 增大到一定值后,漏极和源极之间会发生击穿,I_D 急剧增大。如不加以限制,就会造成 MOS 管损坏。

(二)结型场效应管

1.结型场效应管的结构、符号和工作原理

结型场效应管也分成 N 沟道和 P 沟道两种类型。N 沟道结型场效应管的结构和符号如图 7-44(a)和图 7-44(b)所示。它用一块 N 型半导体做衬底,在其两侧做成两个杂质浓度很高的 P 区,形成两个 PN 结。从两边的 P 区引出两个电极并在一起,成为栅极 G;在 N 型衬底的两端各引出一个电极,分别称为漏极 D 和源极 S。两个 PN 结中间的 N 区称为导电沟道,它是漏极和源极之间的电流通道。

微 课

结型场效应管工作原理

如果用 P 型半导体做衬底,则可构成 P 沟道结型场效应管,其符号如图 7-44(c)所示。N 沟道和 P 沟道结型场效应管符号上的区别是栅极的箭头指向不同,但都是由 P 区指向 N 区。

N 沟道和 P 沟道结型场效应管的工作原理完全相同,下面以 N 沟道结型场效应管为例进行分析。

研究场效应管主要是分析输入电压对输出电流的控制作用。图 7-45 所示为当漏极和源极之间的电压 $U_{DS}=0$ 时,栅源电压 U_{GS} 对导电沟道的影响。

(1)当 $U_{GS}=0$ 时,PN 结的耗尽层如图 7-45(a)中剖面线部分所示。耗尽层只占 N 型半导体体积的很小一部分,导电沟道很宽,沟道电阻比较小。

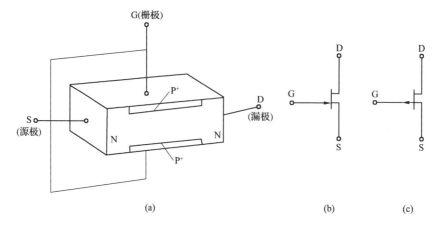

图 7-44 N 沟道结型场效应管的结构和符号

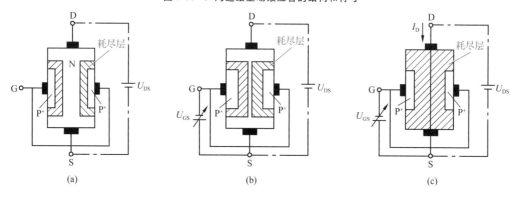

图 7-45 栅源电压 U_{GS} 对导电沟道的影响

（2）如图 7-45（b）所示，当在栅极和源极之间加上一个可变直流负电压 U_{GS} 时，两个 PN 结都是反向偏置，耗尽层加宽，导电沟道变窄，沟道电阻变大。

（3）如图 7-45（c）所示，当栅源电压 U_{GS} 负到一定值时，两个 PN 结的耗尽层近于碰上，导电沟道被夹断，沟道电阻趋于无穷大。此时的栅源电压称为栅源夹断电压，用 $U_{GS(OFF)}$ 表示。

从上述分析可知，改变栅源电压 U_{GS} 的大小就能改变导电沟道的宽窄，也就能改变沟道电阻的大小。如果在漏极和源极之间接入一个合适的正电压 U_{DS}，则漏极电流 I_D 的大小将随栅源电压 U_{GS} 的变化而变化，这就实现了控制作用。

2. N 沟道结型场效应管的特性曲线

栅源电压 U_{GS} 对漏极电流 I_D 的控制关系用转移特性曲线表示，如图 7-46 所示。转移特性是指当漏源电压 U_{DS} 一定时，漏极电流 I_D 和栅源电压 U_{GS} 的关系。$U_{GS}=0$ 时的 I_D 称为栅源短路时的漏极电流，用 I_{DSS} 表示；使漏极电流 $I_D \approx 0$ 时的栅源电压就是栅源夹断电压 $U_{GS(OFF)}$。

图 7-47 所示为 N 沟道结型场效应管的输出特性曲线，它是指当栅源电压 U_{GS} 一定时，漏极电流 I_D 和漏源电压 U_{DS} 之间的关系。它分为可变电阻区、饱和区和击穿区。

（1）输出特性曲线上升的部分称为可变电阻区。在该区域内，U_{DS} 比较小，I_D 随 U_{DS} 的增加而近于直线上升，管子的状态相当于一个电阻，而这个电阻的大小又随 U_{GS} 的变化而变化（不同 U_{GS} 的输出特性曲线的斜率不同）。

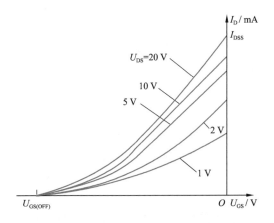

图 7-46　N 沟道结型场效应管的转移特性曲线

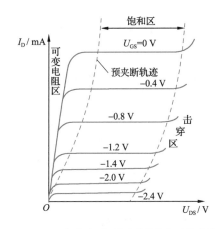

图 7-47　N 沟道结型场效应管的输出特性曲线

（2）输出特性曲线近于水平的部分称为饱和区，又称为恒流区。在该区域内，U_{DS} 增加，I_D 基本不变（对应于同一个 U_{GS} 值），管子的状态相当于一个恒流源。在饱和区内，I_D 随 U_{GS} 的大小而改变，曲线的间隔反映了 U_{GS} 对 I_D 的控制能力。

（3）输出特性曲线快速上翘的部分称为击穿区。在该区域内，U_{DS} 比较大，I_D 急剧增加，导致击穿现象的发生。场效应管工作时，不允许进入这个区域。

结型场效应管正常使用时，栅极和源极之间加的是反偏电压，其输入电阻虽然没有绝缘栅型场效应管那么高，但比起三极管来还是高多了。

（三）场效应管与三极管的比较

场效应管与三极管的比较见表 7-10。

表 7-10　　　　　　　　　　　场效应管与三极管的比较

项目	三极管	场效应管
导电机构	既用多子，又用少子	只用多子
导电方式	载流子浓度扩散及电场漂移	电场漂移
控制方式	电流控制	电压控制
类型	PNP、NPN	P 沟道、N 沟道
放大参数	$\beta = 50 \sim 100$ 或更大	$G_m = 1 \sim 6$ ms（增益）
输入电阻	$1 \times 10^2 \sim 1 \times 10^4$ Ω	$1 \times 10^7 \sim 1 \times 10^{15}$ Ω
抗辐射能力	差	在宇宙射线辐射下仍能正常工作
噪声	较大	小
热稳定性	差	好
制造工艺	较复杂	简单，成本低，便于集成化

重要结论

(1)场效应管是电压控制型元件,三极管是电流控制型元件。

(2)场效应管的输入电阻很高,三极管的输入电阻比较小,分别适用于不同的信号源。

(3)场效应管的温度稳定性好,三极管的温度稳定性差。这是因为场效应管靠多子导电,管中运动的只是一种极性的载流子;三极管既用多子导电,又有少子参与导电。由于多子浓度不易受外界因素的影响,因此在环境温度变化较大的场合,采用场效应管比较合适。

(4)场效应管的制造工艺简单,便于集成化,适于制造大规模集成电路。而三极管受制造工艺复杂和热损耗大的影响,在集成度方面受到限制。

任务实施

(1)拆卸含有场效应管的电子产品的外壳,观看其内部结构,认识各种类型的场效应管,识读场效应管上的各种数字和其他标志。

(2)用万用表对电路板上的场效应管进行在线检测。

(3)用万用表对与电路板上型号和规格相同的新场效应管进行离线检测,并分析比较在线检测与离线检测的结果。

(4)完成下列操作,将操作结果填入相应的表格中。

操作 1 电路板上场效应管的直观识别

要求:对电路板上各种场效应管进行直观识别,将识别结果填入表7-11中。

表7-11   场效应管的直观识别记录表

序号	场效应管的外形	场效应管的型号	场效应管的材料(硅或锗)	场效应管在电路中的作用
1				
2				
3				
4				
5				

操作 2 场效应管的电极判断和电阻测量

要求:用指针式万用表对各种场效应管的三个电极进行判断,对PN结的正向电阻和反向电阻进行测量,将判断和测量结果填入表 7-12 中。

表 7-12   场效应管的电极判断和电阻测量记录表

序号	场效应管 的型号	场效应管栅源极 间的正向电阻	场效应管栅源极 间的反向电阻	场效应管漏源极 间的正向电阻	场效应管漏源极 间的反向电阻	场效应管 质量判断
1						
2						
3						
4						
5						
6						

任务 19 常用集成电路的认识与应用

器材展示

(1)各种类型、不同规格的新集成电路若干。

(2)各种类型、不同规格的已经损坏的集成电路若干。

观察图 7-48 所示的常用集成电路,查找相关资料,认识不同种类的集成电路。

图 7-48 常用集成电路

知识链接

■■ 集成电路的认识与应用

集成电路是近五十年发展起来的高科技产品,其发展速度异常迅猛,从小规模集成电路(含有几十个晶体管)发展到今天的超大规模集成电路(含有几千万个晶体管或近千万个门电路)。集成电路的体积小,耗电低,稳定性好,从某种意义上讲,集成电路是衡量一个电子产品是否先进的主要标志。

拓展资料

> 多年来,我国生产的电子产品中使用的集成电路大都依赖进口。2020年,通信龙头企业华为技术有限公司遭到了芯片封锁和打压,导致高端手机产品无法生产。同时,许多电子生产企业也面临着芯片价格暴涨的困境。面对这些困难,我国科技人员奋起抗争,全力拼搏,在一年多的时间内就攻克了芯片的关键技术,到2021年末实现了年产10亿芯片的能力,在芯片研发和制造方面取得了重大突破。

(一)集成电路的类型和封装

集成电路按功能可分为数字集成电路和模拟集成电路两大类;按制作工艺可分为半导体集成电路、薄膜集成电路、厚膜集成电路和混合集成电路等;按集成度可分为小规模集成电路(SSI)、中规模集成电路(MSI)、大规模集成电路(LSI)和超大规模集成电路(VLSI),分类依据是一个硅基片上所制造的元器件的数目。

集成电路的封装形式有晶体管式封装、扁平式封装和直插式封装。常见集成电路的封装形式如图7-49所示。集成电路的管脚排列次序有一定的规律,一般是从外壳顶部向下看,从左下脚沿逆时针方向读数,其中第1脚附近一般有参考标志,如凹槽、色点等。

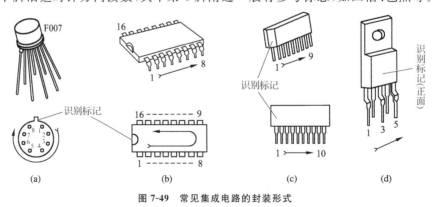

图7-49　常见集成电路的封装形式

(二)常用模拟集成电路

1. 模拟集成电路的分类

模拟集成电路按用途可分为运算放大器、直流稳压器、功率放大器和电压比较器等。模拟集成电路与数字集成电路不但在信号的处理方式上有差别,在电源电压上的差别更大。模拟集成电路的电源电压根据型号的不同而各不相同,且数值较高,视具体用途而定。

2. 集成运算放大器

自从 1964 年美国仙童公司制造出第一个单片集成运算放大器 μA702 以来,集成运算放大器就得到了广泛的应用,目前它已成为线性集成电路中品种和数量最多的一类。

国家标准规定,集成运算放大器各个品种的型号由字母和阿拉伯数字两部分组成。字母在首部,统一采用 C 和 F 两个字母,C 表示国家标准,F 表示线性放大器,其后的数字表示集成运算放大器的类型。

3. 集成直流稳压器

直流稳压电源是电子设备中不可缺少的单元,集成直流稳压器是构成直流稳压电源的核心,它体积小、精度高、使用方便,因而被广泛应用。

(1)三端固定输出式集成直流稳压器

将许多调整电压的元器件集成在体积很小的半导体芯片上就成为集成直流稳压器,使用时只要外接很少的元件即可构成高性能的稳压电路。集成直流稳压器具有体积小、质量轻、可靠性高、使用灵活和价格低廉等优点,在实际工程中得到了广泛应用。集成直流稳压器的种类很多,以三端式集成直流稳压器的应用最为普遍。

常用的三端固定输出式集成直流稳压器有输出为正电压的 W7800 系列和输出为负电压的 W7900 系列。图 7-50 所示为 W7800 系列集成直流稳压器的外形及基本接法。

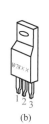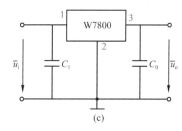

(a)　　　　　(b)　　　　　(c)

图 7-50　W7800 系列集成直流稳压器的外形及基本接法

W7800 系列三端稳压块的输出电压有 5 V、6 V、9 V、12 V、15 V、18 V 和 24 V 共 7 个档次,型号(也记为 W78××)中的后两位数字表示其输出电压的稳压值。例如型号为 W7805 和 W7812 的集成块,其输出电压分别为 5 V 和 12 V。

W7900 系列三端稳压块的输出电压的档次值与 W7800 系列相同,但其管脚编号与 W7800 系列不同。

三端稳压块的输出电流按照型号的不同,有 1.5 A、0.5 A 和 0.1 A 三种。

图 7-50(c)所示为 W7800 系列集成直流稳压器使用时的电路基本接法。外接电容 C_1 用以抵消因输入端线路较长而产生的电感效应,可防止电路自激振荡。外接储能电容 C_0 可消除因负载电流跃变而引起的输出电压的较大波动。图中 $\bar{u}_i$ 为整流滤波后的直流电压,$\bar{u}_o$ 为稳压后的输出电压。

图 7-51 所示为用 W7815 和 W7915 组成的双极

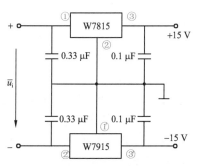

图 7-51　双极性稳压电源输出电路

性稳压电源输出电路,它可同时向负载提供+15 V 和-15 V 的直流电压。

目前,已经有将大功率晶体管和集成电路工艺结合在一起的大电流三端可调式集成直流稳压器。如 LM396 的最大输出电流可达 10 A,输出电压从 1.2 V 到 15 V 连续可调。该系列产品具有输出电流较大和过热保护、短路限流等功能。

(2)三端可调输出式集成直流稳压器

三端可调输出式集成直流稳压器有输出为正电压的 W117、W217、W317 系列和输出为负电压的 W137、W237、W337 系列。W117 系列的外形、电路符号及基本接法如图 7-52 所示。图中脚 1 和脚 3 分别为输入端和输出端;脚 2 为调整端(ADJ),用于外接调整电路以实现输出电压可调。

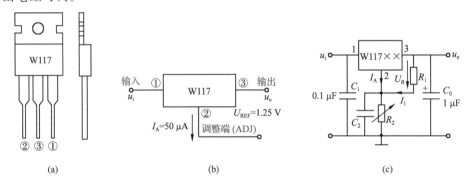

图 7-52 W117 系列集成直流稳压器的外形、电路等符号及基本接法

三端可调输出式集成直流稳压器的主要参数有:

输出电压连续可调范围:1.25~47 V;

最大输出电流:1.5 A;

调整端(ADJ)输出电流 I_A:50 μA;

输出端与调整端之间的基准电压 U_{REF}:1.25 V。

三端可调输出式集成直流稳压器的基本应用电路如图 7-52(c)所示,图中 C_1 和 C_0 的作用与在三端固定输出式集成直流稳压器电路中的作用相同。外接电阻 R_1 和 R_2 构成电压调整电路,电容 C_2 用于减小输出纹波电压。为保证稳压器空载时也能正常工作,要求 R_1 上的电流不小于 5 mA,故取 $R_1 = U_{REF}/5 = 1.25/5 = 0.25$ kΩ,实际应用中 R_1 取标称值 240 Ω。忽略调整端(ADJ)输出电流 I_A,则 R_1 与 R_2 是串联关系,因此改变 R_2 的大小即可调整输出电压。

(3)低压差三端集成直流稳压器

W78×× 和 W79×× 系列集成直流稳压器的输入和输出之间需要 2~3 V 的电压降,以保证有稳定的电压输出。这个电压不仅造成了能量的损耗,还使得在低输入电压条件下的稳压输出变得困难甚至是不可能。

MC33269 系列三端集成直流稳压器是低压差、中电流、正电压输出的集成直流稳压器,有固定电压输出(3.3 V、5.0 V、12 V)及可调电压输出四种不同型号,其最大输出电流可达 800 mA。在输出电流为 500 mA 时,MC33269 系列三端集成直流稳压电路的压差为 1 V,它的内部有过热保护和输出短路保护。

近年来,半导体器件生产厂家又推出了输入端和输出端压差仅为 500 mV 和 100 mV 的压差更低的三端集成直流稳压器,使得在航空航天领域和其他尖端领域使用高精度的稳压电源成为可能。低压差三端集成直流稳压器极大地降低了稳压电路本身的功耗,使各种高档计算机的 CPU 用上了能耗更低的稳压电源,CPU 的发热量大大减小,从而使计算机的速度大为增加。

(三)常用数字集成电路

数字集成电路按结构的不同可分为双极型和单极型电路。双极型电路有 DTL、TTL、ECL、HTL 等形式,单极型电路有 JFET、NMOS、PMOS、CMOS 等形式。

在实际工程中,最常用的数字集成电路主要有 TTL 和 CMOS 两大系列。

1. TTL 数字集成电路

TTL 数字集成电路是用双极型晶体管作为基本元件集成在一块硅片上制成的,其品种、产量最多,应用也最广泛。国产 TTL 数字集成电路有 T1000～T4000 系列,T1000 系列与国家标准 CT54/74 系列及国际标准 SN54/74 通用系列相同。

54 系列与 74 系列 TTL 数字集成电路的主要区别在其工作环境的温度上。54 系列的工作环境温度为 −55～125 ℃,74 系列的工作环境温度为 0～70 ℃。

TTL 数字集成电路的型号和逻辑功能没有直接联系,各种型号的 TTL 数字集成电路的功能可查阅数字集成电路手册。

2. CMOS 数字集成电路

CMOS 数字集成电路以单极型晶体管为基本元件制成,其发展迅速主要是因为它具有功耗低、速度快、工作电源电压范围宽(如 CC4000 系列的工作电源电压为 3～18 V)、抗干扰能力强、输入阻抗高、扇出能力强、温度稳定性好及成本低等优点,尤其是它的制造工艺非常简单,为大批量生产提供了方便。

CMOS 数字集成电路的型号和逻辑功能没有直接联系,但末两位数或三位数与 TTL 数字集成电路的末两位数或三位数相同者,其逻辑功能是相同的,只是电源和有些参数不同而已。各种型号的 CMOS 数字集成电路的功能可查阅数字集成电路手册。

(四)集成电路的检测方法

集成电路的检测分为在线检测和脱机检测。

在线检测是测量集成电路各脚的直流电压,与集成电路各脚的直流电压的标准值相比较,以此来判断集成电路质量的好坏。

脱机检测是测量集成电路各脚间的直流电阻,与集成电路各脚间的直流电阻的标准值相比较,从而判断集成电路质量的好坏。

如果测得的数据与集成电路资料上的数据相符,就可判断该集成电路是好的。

任务实施

(1)拆卸功率放大器外壳,观看其内部结构,认识各种类型的集成电路,识读集成电路上的各种数字和其他标志。

(2)用万用表对电路板上的集成电路进行在线检测。

(3)用万用表对与电路板上相同的新集成电路进行离线检测,并分析比较在线检测与离线检测的结果。

(4)完成项目实训报告中要求的操作,将操作结果填入相应的表格中。

操作 **1** 功率放大器电路板上集成电路的直观识别

要求:对电路板上各种集成电路进行直观识别,将识别结果填入表 7-13 中。

表 7-13 　　　　　　　　　　　　集成电路的直观识别记录表

序号	集成电路的封装	集成电路的型号	集成电路的应用场合	备注
1				
2				
3				
4				
5				

操作 **2** 模拟集成电路的类型和应用场合

要求:识别功放集成电路、集成运算放大器、三端集成直流稳压器的字符标记,查阅模拟集成电路手册,找出其主要参数和应用场合,将查阅结果填入表 7-14 中。

表 7-14 　　　　　　　　　　　　模拟集成电路的类型和应用场合记录表

序号	模拟集成电路的型号	模拟集成电路的封装形式	模拟集成电路的类型	模拟集成电路的应用场合	模拟集成电路的主要参数	备注
1						
2						
3						
4						
5						
6						

练 习 题

1.二极管有何用途? 如何用万用表来判断二极管的好坏和极性?

2.在维修电路时,若发现有一个稳压二极管 2CW55 损坏,则是否到市场上买一个同型号的二极管换上就可以了?

3.测量高压硅堆的正、反向电阻时,需要用万用表的哪个挡位?

4.三极管有何用途? 如何用万用表来判断三极管的好坏和极性?

5.场效应管有何用途? 如何用万用表来判断场效应管的好坏和极性?

6.集成电路按功能可分为哪两大类?

7.三端集成直流稳压器有哪些系列?

8.集成功放有哪些类型? 各有何特点?

9. TTL 系列和 CMOS 系列数字集成电路有何主要区别？在一个数字电路系统中，可否同时运用这两种系列的集成电路？

10. 硅二极管电路如图 7-53 所示，试分别用二极管的理想模型和恒压降模型计算该电路中的电流和输出电压 U_{AO}。(1)$E=3$ V；(2)$E=10$ V。

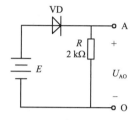

图 7-53　练习题 10 图

11. 二极管应用电路如图 7-54 所示，试判断各二极管是导通还是截止，并求出 A、O 端的电压 U_{AO}。(设二极管为理想二极管)

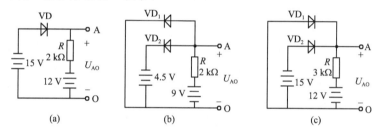

(a)　　　　　　(b)　　　　　　(c)

图 7-54　练习题 11 图

项目 8

基本放大电路的认识

知识目标与技能目标

◇ 认识共发射极放大器电路和共集电极放大器电路，明确各组成元件的作用，能正确连接电路。

◇ 能绘制放大器直流通道图，估算静态工作点，根据输出信号波形确定电路静态工作点的状态，能调试出合适的静态工作点。

◇ 能绘制放大器交流通道图，会画微变等效电路图，能用微变等效电路法分析放大器的动态特性（电压放大倍数、输入电阻、输出电阻）。

◇ 依据共发射极放大器和共集电极放大器的电路性能，能定性分析多级放大器的性能。

◇ 了解多级放大器的电压放大倍数、输入电阻和输出电阻，能选择合适的级间耦合方式，能进行电路参数调试。

◇ 了解放大器的频率特性和通频带的概念。

任务 20　三极管基本放大电路的连接与测量

知识链接

▓▓ 三极管基本放大电路

(一)三极管基本放大电路的连接方式

1.信号源、放大电路、负载的连接

三极管基本放大电路的作用是将信号源输出的信号按负载的要求进行电压、电流、功率的放大。信号源、放大电路、负载的连接如图 8-1 所示。对信号源而言,放大电路相当于负载;对负载而言,放大电路相当于信号源。放大电路与信号源、负载之间有四个连接

图 8-1　信号源、放大电路、负载的连接

端,与信号源的连接端称为放大电路的输入端,与负载的连接端称为放大电路的输出端。因为三极管只有三个电极,所以必须有一个电极作为输入电路和输出电路的公共端。

2.基本连接方式

按三极管公共端电极的不同,放大电路有三种基本连接方式(三种组态),即共基极电路、共发射极电路和共集电极电路,如图 8-2 所示。

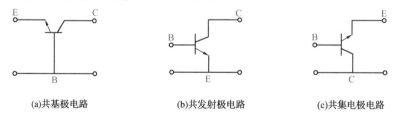

(a)共基极电路　　　　　　(b)共发射极电路　　　　　　(c)共集电极电路

图 8-2　放大电路的三种基本连接方式

3.固定偏置式共发射极放大电路

固定偏置式共发射极放大电路可以放大信号的电压、电流和功率,应用比较普遍,其典型电路组成如图 8-3 所示。

电路中各元件的名称和作用如下:

(1)三极管 VT:它是整个放大电路的核心器件,利用它的基极电流对集电极电流的控制作用来实现对输入信号的放大。

(2)基极偏置电阻 R_B:直流电源经 R_B 向发射结提供

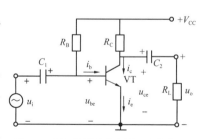

图 8-3　固定偏置式共发射极放大电路

正向偏置电压，R_B 可限制基极电流的大小。R_B 值固定，基极电流的大小也固定。

（3）集电极电阻 R_C：直流电源经 R_C 向集电结提供反向偏置电压（发射结正向偏置电压，三极管工作在放大状态），R_C 把流入集电极的电流转换成电压输出，实现电压放大。

（4）耦合电容 C_1、C_2：其作用是隔直流、通交流，实现交流信号从信号源经放大电路到负载之间的传递，还能隔离直流电源对信号源和负载电路的影响。在三极管基本放大电路中，放大的交流信号属于低频信号，耦合电容一般选择容量为几十微法的电解电容就可满足电路要求。连接电路时要注意电解电容的极性。

（5）直流电源 V_{CC}：直流电源向三极管的两个 PN 结提供偏置，保证其工作在放大状态；提供信号放大后交流信号增加的能量，即实现电源直流能量向信号交流能量的转换。

从放大电路的组成可看出电路中既有直流又有交流，为了便于分析，对各电量的表示符号规定如下：

● 直流分量，其符号为大写字母加大写字母下标，例如 I_B 表示基极电流中的直流分量。

● 交流分量，其符号为小写字母加小写字母下标，例如 i_b 表示基极电流中的交流分量。

● 总量，其符号为小写字母加大写字母下标，是指电路中既有直流又有交流，例如 i_B 表示基极电流中的总量。

● 交流分量的有效值，其符号为大写字母加小写字母下标，例如 I_b 表示基极电流中交流分量的有效值。

● 交流分量的最大值，其符号为交流量的有效值符号下标后加字母"m"，例如 I_{bm} 表示基极电流中交流分量的最大值。

4. 放大电路的工作原理

在图 8-3 中，三极管工作在放大状态，其集电极电流是基极电流的 β 倍。当输入信号 $u_i = 0$ 时，三极管各电极中只有直流电流流过，各电极间存在直流电压，这种工作状态称为静态；当输入信号不为零时，三极管各电极中既有直流又有交流，这种工作状态称为动态。

微课

基本放大电路工作原理

放大电路工作在静态时，输入信号 $u_i = 0$，此时三极管各电极的电流和电压都是固定的直流量。如图 8-4 所示，在三极管的输入、输出特性曲线上，只要知道基极电流 I_B，基-射极间电压 U_{BE} 即可确定在输入特性曲线上静态工作点 Q 的位置；只要知道集电极电流 I_C，集-射极间电压 U_{CE} 就可确定在输出特性曲线上静态工作点 Q 的位置。因此，静态工作点的估算就是估算这四个电量，一般在各电量的符号下标中加"Q"强调为静态工作点，四个电量的符号分别为 U_{BEQ}、I_{BQ}、I_{CQ}、U_{CEQ}。

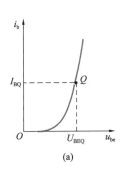
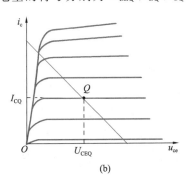

(a) (b)

图 8-4 静态工作点在特性曲线上的位置

如图 8-3 所示，输入端的交流小信号电压 u_i 经耦合电容 C_1 加到三极管的基-射极，u_i 的变化会引起 u_{be} 的变化，根据三极管的输入特性曲线，u_{be} 的变化将引起基极电流 i_b 的变化，其波形是在静态电流的基础上叠加一个交流分量，而 i_b 的变化将引起 i_c 的变化，其变化量是 i_b 的 β 倍。i_c 流经 R_C 时产生电压降，电源电压 V_{CC} 值不变，由 $u_{ce}=V_{CC}-i_c R_C$ 可知，当 i_c 上升时，u_{ce} 将下降，反之 u_{ce} 将上升，可见 u_{ce} 的变化与 u_i 的变化相反。u_{ce} 经输出耦合电容 C_2 到负载形成输出电压 u_o，则共发射极放大电路的输出与输入信号的相位为反相。

放大电路的电压放大实质是利用三极管的电流放大作用，将受基极电流控制的集电极电流的变化通过集电极电阻 R_C 转换成输出电压而实现的。放大电路及其工作在静态和动态时各支路电压和电流的波形如图 8-5(b) 所示。在共发射极放大电路中输入微弱的正弦信号，经三极管放大后，可输出同频、反相、放大的正弦信号。

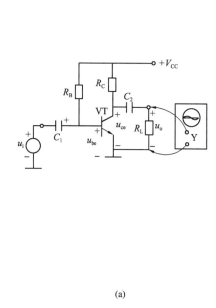

(a)

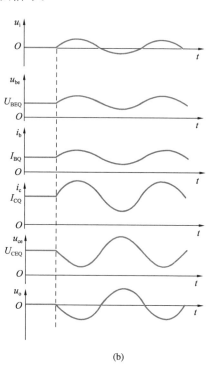

(b)

图 8-5　放大电路及其工作在静态和动态时各支路电压和电流的波形

（二）放大器的分析方法

放大器性能的分析方法一般有图解法、估算法、微变等效电路法。图解法依据电路图中已知的参数，通过在三极管的输入和输出曲线上作图来确定静态工作点、三极管的工作区域、输出电压的范围、放大倍数等。图解法比较直观，但作图过程复杂，而且要依据三极管的特性曲线，在实际电路分析时很少应用。估算法用于在工程上估算放大电路的静态工作点。微变等效电路法用于分析动态时放大电路的输入、输出电阻和放大倍数。

1. 静态工作点 Q 的估算及 Q 对放大电路性能的影响

估算静态工作点时可通过放大电路的直流通道图来进行。画直流通道图时电容器可视为开路，电感可视为短路，直流电源的内阻可忽略不计。固定偏置式共发射极放大电路的直流通道如图 8-6 所示。

U_{BEQ} 作为已知参数，三极管为硅管时取 0.7 V，为锗管时取 0.3 V。计算时如果直流电源电压 $V_{\text{CC}} \gg U_{\text{BEQ}}$（$V_{\text{CC}} \geqslant 10U_{\text{BEQ}}$），则 U_{BEQ} 可忽略不计，取其值为零。根据基尔霍夫电压定律和三极管工作在放大状态时的电流放大作用，可推导出静态工作点的估算公式：

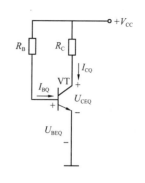

图 8-6　固定偏置式共发射极放大电路的直流通道

$$I_{\text{BQ}} = \frac{V_{\text{CC}} - U_{\text{BEQ}}}{R_{\text{B}}} \approx \frac{V_{\text{CC}}}{R_{\text{B}}}$$

$$I_{\text{CQ}} = \beta I_{\text{BQ}}$$

$$U_{\text{CEQ}} = V_{\text{CC}} - I_{\text{CQ}} R_{\text{C}}$$

例 8-1

已知在图 8-3 中，直流电源电压 $V_{\text{CC}} = 12$ V，集电极电阻 $R_{\text{C}} = 3$ kΩ，基极偏置电阻 $R_{\text{B}} = 300$ kΩ，三极管的电流放大系数 $\beta = 50$，试估算放大电路的静态工作点。

解：

$$I_{\text{BQ}} = \frac{V_{\text{CC}} - U_{\text{BEQ}}}{R_{\text{B}}} \approx \frac{V_{\text{CC}}}{R_{\text{B}}} = \frac{12}{300} = 0.04 \text{ mA}$$

$$I_{\text{CQ}} = \beta I_{\text{BQ}} = 50 \times 0.04 = 2 \text{ mA}$$

$$U_{\text{CEQ}} = V_{\text{CC}} - I_{\text{CQ}} R_{\text{C}} = 12 - 2 \times 3 = 6 \text{ V}$$

三极管工作在放大状态时静态工作点的估算适用上述公式，当三极管作为开关管工作在截止区和饱和区时，静态工作点可用下式估算：

当三极管工作在截止区时：

$$U_{\text{BEQ}} \leqslant 0$$

$$I_{\text{BQ}} = 0$$

$$I_{\text{CQ}} = 0$$

$$U_{\text{CEQ}} = V_{\text{CC}}$$

当三极管工作在饱和区时，集-射极间电压约为常数，称为三极管的饱和电压，用 U_{CES} 表示（硅管时取 0.3 V，锗管时取 0.1 V）；集电极电流称为集电极饱和电流，用 I_{CS} 表示；基极电流称为基极饱和电流，用 I_{BS} 表示。U_{BEQ} 作为已知参数（三极管为硅管时取 0.7 V，为锗管时取 0.3 V）。当三极管工作在临近饱和区时，满足 $I_{\text{C}} = \beta I_{\text{B}}$。

如图 8-4 所示，依据 KVL 定律可得

$$I_{\text{CQ}} = I_{\text{CS}} = \frac{V_{\text{CC}} - U_{\text{CES}}}{R_{\text{C}}}$$

$$I_{\text{BQ}} = I_{\text{BS}} = \frac{I_{\text{CS}}}{\beta}$$

当三极管工作在饱和区时：

$$I_{CQ} = I_{CS} = \frac{V_{CC} - U_{CES}}{R_C}$$

$$I_{BQ} = \frac{V_{CC} - U_{BEQ}}{R_B} > I_{BS}$$

可见，三极管工作在饱和区时，$I_{CQ} < \beta I_{BQ}$，三极管的电流放大作用减弱。通过上述分析可知，放大电路的静态工作点选择不当，三极管可能不工作在放大区，造成放大作用减弱，甚至失去放大作用。

对放大电路最基本的要求就是对输入信号进行尽可能地不失真放大。所谓不失真放大，是指输出信号要保持输入信号的波形、频率，仅对输入信号的幅度进行等比例放大。失真是指输出信号的波形与输入信号的波形各点不成正比例。

从三极管的特性曲线不难看出，三极管本身就是一个非线性元件，要想尽可能实现线性放大，一是要限制输入信号的幅度，二是要建立一个合适的静态工作点。从三极管的输出特性曲线分析，合适的 Q 应选择在交流负载线的中间点，此时 Q 位于放大区中间线性比较好的区域，距离截止区、饱和区较远，信号的变化范围较大，放大电路的工作范围最大。若 Q 选择得不合适，则会造成输出信号的非线性失真。Q 选择得过低，输出电压信号波形的正半周将有部分因进入截止区而被削平，这种失真称为截止失真；Q 选择得过高，输出电压信号波形的负半周将有部分因进入饱和区而被削平，这种失真称为饱和失真。

静态工作点 Q 对输出波形的影响如图 8-7 所示。在电路实际应用中，可在基极偏置电路中串联一个可调电阻器，通过调整 R_B 的大小来选择合适的静态工作点，尽可能实现最大幅度的不失真放大。

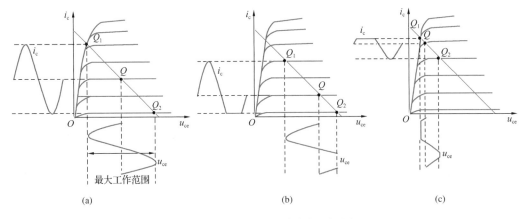

图 8-7 静态工作点 Q 对输出波形的影响

2. 放大电路的动态分析

放大电路的动态分析是指输入信号不为零时，分析其输入电阻、输出电阻及电压放大倍数。输入信号为小信号时可采用微变等效电路法。

(1)三极管的等效模型

在整个放大电路中,只有三极管是非线性元件,如果能把它线性化等效,就可用以前学过的电路定律进行分析计算。

在三极管输入特性曲线上,如果 Q 选择得合适,输入信号幅度小,在这一小段工作范围内可视为直线,就可把非线性的三极管线性化,如图 8-8(a)所示。

三极管的基-射极间可用一个电阻来等效,用 r_{be} 表示,它表示了三极管的输入特性,称为三极管的输入电阻。低频小信号三极管的输入电阻常用经验公式计算,即

$$r_{be}=r'_{bb}+(1+\beta)\frac{26}{I_{EQ}}$$

式中 r'_{bb}——基区等效电阻,一般取 $200\sim300\ \Omega$;

    I_{EQ}——三极管发射结的静态电流值,mA。

r_{be} 值一般为几百欧至几千欧。

从三极管的输出特性曲线上看,在放大区的中间位置,输出特性曲线为等间距的平行直线。特性曲线等间距表明 β 近似为常数,$i_c=\beta i_b$ 具有受控的恒流特性;特性曲线为直线表明集-射极间等效电阻 r_{ce} 为无穷大。因此,三极管的集-射极可等效成一个受控恒流源,如图 8-8(b)所示。综上所述,三极管线性化后的微变等效电路如图 8-9 所示。

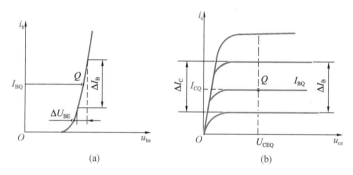

图 8-8   三极管的特性曲线及相关变化电量

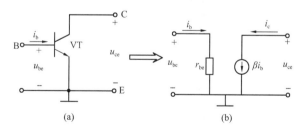

图 8-9   三极管线性化后的微变等效电路

(2)交流通道图的绘制原则

分析放大电路的动态特性就是分析电路的交流特性,因此要首先画出电路的交流通道图。画交流通道图时,电容视为短路,电感视为开路,直流电压源视为短路。共发射极放大电路的交流通道如图 8-10(a)所示。

(3)放大电路的微变等效电路

将放大电路交流通道图中的三极管用其微变等效电路模型替代,就可得到放大电路的

微变等效电路,如图 8-10(b)所示。

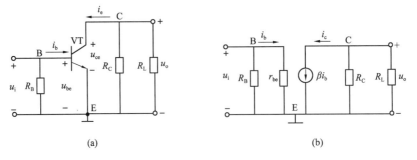

图 8-10   共发射极放大电路的交流通道和等效电路

(4)放大电路动态参数的估算

①电压放大倍数 A_u

电压放大倍数是指放大电路的输出电压与输入电压之比,它是衡量放大电路对信号放大能力的主要技术指标。

$$A_u = \frac{u_o}{u_i}$$

根据各极电流的方向,应用基尔霍夫定律分析图 8-10 可得

$$A_u = \frac{u_o}{u_i} = -\frac{i_c R'_L}{i_b r_{be}} = -\frac{\beta R'_L}{r_{be}}$$

式中:负号表示输出电压与输入电压反相;$R'_L = R_C /\!/ R_L$,称为放大电路的交流负载。

空载时 $R'_L = R_C$,则放大电路的放大倍数比带载时大。显然,放大电路带载越重(R_L 值越小),放大倍数下降越多。

负载开路时,放大电路的电流放大倍数为

$$A_i = \frac{i_o}{i_i} = \frac{i_c}{i_b} = \beta$$

可见,共发射极放大电路具有放大信号电压、电流、功率的能力。

衡量放大电路放大信号的能力,除了用放大倍数表示外,还可用增益来表示。增益就是放大倍数的对数,单位为分贝(dB)。

电压增益为

$$G_u = 20 \lg A_u$$

电流增益为

$$G_i = 20 \lg A_i$$

功率增益为

$$G_p = 10 \lg A_p$$

增益表示放大电路的放大能力:一是当电路的放大倍数比较高时便于读写;二是从增益的正负情况可直观地看出放大电路的性质是放大器还是衰减器(增益为负时,放大电路是衰减器);三是在多级放大电路中,可变放大倍数的乘法运算为增益的加法运算。

②放大电路的输入电阻 R_i

放大电路的输入端可等效成一个电阻,称为放大电路的输入电阻。该电阻对信号源而言可被视为负载,即

$$R_i = \frac{u_i}{i_i}$$

放大电路的输入电阻越大,信号源的电流越小,信号源内阻上的压降越小,放大电路得到的输入电压越大。对放大电路来说,输入电阻越大越好。

分析微变等效电路,考虑基极偏置电阻 $R_B \gg r_{be}$,可得

$$R_i = R_B /\!/ r_{be} \approx r_{be}$$

可见,共发射极放大电路的输入电阻不大,一般为几百欧至几千欧。

③放大电路的输出电阻 R_o。

从负载两端向放大电路看,得到的等效电阻就是放大电路的输出电阻。分析微变等效电路,取电流源的内阻为无穷大,则

$$R_o = R_C$$

对负载而言,放大电路可视为信号源。共发射极放大电路作为电压放大器,可等效成电压源,输出电阻等效成电压源的内阻。电压源的内阻越小,对输出电压的影响越小,带负载能力越强。对放大电路来说,输出电阻越小越好。共发射极放大电路的输出电阻不小,一般为几千欧。

例 8—2

共发射极放大电路如图 8-11 所示,已知三极管的 $\beta = 50$,信号源内阻 $r_S = 37\ \Omega$,基极偏置电阻 $R_B = 510\ \text{k}\Omega$,集电极电阻 $R_C = 6.8\ \text{k}\Omega$,负载电阻 $R_L = 6.8\ \text{k}\Omega$,直流电源 $V_{CC} = 20\ \text{V}$,试计算放大电路的电压放大倍数 A_u、考虑信号源内阻的放大电路的放大倍数 A_{uS}、负载开路时的电压放大倍数 A_{uo} 和输入电阻 R_i 和输出电阻 R_o。

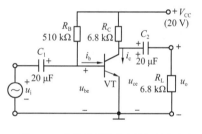

图 8-11　带信号源的共发射极放大电路

解: $I_{BQ} = \dfrac{V_{CC} - U_{BEQ}}{R_B} \approx \dfrac{V_{CC}}{R_B} = \dfrac{20}{510} \times 10^3 \approx 40\ \mu\text{A}$

$$I_{CQ} = \beta I_{BQ} = 50 \times 0.04 = 2\ \text{mA} \approx I_{EQ}$$

$$r_{be} = r'_{bb} + (1+\beta) \times \frac{26}{I_{EQ}} = 300 + (1+50) \times \frac{26}{2} = 963\ \Omega$$

$$R'_L = R_C /\!/ R_L = \frac{R_C R_L}{R_C + R_L} = \frac{6.8 \times 6.8}{6.8 + 6.8} = 3.4\ \text{k}\Omega$$

$$A_u = -\frac{\beta R'_L}{r_{be}} = -\frac{50 \times 3.4}{0.963} = -177$$

$$R_i \approx r_{be} = 963\ \Omega$$

$$A_{uS} = A_u \cdot \frac{R_i}{R_i + r_S} = -177 \times \frac{963}{963 + 37} = -170$$

$$A_{uo} = -\frac{\beta R_C}{r_{be}} = -\frac{50 \times 6.8}{0.963} = -353$$

$$R_o = R_C = 6.8\ \text{k}\Omega$$

可见,考虑信号源内阻的放大电路的电压放大倍数会下降,内阻越大,下降越多。负载开路时电路的电压放大倍数明显增大。计算共发射极放大电路的电压放大倍数时,千万不要忘记负号。带信号源的共发射极放大电路的等效电路如图8-12所示。

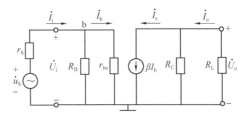

图8-12　带信号源的共发射极放大电路的等效电路

(三)分压偏置式放大器

1.分压偏置式放大器的电路组成

放大电路要想不失真地放大输入信号,就必须选择一个合适的静态工作点,而且在放大电路的工作过程中要保持静态工作点的稳定。造成静态工作点不稳定的因素很多,如电源电压的波动、器件老化、温度变化等。这些变化将影响三极管集电极的变化,造成静态工作点的运动变化,故容易造成非线性失真。因此,只要控制集电极电流不变,就稳定住了静态工作点。

在固定偏置式共发射极放大电路中,当温度升高时,集电极电流上升,静态工作点靠近饱和区,容易形成饱和失真。可以对电路简单的固定偏置式共发射极放大电路进行改进设计,就形成了分压偏置式放大器,其电路如图8-13所示。

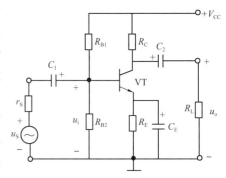

图8-13　分压偏置式放大器电路

在该电路中,R_{B1}、R_{B2}称为上、下偏置电阻,R_E为发射极电阻,C_E是发射极交流旁路电容。因I_{BQ}很小,故上、下偏置电阻可近似看作串联电路对直流电源电压进行分压。因电阻、电压源的参数几乎不随温度变化,故三极管的基极电位U_B不随温度的变化而变化,即

$$U_B \approx \frac{R_{B2}}{R_{B1}+R_{B2}} \cdot V_{CC}$$

在电路实际应用中,只有当流过上偏置电阻的电流远远大于三极管的基极电流时,该关系才能成立。一般偏置电阻取几十千欧,U_B值硅管取3~5 V,锗管取1~3 V。

2.分压偏置式放大器稳定静态工作点Q的原理

分压偏置式放大器的直流通道如图8-14(a)所示。当温度升高时,三极管的集电极电流I_{CQ}上升,发射极电流I_{EQ}也上升,发射极电位$U_E = I_{EQ}R_E$也上升,三极管的基极电位U_B却保持不变,这样基-射极间电压U_{BEQ}将下降。由三极管的输入特性曲线可见,U_{BEQ}下降将导致I_{BQ}下降,从而导致I_{CQ}下降。可见,温度上升导致I_{CQ}产生上升趋势,而分压偏置式放大器电路可使I_{CQ}产生下降变化趋势,这种微调作用将导致I_{CQ}几乎不随温度的变化而变化,

从而稳定了静态工作点。

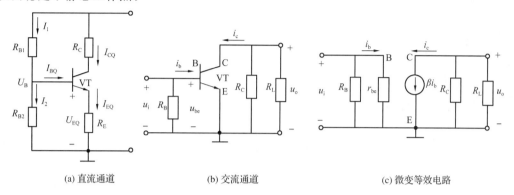

(a) 直流通道　　　　　　　　(b) 交流通道　　　　　　　　(c) 微变等效电路

图 8-14　分压偏置式放大器的直流通道、交流通道和微变等效电路

分压偏置式放大器稳定静态工作点的过程如下：

$$T \uparrow \rightarrow I_{CQ} \uparrow \rightarrow U_E \uparrow \rightarrow U_{BE} \downarrow \rightarrow I_{BQ} \downarrow \rightarrow I_{CQ} \downarrow$$

3. 分压偏置式放大器的分析

（1）静态工作点的估算

如图 8-14(a)所示，根据电路定律可得

$$U_B \approx \frac{R_{B2}}{R_{B1}+R_{B2}} \cdot V_{CC}$$

$$U_E = U_B - U_{BEQ}$$

$$I_{CQ} \approx I_{EQ} = \frac{U_E}{R_E}$$

$$U_{CEQ} \approx V_{CC} - I_{CQ}(R_C + R_E)$$

$$I_{BQ} = \frac{I_{CQ}}{\beta}$$

可见，在这种电路中，三极管的集电极电流只取决于电路中其他元件的参数，与三极管的参数无关。在维修时，即使用参数不同的三极管进行替代，也不会影响放大器的性能。分压偏置式放大器既提高了静态工作点的热稳定性，又便于维修，故应用比较广泛。

（2）动态参数的分析

分压偏置式放大器的交流通道如图 8-14(b)所示，微变等效电路如图 8-14(c)所示。根据电路定律可得

$$A_u = -\frac{\beta R_L'}{r_{be}}$$

$$R_i = R_{B1} /\!/ R_{B2} /\!/ r_{be} \approx r_{be}$$

$$R_o = R_C$$

可见，分压偏置式放大器在稳定静态工作点的同时，对共发射极放大电路的动态特性指标无影响。

放大电路如图 8-15 所示，$V_{CC}=12\ V$，$R_{B1}=30\ k\Omega$，$R_{B2}=10\ k\Omega$，$R_C=R_L=2\ k\Omega$，$R_{E1}=0.1\ k\Omega$，$R_{E2}=0.9\ k\Omega$，$\beta=50$。求：

（1）放大器的静态工作点；

（2）放大器的电压放大倍数 A_u、输入电阻 R_i、输出电阻 R_o。

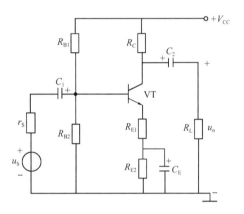

图 8-15　分压式电流负反馈偏置放大电路

解：（1）画出放大电路的直流通道，如图 8-16（a）所示，依据分压偏置式放大器估算静态工作点的公式可得

$$U_B \approx \frac{R_{B2}}{R_{B1}+R_{B2}} \cdot V_{CC} = \frac{10}{30+10}\times 12 = 3\ V$$

$$U_E = U_B - U_{BEQ} = 3 - 0.7 = 2.3\ V$$

$$I_{CQ} \approx I_{EQ} = \frac{U_E}{R_{E1}+R_{E2}} = \frac{2.3}{0.1+0.9} = 2.3\ mA$$

$$U_{CEQ} \approx V_{CC} - I_{CQ}(R_C + R_E) = 12 - 2.3\times(2+1) = 5.1\ V$$

$$I_{BQ} = \frac{I_{CQ}}{\beta} = \frac{2.3}{50}\times 10^3 = 46\ \mu A$$

（2）画出交流通道，如图 8-16（b）所示，发射极的电阻 R_{E1} 因没有并联旁路电容而保留在交流通道中。画出的微变等效电路如图 8-16（c）所示。

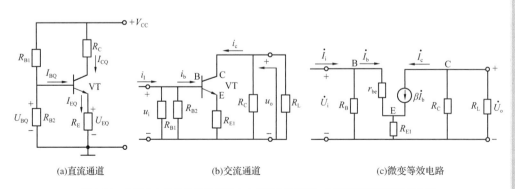

(a)直流通道　　　　　　　(b)交流通道　　　　　　　(c)微变等效电路

图 8-16　分压式电流负反馈偏置放大电路的直流通道、交流通道和微变等效电路

运用电路定律分析如下：

$$u_i = i_b[r_{be} + (1+\beta)R_{E1}]$$

$$u_o = -i_c(R_C /\!/ R_L) = -i_c R'_L$$

$$r_{be} = r'_{bb} + (1+\beta)\frac{26}{I_{EQ}} = 300 + (1+50) \times \frac{26}{2.3} = 877\ \Omega$$

$$A_u = \frac{u_o}{u_i} = -\frac{i_c R'_L}{i_b[r_{be} + (1+\beta)R_{E1}]} = -\beta \cdot \frac{R'_L}{r_{be} + (1+\beta)R_{E1}}$$

$$= -50 \times \frac{1}{0.877 + (1+50) \times 0.1} = -8.37$$

$$R_i = \frac{u_i}{i_i} = R_{B1} /\!/ R_{B2} /\!/ [r_{be} + (1+\beta)R_{E1}] = 30 /\!/ 10 /\!/ [0.877 + (1+50) \times 0.1] = 3.3\ \text{k}\Omega$$

$$R_o = R_C = 2\ \text{k}\Omega$$

可见，三极管的发射极有了电阻 R_{E1}，放大器的电压放大倍数会下降，但放大器的输入电阻会提高，从而可以减少对前级信号的索取。

（四）其他组态放大器

1. 共集电极放大器（射极跟随器）

（1）共集电极放大器的电路组成

共集电极放大器电路如图 8-17 所示，其中 R_B 是偏置电阻，R_E 是射极电阻，R_L 是负载，C_1、C_2 是耦合电容。基极和集电极组成放大器的输入回路，发射极和集电极组成放大器的输出回路，集电极是输入、输出回路的公共端，因此该电路称为共集电极放大器电路。因从发射极输出信号，故又称为射极输出器。

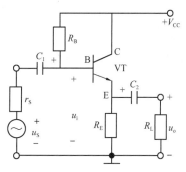

图 8-17　共集电极放大器电路

（2）电路的静态分析和动态分析

由电路分析可得该电路的电压放大倍数 A_u 为

$$A_u = \frac{u_o}{u_i} = \frac{(1+\beta)i_b(R_E /\!/ R_L)}{i_b[r_{be} + (1+\beta)(R_E /\!/ R_L)]} \leqslant 1$$

可见，共集电极放大器不具有电压放大能力，输出电压与输入电压大小相近、相位相同，因此该电路又称为射极跟随器。

在负载开路时，由电路分析可得该电路的电流放大倍数 A_i 为

$$A_i = \frac{i_o}{i_i} = \frac{i_e}{i_b} = 1 + \beta$$

可见，共集电极放大器具有电流放大能力。

由电路分析可得

$$R_i = \frac{u_i}{i_i} = R_B /\!/ [r_{be} + (1+\beta)(R_E /\!/ R_L)] \approx r_{be} + (1+\beta)R'_L$$

式中，R'_L 是发射极等效电阻，$R'_L = R_E /\!/ R_L$。流过它的电流是发射极电流，该电阻等效到基

微课

射极跟随器

极时要产生相同的电压,等效电阻应为$(1+\beta)$倍。可见,共集电极放大器的输入电阻大,有利于与微弱信号源的连接。根据这一特性,共集电极放大器常作为多级放大器的第一级(输入级),以减小信号源内阻上的压降,使放大器获得尽可能大的输入电压。

由电路分析可得该放大器的输出电阻R_o为

$$R_o = \frac{u_o}{i_o} = R_E \mathbin{/\mkern-5mu/} \frac{r_{be}+(R_B \mathbin{/\mkern-5mu/} r_S)}{1+\beta}$$

可见,共集电极放大器的输出电阻比较小,一般为几欧至几十欧,所以其带负载的能力比较强。根据这一特性,共集电极放大器常作为多级放大器的输出级。

根据共集电极放大器输入电阻大、输出电阻小和电压跟随的特性,常将其作为多级放大器的中间隔离级。

2. 共基极放大器

共基极放大器电路如图 8-18(a)所示,其中R_{B1}、R_{B2}称为上、下偏置电阻,R_C是集电极直流负载电阻,R_E是发射极电阻(其作用是稳定静态工作点),C_B是基极交流旁路电容,C_1、C_2为信号耦合电容。输入回路由三极管的发射极和基极组成,输出回路由集电极和基极组成,基极为公共端。

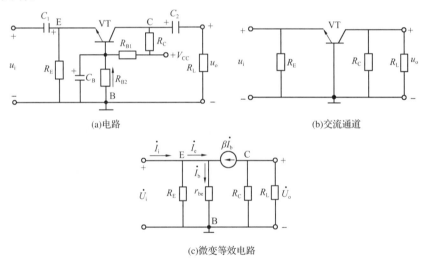

(a)电路 (b)交流通道

(c)微变等效电路

图 8-18　共基极放大器

理论分析指出:共基极放大器的电压放大倍数与共发射极放大器的电压放大倍数相同,输出电压与输入电压同相。共基极放大器不具有电流放大能力,其输入电阻小,适合与信号源是电流源的前级连接。其输出电阻较大,带负载能力较差。共基极放大器的频率特性好,适用于高频信号的放大。

■■ 场效应管基本放大器电路

场效应管属于电压控制型半导体器件,具有输入电阻高($1\times10^8 \sim 1\times10^9$ Ω)、噪声小、功耗低、动态范围大、易于集成、没有二次击穿现象、安全工作区域宽等优点,现已广泛应用于各种电路之中。场效应管组成放大器时也必须工作在放大状态,因此也需要有直流偏置电路部分。

场效应管基本放大器按公共端的不同,分为共源极、共漏极、共栅极三种连接方式。常用的偏置电路有自偏压式和分压式两种形式。场效应管基本放大器多用于集成电路。

多级放大器及其频率响应

（一）多级放大器电路

1. 多级放大器的电路组成

在实际应用中,放大器的输入信号总是很微弱的,要达到负载对信号强度的要求,放大器的放大倍数就要很高,这是单级放大器难以实现的。单级放大器的放大倍数过高,电路不稳定,要实现预期的性能指标,必须采用多级放大器。多级放大器的组成如图 8-19 所示。

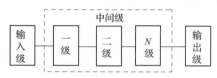

图 8-19　多级放大器的组成

输入级的作用主要是完成与信号源的有效连接并对信号进行放大,要求其输入电阻大,一般采用共集电极放大器;中间级主要实现对信号电压的放大,一般可采用多级共发射极放大器来实现;输出级主要用于对信号进行功率放大,输出负载所需要的功率,并和负载实现最佳匹配。在多级放大电路中,前级相当于后级的信号源,后级相当于前级的负载。在分析电路时要考虑前、后级间的相互影响。

2. 多级放大器的级间耦合方式

耦合就是指多级放大器各级之间的连接方式。一个单级放大器与另一个单级放大器之间的耦合称为级间耦合。对多级放大器的级间耦合有下列要求:减小信号在耦合电路上的损失,保证有用信号的顺利传输;尽量不影响前、后级原有的工作状态;信号失真要小。多级放大器常用的级间耦合方式有阻容耦合、变压器耦合、直接耦合三种。

（1）阻容耦合

阻容耦合的两级放大器电路如图8-20 所示。单级放大器是固定偏置的共发射极放大电路,两级间通过电容 C_2 和第二级的等效输入电阻 r_{be2} 实现耦合。电容具有"隔直通交"的作用,能使有用的交流信号顺利地从前级传递到后级,前、后级的静态工作点又互相不影响,便于电路的设计、调试和维修。该电路体积小,质量轻,应用广泛。

微课

阻容耦合方式

但阻容耦合方式不适合放大变化缓慢的信号。当信号频率较低时,耦合电容的阻抗变大,信号的传输效率将降低。一般信号的最大容抗是下一级输入电阻的 1/10 即可。若放大的是音频信号,耦合电容常用电解电容;若放大的是视频信号,耦合电容常用陶瓷电容(高频损耗小)。在选择耦合电容的容量时,要考虑电容的移相问题。

（2）变压器耦合

变压器耦合的两级放大器电路如图 8-21 所示。变压器 T_1 实现第一级和第二级间的耦合,变压器 T_2 实现第二级和负载间的耦合。变压器传递信号通过电磁感应,能顺利传递交流信号,又能隔断直流,从而使前、后级的静态工作点互不影响,便于电路的设计、调试和维修。变压器还具有变换阻抗的作用,容易实现前、后级间的最佳匹配。变压器耦合方式的缺点是体积和质量大,价格贵,频率特性不好。在传递高频信号时可采用磁芯。

微课

变压器耦合方式

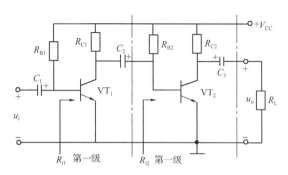

图 8-20　阻容耦合的两级放大器电路

(3)直接耦合

阻容耦合、变压器耦合的多级放大器的共同优点是前、后级的静态工作点相互影响小,便于电路的设计、调试和维修。其缺点是频率特性不好,这种现象是由耦合元件电容、变压器元件本身的特性决定的。把耦合元件去掉,将前、后级直接连接,其频率特性应是最好的,这种耦合方式称为直接耦合。直接耦合的两级放大器电路如图 8-22 所示。直接耦合的多级放大器不仅能放大交流信号,还能放大变化缓慢的信号(直流信号),因此直接耦合的多级放大器又被称为直流

直接耦合方式

放大器。其缺点是前、后级的静态工作点互相影响,不便于电路的设计、调试、维修。尤其是该电路受温漂影响很大,温漂信号被逐级放大,将严重干扰、压制有用信号,甚至造成无法使用。解决温漂现象最好的方法是采用差动放大器。直接耦合的多级放大器去掉了在集成电路中无法制作的变压器、大电容,因此在集成电路中普遍采用的是直接耦合方式。

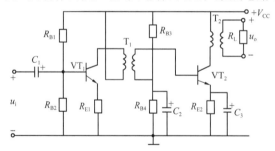

图 8-21　变压器耦合的两级放大器电路

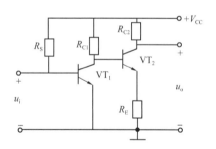

图 8-22　直接耦合的两级放大器电路

(二)多级放大器的分析

1.多级放大器的电压放大倍数

多级放大器的电压放大倍数为

$$A_u = \frac{u_o}{u_i}$$

在多级放大器电路中,前级的输出电压就是后级的输入信号,后级的输入电阻就是前级的负载。即从图 8-23 可以看出,$u_i = u_{i1}$,$u_{o1} = u_{i2}$,$u_o = u_{oN}$,则多级放大器的电压放大倍数为

$$A_u = \frac{u_o}{u_i} = \frac{u_{o1}}{u_i} \cdot \frac{u_{o2}}{u_{o1}} \cdot \cdots \cdot \frac{u_o}{u_{o(N-1)}} = \frac{u_{o1}}{u_{i1}} \cdot \frac{u_{o2}}{u_{i2}} \cdot \cdots \cdot \frac{u_{oN}}{u_{iN}} = A_{u1} \cdot A_{u2} \cdot \cdots \cdot A_{uN}$$

即多级放大器的电压放大倍数等于各级放大器的电压放大倍数之积。但在计算每级放

大器的电压放大倍数时要考虑前、后级的影响,把后级的输入电阻作为前级的负载即可。

多级放大器的增益等于各级放大器的增益之和,即

$$G_u = 20\lg(A_{u1} \cdot A_{u2} \cdots \cdot A_{uN}) = G_{u1} + G_{u2} + \cdots + G_{uN}$$

2. 多级放大器的输入电阻和输出电阻

多级放大器的输入电阻等于第一级放大器(输入级)的输入电阻,输出电阻等于最后一级放大器(输出级)的输出电阻。

(三)多级放大器的频率响应

1. 单级共射放大器的频率特性

理想放大器应对所有频率的信号实现等比例放大,但实际上放大器对不同频率信号的放大倍数是不同的。这是因为电路中存在着性能受频率影响的元件,如电容、电感、变压器、三极管 PN 结的寄生电容等。

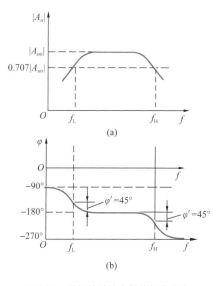

放大器的频率特性是指放大器的放大倍数
与信号频率的关系,它包括幅频特性和相频特性两部分,幅频特性是指放大器放大倍数的大小(模)与信号频率的关系,相频特性是指放大器的输出电压与输入电压的相位差和信号频率的关系。通过实验测得单级共射放大器幅频、相频特性曲线,如图 8-23 所示。

单级共射放大器的频率特性表明,在中间一段频率范围内,放大器的放大倍数最大且其大小 $|A_{uo}|$ 与信号频率无关。随着信号频率的增加或减小,放大倍数将逐渐减小,输出电压与输入电压的相位差也随着信号频率的变化而变化。

定义:当放大器的放大倍数下降到 $0.707|A_{uo}|$ 时,所对应的两个频率 f_L、f_H 分别称为放大器的下限截止频率和上限截止频率。两个频率之差称为放大器的通频带 B_W,它是放大器的一个重要性能指标。

图 8-23　单级共射放大器的频率特性

$$B_W = f_H - f_L$$

放大器的通频带越宽,表明放大器的频率失真越小,放大器的性能越好。

拓展资料

　　在国际上,卫星导航分配的频段有五个,即 1 164~1 215 MHz、1 215~1 240 MHz、1 240~1 260 MHz、1 260~1 300 MHz、1 559~1 610 MHz。其中美国的 GPS 和俄罗斯的 Glonass 占据了中间的四个黄金频道。中国的北斗系统目前具备了世界上较为先进的技术,具有信号稳定且功率更大的特点,故已经成为世界上具有较强竞争力的卫星系统。但是在频道上,北斗系统还存在和欧洲争夺最后一个黄金频道的问题。经过谈判,我国和欧洲可以共用一个频段,但目前欧洲的伽利略系统尚未完全建成,所以按照谁先使用频段就归谁的国际惯例,北斗系统已经占据了这个黄金频段,开始为中国和世界提供导航服务。

2. 影响放大器频率特性的因素

分析单级共射放大器的频率特性曲线,可将信号频率分为低频、中频、高频三个频段。

在中频段,放大器的耦合电容、发射极旁路电容容量较大,对中频信号的容抗较小,可视为短路;三极管的结电容、导线的分布电容容量较小,对中频信号的容抗很大,可视为开路。故在中频段,可认为所有的电容都不影响交流信号的传递,即放大倍数最大且与频率无关。

在低频段,三极管的结电容、导线的分布电容容抗比中频段大,可视为开路,影响可不计。放大器的耦合电容、发射极旁路电容的容抗随信号频率的减小呈逐渐增大趋势,信号衰减逐渐加大,输出信号的幅度逐渐减小,放大倍数越来越低,同时对输出信号产生的附加移相越来越大。

在高频段,放大器的耦合电容、发射极旁路电容的容抗比中频段更小,可视为短路,影响不计。随信号频率的增大,三极管的结电容、导线的分布电容的容抗呈减小趋势,分流信号的作用逐渐增强,输出信号的幅度降低很多,同时对输出信号产生的附加移相加大。而且高频时三极管的 β 也下降,这也将降低放大器的放大倍数。

如将耦合电容和发射极旁路电容去掉,则放大器的低频特性将变得较理想,但三极管结电容和导线分布电容的影响还在,放大器的高频特性不理想。此时放大器的幅频特性曲线如图 8-24 所示。可见,对低频信号要求高的放大器应采用直接耦合方式。

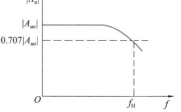

图 8-24　直接耦合放大器的频率特性

3. 多级放大器的频率特性

以阻容耦合的两级放大器为例来分析多级放大器的频率特性。设每级放大器的通频带相同,则两级放大器总的电压放大倍数为

$$A_u = A_{u1} A_{u2}$$

总的相位移为

$$\varphi = \varphi_{u1} + \varphi_{u2}$$

由此可得阻容耦合的两级放大器的频率特性,如图 8-25 所示。可见,多级放大器的放大倍数虽然提高了,但通频带比每个单级放大器的通频带窄。放大器的级数越多,总的通频带就越窄。放大器的通频带和增益是两个相互制约的量,因为放大器的通频带与增益的积是常数。在实际应用时,这两个参数指标要同时兼顾。

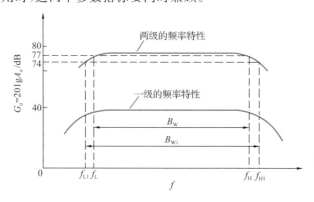

图 8-25　阻容耦合的两级放大器的频率特性

任务实施

（1）对元器件进行检验后，按照图 8-26 所示连接电路。

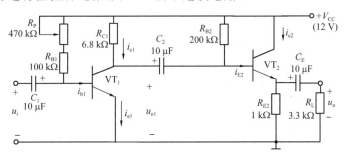

图 8-26 实训用放大器电路

（2）按操作步骤进行电路调试和参数测试。

（3）分析测试结果，得出结论。

（4）总结在操作过程中出现的问题及其解决方法。

操作 1 共发射极放大器的连接和测量

按照图 8-26 所示连接电路，要求从电容器 C_2 处断开，前级是共发射极放大器，后级是共集电极放大器，R_L 是负载。选择参数符合要求的元器件并进行检测。连接电路时要整齐、美观，尽量少用导线。导线的长短要选择合适，便于故障排查和参数测量。检查电路连接无误后再通电。

从信号源输出 $f=1$ kHz、$U_{ipp}=10$ mV 的正弦信号，调节 R_P，使 u_o 的波形达到最大不失真。关闭信号源，用电压表测量电路的静态工作点，将测量结果填入表 8-1 中。

表 8-1　　　　　　　　　　　共发射极放大器电路静态工作点的测量记录

U_{BEQ1}	I_{BQ1}	I_{CQ1}	U_{CEQ1}	β_1

根据 $A_u = U_{opp}/U_{ipp}$，计算电路的电压放大倍数。记录 u_i 和 u_o 的波形，注意两者之间的相位关系，将测量结果填入表 8-2 中。

表 8-2　　　　　　　　　　　共发射极放大器电路动态特性的测量记录

U_i	U_{is}	U_{o1}	U_{oo1}（空载）	A_{u1}	A_{uo1}（空载）	R_{i1}	R_{o1}

记录 $f=1$ kHz 时的 A_u。减小信号的频率 f，直到 $A_u=0.707A_{uo}$，记录此时的频率 f_L；增大信号的频率 f，直到 $A_u=0.707A_{uo}$，记录此时的频率 f_H。通频带 $B_W=f_H-f_L$，将测量和计算结果填入表 8-3 中。

表 8-3　　　　　　　　　　　共发射极放大器电路频率特性的测量记录

下限截止频率 f_{L1}	上限截止频率 f_{H1}	通频带 B_W

操作 2 共集电极放大器的连接和测量

按照图 8-26 所示连接电路,从信号源输出 $f=1$ kHz、$U_{ipp}=10$ mV 的正弦信号,调节 R_P,使 u_o 的波形达到最大不失真。关闭信号源,用电压表测量共集电极放大器的静态工作点,将测量结果填入表 8-4 中。

表 8-4 共集电极放大器电路静态工作点的测量记录

U_{BEQ2}	I_{BQ2}	I_{CQ2}	U_{CEQ2}	β_2

根据 $A_u=U_{opp}/U_{ipp}$,计算电路的电压放大倍数。记录 u_i 和 u_o 的波形,注意两者之间的相位关系,将测量和计算结果填入表 8-5 中。

表 8-5 共集电极放大器电路动态特性的测量记录

U_i	U_{is}	U_{o2}	U_{oo2}(空载)	A_{u2}	A_{uo2}(空载)	R_{i2}	R_{o2}

记录 $f=1$ kHz 时的 A_u。减小信号的频率 f,直到 $A_u=0.707A_{uo}$,记录此时的频率 f_L;增大信号的频率 f,直到 $A_u=0.707A_{uo}$,记录此时的频率 f_H。通频带 $B_W=f_H-f_L$,将测量和计算结果填入表 8-6 中。

表 8-6 共集电极放大器电路频率特性的测量记录

下限截止频率 f_{L2}	上限截止频率 f_{H2}	通频带 B_W

操作 3 阻容耦合的两级放大器的连接和测量

按照图 8-26 所示连接电路,按上述步骤对阻容耦合的两级放大器进行测量,并将结果填入表 8-7~表 8-9 中。

表 8-7 阻容耦合的两级放大器电路静态工作点的测量记录

U_{BEQ1}	I_{BQ1}	I_{CQ1}	U_{CEQ1}	U_{BEQ2}	I_{BQ2}	I_{CQ2}	U_{CEQ2}	β_1	β_2

表 8-8 阻容耦合的两级放大器电路动态特性的测量记录

U_i	U_{is}	U_{o1}	U_{oo1}(空载)	A_{u1}	A_{uo1}(空载)	R_i	R_o

表 8-9 阻容耦合的两级放大器电路频率特性的测量记录

下限截止频率 f_L	上限截止频率 f_H	通频带 B_W

练 习 题

1. 填空题

(1)在放大器中,三极管必须工作在_____状态,三极管的发射结要_____偏,集电结要_____偏;此时三极管的基-射极间等效成_____,集-射极间等效成_____控制的电流源;此时场效应管的栅极-源极间等效成_____,漏极-源极间等效成_____控制的电流源;具有_____流特性。

(2)静态工作点过高容易导致_____失真,静态工作点过低容易导致_____失真。

(3)画直流通道图时,将电容视为_____路,将电感视为_____路;画交流通道图时,将电容、直流电源视为_____路。

(4)共发射极放大器具有_____、_____、_____放大作用,输入电阻_____,输出电阻_____,输出电压与输入电压的相位_____;共集电极放大器具有_____、_____放大作用,输入电阻_____,输出电阻_____,输出电压与输入电压的相位_____,可作为多极放大器的_____、_____、_____级;共基极放大器具有_____、_____放大作用,输入电阻_____,输出电阻_____,输出电压与输入电压的相位_____,常用于_____频信号的放大。

(5)影响放大器低频特性的因素是_____和_____,影响放大器高频特性的因素是_____、_____电容和_____。

(6)多级放大器的输入电阻是_____级的输入电阻,输出电阻是_____级的输出电阻。多级放大器的总电压放大倍数等于单极放大器电压放大倍数的_____,总增益等于单极放大器增益的_____。

2. 判断题

(1)放大器必须具有功率放大作用。　　　　　　　　　　　　　　　　　　(　)

(2)合适的静态工作点应在交流负载线的中间。　　　　　　　　　　　　　(　)

(3)多级放大器的后级可看成前级的负载。　　　　　　　　　　　　　　　(　)

(4)多级放大器的前级可看成后级的信号源。　　　　　　　　　　　　　　(　)

(5)对信号源而言,放大器的输入电阻越小越好。　　　　　　　　　　　　(　)

(6)阻容耦合的多级放大器适于放大变化缓慢的信号。　　　　　　　　　　(　)

(7)在集成电路内部的放大器常采用直接耦合方式。　　　　　　　　　　　(　)

(8)LC 并联电路谐振时阻抗最大。　　　　　　　　　　　　　　　　　　(　)

(9)多级放大器的通频带比单极放大器的宽。　　　　　　　　　　　　　　(　)

(10)品质因素 Q 越大,调谐放大器的选择性越好。　　　　　　　　　　　(　)

3. 综合题

(1)分析图 8-27 所示电路能否实现放大功能,并说明原因。

(2)画出图 8-27 所示各个电路的直流通道图、交流通道图。已知 $V_{CC}=12\text{ V}$,$R_B=300\text{ k}\Omega$,$\beta=50$,$R_C=R_L=3\text{ k}\Omega$,求:

①放大器的静态工作点;

②放大器空载和带载时的电压放大倍数、输入电阻、输出电阻。

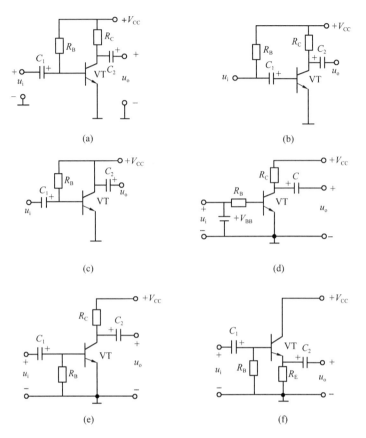

图 8-27 综合题(1)(2)图

(3)画出图 8-28 所示电路的直流通道图,分析稳定静态工作点的原理。已知 $R_{B1}=20$ kΩ, $R_{B2}=10$ kΩ, $\beta=50$, $V_{CC}=12$ V, $R_C=1$ kΩ, $R_E=1$ kΩ,试估算放大器的静态工作点。

(4)画出图 8-29 所示电路的直流通道图、交流通道图和微变等效电路。已知 $R_B=100$ kΩ, $r_S=100$ Ω, $\beta=50$, $V_{CC}=12$ V, $R_E=R_L=1$ kΩ,求:

①放大器的静态工作点;

②放大器的电压放大倍数、输入电阻、输出电阻。

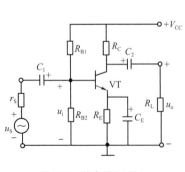

图 8-28 综合题(3)图

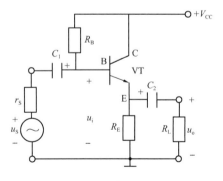

图 8-29 综合题(4)图

项目 *9*

集成运放与负反馈放大器的认识

◆ 了解集成运放电路的组成及其基本特性；了解集成运放主要参数的含义。

◆ 了解集成运放的两个工作区域及其工作条件；了解集成运放工作在线性区时"虚短"和"虚断"的特点。

◆ 能根据实际应用选择专用集成运放；会用集成运放组成实际电路。

◆ 了解反馈的概念，掌握负反馈放大器的四种组态及其特点；会判断负反馈放大器的四种组态，会分析负反馈电路的特点。

任务 21 集成运算放大器的认识

（1）各种类型、不同管脚数目的集成运算放大器若干。

（2）各种类型、不同规格的已经损坏的集成运算放大器若干。

观察图 9-1 所示常用集成运算放大器的外形与符号。

   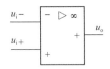

(a) 圆壳式　　　　(b) 双列直插式　　　　(c) 扁平式　　　(d)国家标准规定的电路符号

图 9-1　常用集成运算放大器

图 9-1(d)所示的符号是国家标准规定的集成运算放大器在电路中的符号,图 9-2 所示的符号是在许多电路中曾经用过的部颁符号,这个符号至今还在国内外的电路中广泛使用。

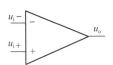

图 9-2　曾经用过的部颁符号

画电路图时,通常只画出集成运算放大器的输入端和输出端,输入端标"＋"的端是同相输入端,标"－"的端是反相输入端,电源端一般不画出。

知识链接

■集成运算放大器

运算放大器是一种高电压放大倍数、高输入电阻、低输出电阻的直接耦合式多级放大电路,由于它最初主要用在模拟计算机上进行数学运算,因此得其名,简称运放。集成运算放大器(简称集成运放)则是利用集成电路的制造工艺,将运算放大器的所有元件都做在同一块硅片上,然后再封装起来。随着电子技术的飞速发展,集成运放的性能不断提高,其应用领域已大大超出数学运算的范畴,在电子电路的各个领域都可以见到它的身影,现已成为模拟电子技术领域中的核心器件。

拓展资料

集成电路的封装是一种专门技术,最早的封装大都采用双列直插形式,但这种封装方式受工艺的影响,引脚一般都不超过 100 个。随着 CPU 内部的高度集成化,DIP 封装很快退出了历史舞台。我国集成电路封装企业的技术水平和国外基本同步,BGA 封装、WLP 封装和 SIP 系统级封装技术与业内领先的外资企业并列我国封测业第一梯队。

(一)集成运放电路的组成及其基本特性

在集成运放电路中,为了抑制零点漂移,对温漂影响最大的第一级电路毫无例外地采用了差动放大电路。集成运放电路的组成如图 9-3 所示。

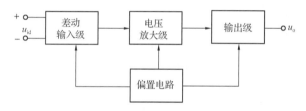

图 9-3   集成运放电路的组成

集成运放电路内部包含四个基本组成部分,即差动输入级、电压放大级、输出级和偏置电路。

1. 差动输入级

集成运放电路的输入级采用差动电路,整个电路工作在弱电流状态,而且电流比较恒定,有利于提高集成运放的共模抑制比。

2. 电压放大级

中间级的主要任务是提供足够大的电压放大倍数,因此,中间级不仅要求电压放大倍数高,还要求输入电阻比较高,以减小本级对前一级电压放大倍数的影响。中间级还要向输出级提供较大的推动电流。

3. 输出级

输出级的主要作用是提供足够的输出电流以满足负载的需要,同时还要具有较低的输出电阻和较高的输入电阻,以起到将电压放大级和负载隔离的作用,所以电路采用射极跟随的形式。此外,电路中还设有过载保护电路,以防止因输出端短路或负载电流过大而烧坏管子。

4. 偏置电路

偏置电路用于给各个电路提供所需的直流偏压,多采用恒流源和镜像微恒流源电路。

集成运放电路的输入级由差动放大电路组成,因此具有两个输入端。分别从两个输入端加入信号,在电路的输出端得到的信号相位是不同的,一个为反相关系,另一个为同相关系,所以把这两个输入端分别称为反相输入端和同相输入端。

（二）集成运放的主要参数

为了描述集成运放的性能，设立了许多技术指标，现将常用参数分别介绍如下：

1. 开环差模电压放大倍数 A_{od}

开环差模电压放大倍数 A_{od} 是指集成运放在无外加反馈回路情况下的差模电压放大倍数，即

$$A_{od} = \frac{u_o}{u_{id}}$$

对于集成运放而言，希望 A_{od} 大且稳定。目前高增益的集成运放，其 A_{od} 高达 140 dB（10^7 倍），与理想集成运放的 A_{od}（其指标为无穷大）没有实质上的差别。

2. 最大输出电压 U_{opp}

最大输出电压是指在额定电源电压下，集成运放的最大不失真输出电压的峰-峰值。如 F007 的电源电压为 ±15 V 时，其最大输出电压为 ±10 V，按 $A_{od} = 10^5$ 计算，当输出为 ±10 V 时，输入差模信号电压 u_{id} 的峰-峰值为 ±0.1 mV，所以集成运放的放大能力特别强。当输入信号超过 ±0.1 mV 时，电路的输出恒为 ±10 V，不再随 u_{id} 变化，此时标志着集成运放进入了非线性工作状态。

用电压传输特性曲线来表示集成运放的输入电压与输出电压的关系，如图 9-4 所示。

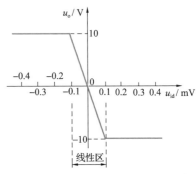

图 9-4 集成运放 F007 的电压传输特性

3. 差模输入电阻 r_{id}

r_{id} 的大小反映了集成运放的输入端向信号源索取电流的大小。一般要求 r_{id} 越大越好，普通型集成运放的 r_{id} 为几百千欧至几兆欧。在集成运放的输入级采用场效应管来组成差动放大器，可以提高放大器的差模输入电阻 r_{id}。F007 的 r_{id} 为 2 MΩ，理想集成运放的 r_{id} 为无穷大。

4. 输出电阻 r_{od}

输出电阻 r_{od} 的大小反映了集成运放在输出信号时的带负载能力。有时也用最大输出电流 I_{omax} 来表示它的极限带负载能力。理想集成运放的 r_{od} 为零。

5. 共模抑制比 K_{CMRR}

共模抑制比反映了集成运放对共模输入信号的抑制能力。K_{CMRR} 越大越好，理想集成运放的 K_{CMRR} 为无穷大。

6. −3 dB 带宽 f_H

实验发现，随着输入信号频率的上升，放大电路的电压放大倍数 A_{od} 将下降。当 A_{od} 下降到 $0.707A_{um}$ 时，所对应的信号频率称为截止频率，用分贝表示的话，此时正好是 3 dB，对应此点的频率 f_H 称为上限截止频率，又常称为 −3 dB 带宽。

当输入信号频率继续增大时，A_{od} 继续下降；当 $A_{od} = 1$ 时，与此对应的频率 f_c 称为单位增益带宽。F007 的单位增益带宽 $f_c = 1$ MHz。

7. 静态功耗 P_D

将集成运放电路的输入端短路、输出端开路时，集成运放所消耗的功率称为静态功耗

P_D,此值越小越好。

（三）集成运放的两个工作区域

1.理想集成运放

所谓理想集成运放,是指将集成运放的各项技术指标理想化,即:

(1)开环差模电压放大倍数 $A_\text{od}=\infty$;

(2)差模输入电阻 $r_\text{id}=\infty$;

(3)共模抑制比 $K_\text{CMRR}=\infty$;

(4)输出电阻 $r_\text{od}=0$;

(5)-3 dB 带宽 $f_\text{h}=\infty$。

在分析和计算电路性能时,用理想集成运放来代替实际集成运放所得到的误差,完全可以满足实际工程的允许误差范围要求,因此将集成运放视为理想集成运放是完全可行的。

集成运放有两个工作区域——线性区和非线性区。

2.理想集成运放工作的线性区

集成运放工作在线性区时,其输出电压与两个输入端的电压之间存在着线性放大关系,即

$$u_\text{o}=-A_\text{od}(u_- - u_+)$$

式中　u_o——集成运放的输出电压;

　　　u_-——反相输入端的对地电压;

　　　u_+——同相输入端的对地电压;

　　　A_od——开环差模电压放大倍数。

因为 u_o 为定值且 A_od 很大,所以必须要求 u_+ 和 u_- 的差很小才行。

理想集成运放工作在线性区时,有两个重要特点:

(1)两个输入端电位相等

因为集成运放工作在线性区,所以有

$$u_\text{o}=-A_\text{od}(u_- - u_+)$$

再考虑到理想集成运放的 $A_\text{od}=\infty$,所以必然有

$$u_+=u_-$$

可见,理想集成运放的同相输入端与反相输入端的电位相等,好像这两个输入端短路一样,这种现象称为"虚短"。

(2)输入电流等于零

因为理想集成运放的差模输入电阻 $r_\text{id}=\infty$,所以在其两个输入端均可以认为没有电流输入,即

$$i_+=i_-=0$$

此时集成运放的同相输入端和反相输入端的输入电流都等于零,如同这两个输入端内部被断开一样,这种现象称为"虚断"。

"虚短"和"虚断"是理想集成运放工作在线性区时的两条重要结论,也是理想集成运放工作在线性区的两个重要特点,常作为分析集成运放应用电路的出发点。

微　课

理想运放特性应用
(虚短与虚断)

3.理想集成运放工作的非线性区

如果集成运放的输入信号超出一定范围,则输出电压不再随输入电压线性增长,而将达到饱和。集成运放的电压传输特性如图 9-5 所示。

理想集成运放工作在非线性区时,也有两个重要特点:

(1)输出电压 u_o 具有两值性

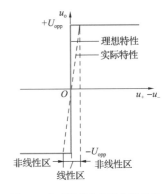

图 9-5 集成运放的电压传输特性

u_o 或等于集成运放的正向最大输出电压 $+U_{opp}$,或等于集成运放的负向最大输出电压 $-U_{opp}$,如图 9-5 中的实线所示。当 $u_+ > u_-$ 时,$u_o = +U_{opp}$;当 $u_+ < u_-$ 时,$u_o = -U_{opp}$。

在非线性区内,集成运放的差模输入电压可能很大,即 $u_+ \neq u_-$,此时电路的"虚短"现象将不复存在。

(2)输入电流等于零

在非线性区内,虽然集成运放两个输入端的电位不等,但因为理想集成运放的差模输入电阻 $r_{id} = \infty$,故仍可认为理想集成运放的输入电流等于零,即

$$i_+ = i_- = 0$$

实际集成运放的电压传输特性如图 9-5 中的虚线所示,但因集成运放的 A_{od} 值通常很高,所以其线性放大的范围很小,如在电路上不采取适当措施,即使在输入端加上一个很小的信号电压,也可能使集成运放超出线性工作范围而进入非线性区。

任务实施

操作 1 常用集成运放的直观识别

要求:对给定的各种集成运放进行直观识别,查阅相关手册,将查询结果填入表 9-1 中。

表 9-1　　　　　　　　　　常用集成运放的直观识别

序号	型号	集成运放的外形封装	集成运放的管脚数目	集成运放属于专用运放还是通用运放	备注
1	LM358				
2	TL082				
3	OP-27				
4	LF356				
5	F715				
6	HA2645				
7	CA3078				

操作 **2**　常用集成运放主要参数的查阅

要求:查阅集成运放手册,找出给定的各种集成运放的主要参数,将结果填入表 9-2 中。

表 9-2　　　　　　　　　　常用集成运放的主要参数

序号	型号	开环差模电压放大倍数	共模抑制比	输入共模电压范围	输入差模电压范围	差模输入电阻	最大输出电压	−3 dB 带宽(单位增益带宽)	静态功耗(静态电流)	转换速率	电源电压
1	LM358										
2	TL082										
3	OP-27										
4	LF356										
5	F715										
6	HA2645										
7	CA3078										

任务 22　负反馈放大器反馈类型的判断

知识链接

负反馈放大器

在电子技术领域广泛采用反馈技术,以改善电路的性能指标。可以说,凡是实际应用的电路,几乎没有不采用反馈技术的。

（一）反馈的基本概念

1. 反馈

在电子系统中,把放大电路输出量(输出电压或输出电流)的一部分或全部,通过某些元件和网络(称为反馈网络)反送到输入回路中,从而构成一个闭环系统,使放大电路的输入量不仅受到输入信号的控制,还受放大电路输出量的影响,这种连接方式称为反馈。引入了反馈的放大电路称为反馈放大电路,又称为闭环放大电路;未引入反馈的放大电路称为开环放大电路。

2. 反馈放大电路框图

所有的反馈放大电路都可以看成是由基本放大电路和反馈网络两大部分组成的,如图 9-6 所示。

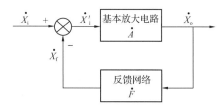

图 9-6　反馈放大电路框图

在该框图中,$\dot{X}_i$、$\dot{X}_i'$、$\dot{X}_o$、$\dot{X}_f$ 分别表示输入信号、净输入信号、输出信号和反馈信号,它们可以是电压,也可以是电流。符号"$\otimes$"表示比较环节,$\dot{X}_i$ 和 $\dot{X}_f$ 通过这个比较环节进行比较,得到差值信号(净输入信号)$\dot{X}_i'$,图 9-6 中的箭头表示信号的传输方向。其实信号的传输方向是个很复杂的问题,为了简化分析,在本书中规定信号的传输具有单向性,即在基本放大电路中,信号是正向传输的,输入信号只通过基本放大电路到达输出端。在反馈网络中,信号则是反向传输的,反馈信号只通过反馈网络回到电路的输入端。

反馈可以在一级放大电路内存在,称为本级反馈;也可以在多级放大电路中构成,称为级间反馈。级间反馈改善了整个放大电路的性能,本级反馈只改善本级放大电路的性能。

3. 反馈放大电路的一般关系式

定义:放大电路的开环放大倍数 $\dot{A}$ 为

$$\dot{A} = \frac{\dot{X}_o}{\dot{X}_i'}$$

反馈系数 $\dot{F}$ 为

$$\dot{F} = \frac{\dot{X}_f}{\dot{X}_o}$$

放大电路的闭环放大倍数 $\dot{A}_f$ 为

$$\dot{A}_f = \frac{\dot{X}_o}{\dot{X}_i}$$

净输入信号 $\dot{X}_i'$ 为

$$\dot{X}_i' = \dot{X}_i - \dot{X}_f$$

根据上述关系式可得

$$\dot{A}_f = \frac{\dot{A}}{1 + \dot{A}\dot{F}}$$

这是一个十分重要的关系式,又称为闭环增益方程,它是分析反馈放大电路的基本关系式。如果反馈放大电路工作在中频范围,而且反馈网络又是纯电阻性,则开环放大倍数 $\dot{A}$ 和反馈系数 $\dot{F}$ 皆为实数,此时开环放大倍数 $\dot{A}$ 可用 A 表示,反馈系数 $\dot{F}$ 可用 F 表示,闭环增益方程可写为

$$A_f = \frac{A}{1 + AF}$$

式中,$1 + AF$ 称为反馈深度,一般用 D 来表示,它是衡量反馈放大电路信号反馈强弱程度的重要指标。

(二)反馈放大电路的基本类型及分析方法

1. 反馈信号的极性及其判断方法

按照反馈信号极性的不同,放大电路中的反馈可分为正反馈和负反馈;按照反馈信号是交流还是直流,可以分为直流反馈和交流反馈。

(1)正反馈和负反馈

在放大电路中引入反馈信号后,放大电路的净输入信号增大,导致放大电路的放大倍数增大,这种反馈为正反馈;若反馈信号使放大电路的净输入信号减小,则导致放大电路的放大倍数降低,这种反馈为负反馈。

区别正、负反馈可用瞬时极性法。先假定放大电路输入端的输入信号在某一瞬时的极性为正,说明该点瞬时电位的变化是升高,在图中用"＋"表示。再根据各级放大电路对输入信号和输出电压的相位关系,依次推断出由瞬时输入信号所引起的电路中有关各点的电位的瞬时极性,分别用"＋"或"－"表示。例如当"＋"信号从三极管的基极输入时,信号从集电极上输出时为"－",从发射极上输出时则

交流正负反馈的判断

为"＋";信号经过电阻和电容时不改变极性;信号经过集成运放时,从同相端输入则输出与输入同相,从反相端输入则输出与输入反相。最后在放大电路的输入回路上比较反馈信号和原输入信号的极性。若反馈信号和原输入信号同相,则为正反馈;若反馈信号和原输入信号反相,则为负反馈。

这里要强调指出:在运用瞬时极性法时,反馈信号和原输入信号极性的比较一定要在放大电路输入回路的同一点上进行。这是因为在确定电路中各个点的信号极性时,一般都以该点对地的极性来进行判断,而信号经过电路和反馈网络回到放大电路的输入端时,不一定会回到原设为"＋"的输入点,有可能会回到放大电路输入端的另一点。单凭反馈回来的信号极性的正负来确定反馈是正反馈还是负反馈,容易导致判断错误。

图 9-7 所示为由单级集成运放组成的反馈放大电路。对于图 9-7(a)所示的电路,设输入信号 u_i 的瞬时极性为正,因为 u_o 与 u_i 同相,所以输出信号 u_o 的瞬时极性为正,u_o 经电阻 R_3、R_4 分压后得到的反馈电压 u_f 的极性也为正。反馈信号与输入信号在输入的同一端上且二者极性相同,可以看出,反馈信号将使净输入信号增大,所以为正反馈。

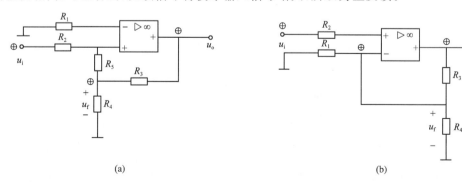

(a)　　　　　　　　　　　(b)

图 9-7　单级反馈放大电路反馈极性的判断

对于图 9-7(b)所示的电路，设输入信号 u_i 的瞬时极性为正，因为是从同相端输入，所以 u_o 和 u_f 的瞬时极性都为正，但由于反馈信号回到了输入的另一端，与原输入信号不在同一输入端，因此单凭反馈信号的极性是正就判断是正反馈显然是错误的。此时可以这样分析：设输入信号在集成运放的同相端瞬时极性为正，则其在输入的另一端（反相端）必为负。当正的反馈信号回到集成运放的反相端时，应和该点的原输入信号比较，显然它们的极性相反，所以是负反馈。

通过以上分析可以得出如下结论：当输入信号 u_i 与反馈信号 u_f 在输入端的不同点时，若反馈信号 u_f 的瞬时极性和输入信号 u_i 的瞬时极性相同，则为负反馈；若两者极性相反，则为正反馈。当输入信号 u_i 与反馈信号 u_f 在输入端的同一点时，若反馈信号 u_f 的瞬时极性和输入信号 u_i 的瞬时极性相同，则为正反馈；若两者极性相反，则为负反馈。这种方法称为瞬时极性同点比较法。

对于由单级集成运放组成的反馈放大电路，其正、负反馈的判别较容易：反馈信号回到反相输入端时为负反馈，回到同相输入端时为正反馈。

图 9-8 所示为由两个集成运放组成的多级反馈放大电路。由瞬时极性法可以判断出两个集成运放本级的反馈是负反馈，整个电路的级间反馈也是负反馈。因此，对于级间反馈来说，不能以反馈信号回到哪个输入端作为判据，要用瞬时极性法逐级确定信号极性，最后要进行同点比较以确定是正反馈还是负反馈。

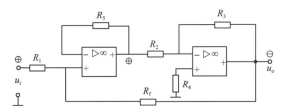

图 9-8　多级反馈放大电路反馈极性的判断

判断图 9-9 所示电路的反馈极性。

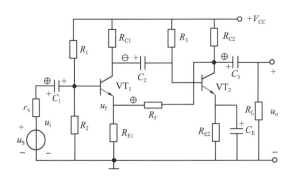

图 9-9　例 9-1 图

解：这是一个由分立元件组成的反馈放大电路，仍然可以用瞬时极性同点比较法来判断其反馈极性。

　　设输入信号 u_i 的瞬时极性为正,因为共发射极放大器的输出电压与输入电压相位相反,所以信号在电路中各点的瞬时极性如图 9-9 中的符号所示,信号 u_f 反馈到输入回路时的极性为正,但因为输入信号 u_i 和反馈信号 u_f 在电路输入端的不同点上,所以按照同点比较的结论,此反馈属于负反馈。

(2)直流反馈和交流反馈

　　在反馈放大电路中,若反馈回来的信号是直流量,则称为直流反馈;若反馈回来的信号是交流量,则称为交流反馈;若反馈信号中既有交流分量,又有直流分量,则称为交、直流反馈。

　　可以通过画出整个反馈电路的交、直流通路来区分是直流反馈还是交流反馈。反馈回路存在于直流通路中即直流反馈,反馈回路存在于交流通路中即交流反馈。反馈通路既存在于直流通路中,又包含在交流通路中,则为交、直流反馈。

　　例如在图 9-10(a)所示的电路中,因为电容 C 对直流而言相当于开路,R_2、R_3 串联在反相输入端和输出端之间,所以存在直流反馈。对于交流而言,电容 C 相当于短路,其交流通路如图 9-10(b)所示,可以看出,在交流通路中不存在反馈,所以这个电路不存在交流反馈。在图 9-10(c)所示的电路中,有两个级间反馈通路:由 R_{f1} 构成的反馈通路和由 C_2、R_{f2} 构成的反馈通路。R_{f1} 在直流通路和交流通路中都存在,输出信号的交流成分和直流成分都可以通过 R_{f1} 反馈到输入端,所以 R_{f1} 构成了交、直流级间反馈。而由于 C_2 的"隔直"作用,输出信号的直流成分被隔断,无法送回到电路的输入端,只有交流信号可以送回到输入端,因此 C_2、R_{f2} 只构成了交流反馈。

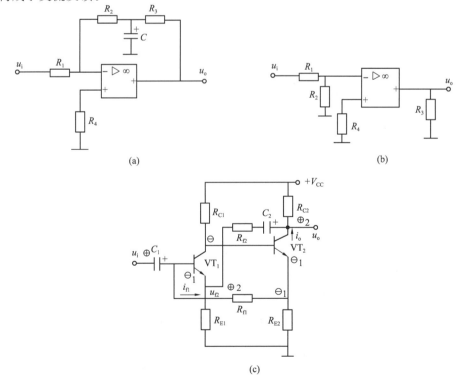

图 9-10　判断电路的直流反馈与交流反馈

直流负反馈在放大器中的作用只有一个,就是稳定放大器的静态工作点。前面分析过的分压偏置式放大器就是直流负反馈的典型应用。

交流负反馈的作用是改善放大器的动态特性,这在后面的内容中将会详细讨论。射极跟随器是交、直流负反馈共同存在的典型电路,它的静态工作点非常稳定,并且在动态特性上与共发射极放大器相比有很大的改善。

2. 负反馈放大器的四种组态

交流负反馈在放大器中有着特殊而广泛的应用,下面要讨论的负反馈指的都是交流负反馈。交流负反馈可以按照对放大器性能的要求组成不同类型。

从放大器的输出端,按照反馈网络在输出端的取样不同,可分为电压反馈和电流反馈。如果反馈取样是输出电压,则称为电压反馈;如果反馈取样是输出电流,则称为电流反馈。

从放大器的输入端,按照反馈信号与输入信号在输入端的连接方式不同,可分为串联反馈和并联反馈。如果反馈信号与输入信号在输入端串联,则称为串联反馈;如果反馈信号与输入信号在输入端并联,则称为并联反馈。

(1)电压反馈和电流反馈的区分

区分电压反馈和电流反馈可采用假想负载短路法。假设把输出负载短路,即 $u_o=0$,若反馈信号因此而消失,则为电压反馈;若反馈信号依然存在,则为电流反馈。

在图 9-11(a)所示的电路中,假想将负载 R_L 短路,短路后的等效电路如图 9-11(b)所示。可以看出,当负载短路后,$u_o=0$,没有了反馈回路,反馈信号也消失了,故为电压反馈。对于图 9-11(c)所示的电路,当负载短路后,尽管输出电压 $u_o=0$,但反馈回路依然存在,输出信号还能反馈到输入端,如图 9-11(d)所示,故为电流反馈。

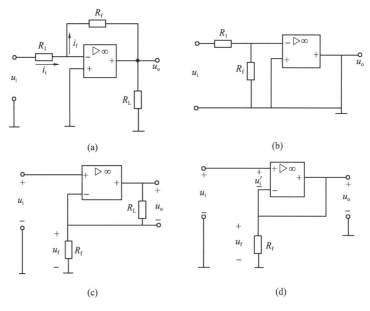

图 9-11 区分电路是电压反馈还是电流反馈

在图 9-12 所示的电路中,若负载接在 C_1 的输出端或 C_2 的输出端,分别判断此电路是电压反馈还是电流反馈。

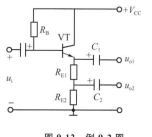

图 9-12　例 9-2 图

解:此电路图粗看是一个射极跟随器电路,但仔细分析又有所不同。若负载接在 C_1 的输出端,则是一个典型的射极跟随器电路,此时用假想负载短路法不难判断出 R_{E1} 和 R_{E2} 属于电压反馈;若负载接在 C_2 的输出端,则将负载短路后,R_{E1} 的反馈回路仍然存在,反馈信号还能回到输入端,可见在这种情况下,R_{E1} 构成了电流反馈。

(2)串联反馈和并联反馈的区分

区分串联反馈和并联反馈的方法:如果反馈信号和输入信号在输入端的同一节点引入,则为并联反馈;如果反馈信号和输入信号不在输入端的同一节点引入,则为串联反馈。

在图 9-11(a)所示的电路中,输入信号和反馈信号在同一个节点上,故为并联反馈;对于图 9-11(c)所示的电路,输入信号和反馈信号不在同一个节点上,故为串联反馈。

3. 四种类型的负反馈放大器

利用反馈信号在电路输出端的两种取样方式和在输入端的两种连接方式,可以构成四种类型的负反馈组态,即电压串联负反馈、电流串联负反馈、电压并联负反馈、电流并联负反馈。

(1)电压串联负反馈

在图 9-13 所示的电路中,由 R_1、R_f 构成输入、输出之间的反馈通路。在该电路的直流通路和交流通路中,均有该反馈存在,因此是交、直流反馈。对该集成运放而言,反馈加在集成运放的反相输入端,因此是交流负反馈。从输出端来看,若将负载 R_L 短路,则 $u_o=0$,$u_f=0$,反馈不存在,可见应属于电压反馈。从输入端来看,输入信号和反馈信号不在同一个节点,应属于串联反馈。因此,图 9-13 所示的放大电路为电压串联负反馈电路。

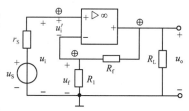

图 9-13　电压串联负反馈电路

电压负反馈有稳定输出电压 u_o 的作用。设输入信号不变,即 u_i 恒定,由于某种原因(如 R_L 增大)而使输出电压 u_o 增大,经 R_1、R_f 对 u_o 分压,使反馈电压 u_f 增大,结果使净输入电压 $u_i'=u_i-u_f$ 减小,将引起 u_o 向相反的方向变化,最后趋于稳定。上述过程可表示为

$$R_L\uparrow \rightarrow u_o\uparrow \rightarrow u_f\uparrow \rightarrow u_i'\downarrow$$
$$u_o\downarrow$$

可见,引入电压负反馈后,通过反馈的自动调节,可以使输出电压趋于稳定。

电压串联负反馈放大器的特点是输出电压稳定,输出电阻减小,输入电阻增大。它是良好的电压-电压放大器。

(2)电流串联负反馈

在图 9-14 所示的电路中,由 R_f 构成输入、输出间的反馈回路。反馈回路能同时通过交流和直流信号,因此该反馈为交、直流反馈。对该集成运放而言,反馈加在集成运放的反相输入端,因此是交流负反馈。从输出端来看,若将负载 R_L 短路,则当 $u_o = 0$ 时,反馈信号依然存在,说明该反馈属于电流反馈。从输入端来看,因为输入信号与反馈信号从集成运放的两个不同的输入端引入,所以属于串联反馈。因此,图 9-14 所示的电路为电流串联负反馈放大电路。

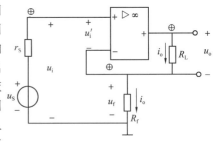

图 9-14　电流串联负反馈电路

电流负反馈具有稳定输出电流 i_o 的作用。设由于某种原因(如 R_L 增大)而使输出电流 i_o 减小,则反馈到输入端的电压 u_f 减小,则净输入电压 $u_i' = u_i - u_f$ 增大,从而使 i_o 增大,最后趋于稳定。其过程为

$$R_L \uparrow \rightarrow i_o \downarrow \rightarrow u_f \downarrow \rightarrow u_i' \uparrow$$
$$i_o \uparrow$$

可见,引入电流负反馈后,通过反馈的自动调节,可使输出电流趋于稳定。

电流串联负反馈放大器的特点是输出电流稳定,输出电阻增大,输入电阻增大。它是良好的电压-电流放大器。

(3)电压并联负反馈

电压并联负反馈电路如图 9-15 所示,由 R_f 构成输入、输出间的反馈通路,为交、直流反馈。用瞬时极性法可判断出是交流负反馈。从输出端来看,假设将负载 R_L 短路,则 $u_o = 0$,输入、输出间不存在反馈通路,反馈信号消失,故为电压反馈。从输入端来看,输入信号和反馈信号都在集成运放的反相输入端,故属于并联反馈。因此,图 9-15 所示的电路是电压并联负反馈电路。

电压并联负反馈放大器的特点是输出电压稳定,输出电阻减小,输入电阻减小。它是良好的电流-电压放大器。

(4)电流并联负反馈

在图 9-16 所示的电路中,由 R_f 构成输入、输出间的反馈通路。反馈通路能同时通过交流和直流信号,因此该反馈为交、直流反馈。用瞬时极性法可判断出是交流负反馈。当将 R_L 短路后,$u_o = 0$,但反馈信号依然存在,说明该反馈属于电流反馈;又因为输入信号与反馈信号均从集成运放的反相输入端引入,所以属于并联反馈。因此,该电路为电流并联负反馈电路。

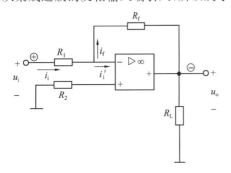

图 9-15　电压并联负反馈电路

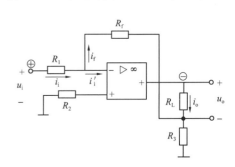

图 9-16　电流并联负反馈电路

电流并联负反馈放大器的特点是<u>输出电流稳定</u>,输出电阻增大,输入电阻减小。它是良好的<u>电流-电流放大器</u>。

注　意

> 不论采用什么组态的负反馈,反馈效果都受信号源内阻 r_S 的制约。当采用串联负反馈时,为能充分发挥负反馈的作用,应采用 r_S 小的信号源,以使输入电压保持稳定;当采用并联负反馈时, r_S 越大,输入电流越稳定,并联负反馈的效果越显著,因此此时应采用 r_S 大的信号源。

(三)负反馈对放大器性能的影响

从反馈放大器的闭环增益方程可以看出,当反馈深度 D 取不同的值时,反馈放大器的闭环增益和开环增益的关系是不同的。

1. 闭环增益的三种结果

对闭环增益方程可按以下三种情况加以讨论:

(1)当 $|1+\dot{A}\dot{F}|>1$ 时, $|\dot{A}_f|<|\dot{A}|$,即闭环增益降低了,说明此时放大器引入了负反馈。上述四种负反馈组态就属于这种情况。

(2)当 $|1+\dot{A}\dot{F}|<1$ 时, $|\dot{A}_f|>|\dot{A}|$,即闭环增益升高了,说明此时放大器引入了正反馈。在放大器级数不多的情况下,使用正反馈将单级放大器的增益变大,可使整机的灵敏度提高,有些简单收音机的电路就采用这样的设计方法以提高收音机接收微弱信号的能力。

(3)当 $|1+\dot{A}\dot{F}|=0$ 时, $|\dot{A}_f|=\infty$,说明放大器在没有输入信号时也会有信号输出,技术上称这种情况为自激振荡。自激振荡破坏了放大器的正常工作,在实际工作中是应当避免的。例如在会场中,若话筒和音箱摆放的位置不对,或者放大器的音量开得过大,则在喇叭中会发出啸叫声,这就是在电路中产生了自激振荡所导致的现象。

2. 负反馈对放大器性能的影响

放大器引入负反馈后,放大倍数有所下降,但却可以改善放大器的动态性能,如提高放大器的稳定性、减小非线性失真、抑制干扰、降低电路内部噪声和扩展通频带等。这些指标的改善对于提高放大器的性能是非常有益的,至于放大倍数的降低则可以通过增加放大器的级数来加以解决。

(1)提高放大器增益的稳定性

设放大器工作在中频范围,反馈网络为纯电阻,所以 A 、 F 都可用实数表示,则闭环增益方程为

$$A_f = \frac{A}{1+AF}$$

为了表示增益的稳定性,通常用增益的相对变化量作为衡量指标。

对闭环增益方程求微分,可得

$$\mathrm{d}A_f = \frac{(1+AF)\mathrm{d}A - AF\mathrm{d}A}{(1+AF)^2} = \frac{\mathrm{d}A}{(1+AF)^2}$$

等式两边同时除以 A_f，得

$$\frac{\mathrm{d}A_f}{A_f} = \frac{1}{1+AF} \cdot \frac{\mathrm{d}A}{A}$$

可见，引入负反馈后，闭环增益的相对变化量是开环增益的相对变化量的 $1/(1+AF)$。因此，反馈越深，放大器的增益就越稳定，放大器的增益越低。

例如某放大器的反馈深度 $D=1+AF=101$，$\frac{\mathrm{d}A}{A}=\pm10\%$，则

$$\frac{\mathrm{d}A_f}{A_f} = \frac{1}{101} \times (\pm10\%) \approx \pm0.1\%$$

即在开环增益的相对变化量为 10% 时，有了负反馈，电路闭环增益的相对变化量只有 0.1%，放大倍数的稳定性提高了 100 倍。

结合电路的具体负反馈组态，可以得出结论：电压负反馈使电路的输出电压保持稳定，电流负反馈使电路的输出电流保持稳定。

(2)减小对信号放大的非线性失真

由于三极管本身是非线性器件，因此放大器对信号进行放大时产生非线性失真是不可避免的，问题是如何尽量减小非线性失真。给三极管设置合适的工作点是减小非线性失真的首选方法。然而当输入信号的幅度较大时，即使三极管的工作点合适，也会导致三极管工作在特性曲线的非线性区，从而使输出波形失真，这是用合理设置工作点的方法也解决不了的问题，而用交流负反馈就可以在很大程度上解决这个问题。

如图 9-17(a)所示，假设正弦信号 x_i 经过开环放大电路后变成了正半周幅度大、负半周幅度小的输出波形，这时在电路中引入负反馈(图 9-17(b))，并假定反馈网络是不会引起失真的纯电阻网络，则在输入端将得到正半周幅度大、负半周幅度小的反馈信号 x_f。两者叠加后得到的净输入信号 x_{id} 则是正半周幅度小、负半周幅度大的波形，即引入了失真(称为预失真)，再经过基本放大电路放大后，就会使输出波形趋于正、负对称的正弦波，从而减小了非线性失真。

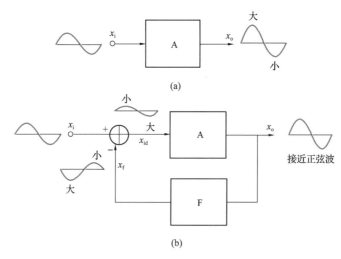

图 9-17 非线性失真的改善

意

对输入信号本身固有的失真,负反馈是无能为力的。

(3)抑制电路内部产生的干扰和噪声

对于三极管内部由于载流子的热运动而引起的干扰和噪声,负反馈也可以对其进行抑制,其原理与改善信号的非线性失真相同。

(4)扩展放大器的通频带

从前面的分析可以看出,负反馈的作用就是对电路输出的任何变化都有反向的纠正作用,因此放大电路在高频区及低频区放大倍数的下降,必然会引起反馈量的减小,从而使净输入量增加,放大倍数随频率的变化减小,幅频特性变得平坦,使上限截止频率升高,下限截止频率下降,从而扩展了放大器的通频带,如图 9-18 所示。

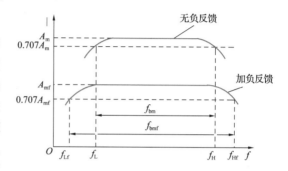

图 9-18　负反馈扩展放大器的通频带

可见,借助于负反馈的自动调节作用,放大器的幅频特性得以改善,其改善程度与反馈深度有关,$(1+AF)$越大,负反馈越强,通频带越宽。计算表明,负反馈使放大电路的通频带扩展了约$(1+AF)$倍。

(5)改变放大电路的输入电阻和输出电阻

通过引入不同组态的负反馈,可以改变放大器的输入电阻和输出电阻,以实现电路的阻抗匹配,提高放大器的带负载能力。

①串联负反馈使输入电阻增大,并联负反馈使输入电阻减小

设基本放大电路的输入电阻为 R_i,引入串联负反馈后,反馈电压与原输入信号串联,抵消原输入信号,使输入端的电流比无负反馈时减小,相当于负反馈放大器的输入电阻 R_{if} 增大。可以证明:

$$R_{if} = (1+AF)R_i$$

即串联负反馈放大器的输入电阻是无反馈时的$(1+AF)$倍。

引入并联负反馈后,反馈电流在放大器的输入端并联,使放大器的输入电流增大,相当于负反馈放大器的输入电阻减小。可以证明:

$$R_{if} = \frac{R_i}{1+AF}$$

即并联负反馈放大器的输入电阻是无反馈时的 $1/(1+AF)$。

②电压负反馈使输出电阻减小,电流负反馈使输出电阻增大

设基本放大电路的输出电阻为 R_o,引入电压负反馈后,放大器的输出电压非常稳定,相当于电压源的特性,而电压源的电阻是非常小的。可以证明电压负反馈放大器的输出电阻为

$$R_{of} = \frac{R_o}{1+AF}$$

即有电压负反馈放大器的输出电阻是无反馈时的 $1/(1+AF)$。

引入电流负反馈后,放大器的输出电流非常稳定,相当于恒流源的特性,而恒流源的电阻是很大的。可以证明电流负反馈放大器的输出电阻为

$$R_{\text{of}} = (1+AF)R_{\text{o}}$$

即电流负反馈放大器的输出电阻是无负反馈时的$(1+AF)$倍。

③结论

四种负反馈组态使放大器的输入电阻和输出电阻变化的规律如下:

● 电压串联负反馈的输入电阻增大、输出电阻减小;

● 电流串联负反馈的输入电阻增大、输出电阻增大;

● 电压并联负反馈的输入电阻减小、输出电阻减小;

● 电流并联负反馈的输入电阻减小、输出电阻增大。

任务实施

操 作 ◇ 放大器反馈类型和负反馈组态的判断

要求:针对给定的电路图号,判断放大器反馈类型和负反馈组态,填入表 9-3 中。

表 9-3   放大器反馈类型和负反馈组态的判断

电路图号	正/负反馈	交流/直流反馈	电压/电流反馈	串联/并联反馈	负反馈组态	本级/级间反馈
图 9-11						
图 9-12						
图 9-13						
图 9-14						
图 9-15						
图 9-16						

任务 23   集成运放的应用

知 识 链 接

▪▪ 集成运放的线性应用

集成运放工作在线性区时,可以实现反相比例运算、同相比例运算、加法运算、减法运算、对数运算、积分运算、微运算分、指数运算、乘法运算、除法运算以及它们的复合运算。

运算放大器最早应用于模拟信号的运算,至今,信号的运算仍是集成运放的一个重要而基本的应用领域。在各种运算电路中,要求电路的输出和输入的模拟信号之间实现一定的

数学运算关系,因此,运算电路中的集成运放必须工作在线性区。理想集成运放工作在线性区时的两个特点,即"虚短"和"虚断"是分析运算电路的基本出发点。

(一)比例运算电路

将输入信号按比例放大的电路,称为比例运算电路。按输入信号加在集成运放的输入端不同,比例运算电路又分为反相比例运算电路和同相比例运算电路。

1. 反相比例运算电路

反相比例运算电路又称为反相放大器,其电路如图 9-19 所示,R_1 是输入电阻,R_f 是反馈电阻,它引入了电压并联负反馈,因为集成运放的开环增益 A_{od} 非常大,所以 R_f 引入的是深度负反馈,这保证了集成运放工作在线性区。

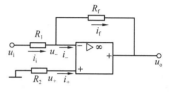

图 9-19　反相比例运算电路

因为集成运放在线性区有"虚断"和"虚短"的特点,所以

$$i_+ = i_- = 0 \qquad u_+ = u_- = 0$$

$$i_i = i_f \qquad \frac{u_i - u_-}{R_1} = \frac{u_- - u_o}{R_f}$$

由上述关系可求得反相比例运算电路的电压放大倍数为

$$A_{uf} = \frac{u_o}{u_i} = -\frac{R_f}{R_1}$$

电路的输入电阻为

$$R_{if} = \frac{u_i}{i_i} = R_1$$

电路的输出电阻很小,可以认为

$$R_o = 0$$

综合以上分析,对反相比例运算电路可以归纳得出以下结论:

(1)反相比例运算电路实际上是一个电压并联负反馈电路。在理想情况下,反相输入端的电位等于零,称为"虚地",因此加在集成运放输入端的共模输入电压很小。

(2)反相比例运算电路的电压放大倍数 $A_{uf} = -\dfrac{R_f}{R_1}$,即输出电压与输入电压的相位相反,比值 $|A_{uf}|$ 决定于电阻 R_f 和 R_1 之比,而与集成运放的各项参数无关。只要 R_f 和 R_1 的阻值比较准确而稳定,就可以得到准确的比例运算关系。也就是说,该电路实现了信号的反相比例运算。根据电阻取值的不同,比例 $|A_{uf}|$ 可以大于 1,也可以小于 1,这是该电路的一个很重要的特点。当 $R_f = R_1$ 时,$A_{uf} = -1$,此时的电路称为单位增益倒相器或反相器,用于在数学运算中实现变号运算。

(3)由于在电路中引入了电压并联负反馈,因此该电路的输入电阻不高,输出电阻很低。

(4)为了使集成运放中差动放大电路的参数保持对称,应使两个差分对管的基极对地电阻尽量一致,以免静态基极电流流过这两个电阻时,在集成运放的两个输入端产生附加的偏差电压。因此,要选择 $R_2 = R_1 /\!/ R_f$(R_2 称为平衡电阻,其值与动态特性的计算无关)。

2.同相比例运算电路

同相比例运算电路又称为同相放大器,其电路如图 9-20 所示。在电路中电阻 R_1 与 R_f 引入电压串联负反馈,保证集成运放工作在线性区。R_2 是平衡电阻,应保证 $R_2 = R_1 /\!/ R_f$,其值与动态特性的计算无关。

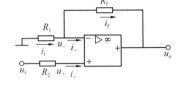

图 9-20 同相比例运算电路

在图 9-20 中,根据集成运放工作于线性区时有"虚短"和"虚断"的特点,可以得到

$$i_+ = i_- = 0 \qquad u_+ = u_-$$

故

$$u_- = \frac{R_1}{R_1 + R_F} \cdot u_o$$

而且

$$u_- = u_+ = u_i$$

因此

$$\frac{R_1}{R_1 + R_f} \cdot u_o = u_i$$

则同相比例运算电路的电压放大倍数为

$$A_{uf} = \frac{u_o}{u_1} = 1 + \frac{R_f}{R_1}$$

由理论分析可得出,同相比例放大电路的输入电阻为

$$R_{if} = (1 + A_{od} f) R_{id}$$

式中,F 为反馈系数,$F = \dfrac{u_f}{u_o} = \dfrac{R_1}{R_1 + R_f}$。

电路的输出电阻很小,可以认为

$$R_o = 0$$

对同相比例运算电路可以得出以下结论:

(1)同相比例运算电路是一个电压串联负反馈电路。因为 $u_- = u_+ = u_i$,所以不存在"虚地"现象,在选用集成运放时要考虑到其输入端可能具有较高的共模输入电压,要选用共模输入电压高的集成运放器件。

(2)同相比例运算电路的电压放大倍数 $A_{uf} = 1 + \dfrac{R_f}{R_1}$,即输出电压与输入电压的相位相同。也就是说,电路实现了同相比例运算。比例值只取决于电阻 R_f 和 R_1 之比,而与集成运放的参数无关,因此同相比例运算的精度和稳定性主要取决于电阻 R_f 和 R_1 的精度和稳定性。值得注意的是,比例值恒大于等于 1,所以同相比例运算电路不能完成比例系数小于 1 的运算。当将电阻取值为 $R_f = 0$ 或 $R_1 = \infty$ 时,显然有 $A_{uf} = 1$,这时的电路称为电压跟随器,在电路中用于驱动负载和减轻对信号源的电流索取。电压跟随器电路如图 9-21 所示。

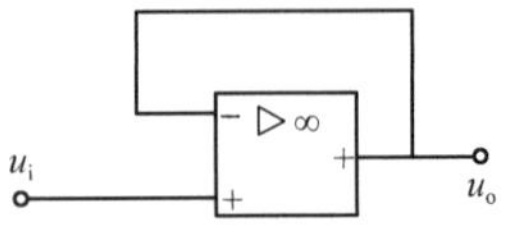

(3)由于在电路中引入了电压串联负反馈,因此同相比例运算电路的输入电阻很高,输出电阻很低。

图 9-21 电压跟随器电路

（二）加法与减法运算电路

1. 加法运算电路

如果在集成运放的反相输入端增加若干输入电路，则构成了反相加法运算电路，如图9-22 所示。

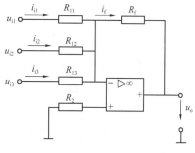

由集成运放工作于线性区有"虚短"和"虚断"的特点，可列出

$$i_{i1} = \frac{u_{i1}}{R_{11}}$$

$$i_{i2} = \frac{u_{i2}}{R_{12}}$$

$$i_{i3} = \frac{u_{i3}}{R_{13}}$$

图 9-22　反相加法运算电路

由基尔霍夫电流定律，可得出

$$i_f = i_{i1} + i_{i2} + i_{i3}$$

又因

$$i_f = -\frac{u_o}{R_f}$$

故

$$u_o = -\left(\frac{R_f}{R_{11}} \cdot u_{i1} + \frac{R_f}{R_{12}} \cdot u_{i2} + \frac{R_f}{R_{13}} \cdot u_{i3}\right)$$

当 $R_{11} = R_{12} = R_{13} = R_1$ 时

$$u_o = -\frac{R_f}{R_1}(u_{i1} + u_{i2} + u_{i3})$$

当 $R_1 = R_f$ 时

$$u_o = -(u_{i1} + u_{i2} + u_{i3})$$

微课

加法运算电路

该电路实现了几个输入量的加法运算。加法运算电路的结果也与集成运放本身的参数无关，只要各个电阻的阻值足够精确，就可以保证加法运算的精度和稳定性。

R_2 是平衡电阻，应保证 $R_2 = R_{11} /\!/ R_{12} /\!/ R_{13} /\!/ R_f$。

若在同相输入端增加若干输入电路，则可构成同相加法运算电路，如图 9-23 所示，R_f 与 R_1 引入了电压串联负反馈，所以集成运放工作在线性区。

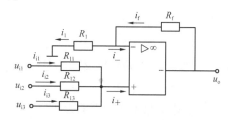

图 9-23　同相加法运算电路

同相加法运算电路的数学表达式比较复杂，而且在电路调试中，当需要改变某一项的系数而改变某一电阻值时，必须同时改变其他电阻的值，以满足电路的平衡条件。同相加法运算电路与反相加法运算电路相比较而言，尽管同相加法运算电路的调试比较麻烦，但因为其输入电阻比较大，对信号源所提供的信号衰减小，所以在仪器仪表电路中仍得到了广泛的使用。

2. 减法运算电路

在集成运放的同相输入端和反向输入端同时加入两个信号,再使集成运放工作于线性区,就可以实现两个信号的比例减法运算,如图 9-24 所示。

对这个电路的分析要用到叠加定理,表达式也比较复杂,若取 $\dfrac{R_3}{R_2}=\dfrac{R_f}{R_1}$,再取 $R_f=R_1$,则

$$u_o=u_{i2}-u_{i1}$$

显然,在电路的设计和调试中是很难做到这一点的,尤其是平衡电阻的取值,很难使电路既满足运算关系,又能达到平衡。

在实际中常采用反向比例求和的方法来实现两个甚至是多个量的减法运算,其电路如图 9-25 所示。

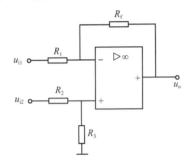

图 9-24　由单集成运放组成的减法运算电路

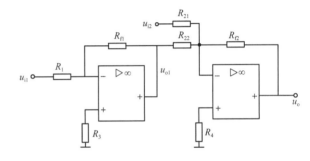

图 9-25　由两级集成运放组成的减法运算电路

在电路中采用两级反向比例运算电路,作为被减数的信号从第一级的反向输入端输入,其输出与作为减数的信号在第二级的反向输入端做求和运算,将每个反向比例运算电路的比例系数都取为 1,则在第二级的输出端就实现了两个量的减法运算,其表达式为

$$u_o=u_{i1}-u_{i2}$$

若改变每个输入信号的比例系数,则可以实现两个量或多个量的比例减法运算。

用这种方法很容易实现电路中各个元件参数的选取,并且每个电路中的平衡电阻也非常容易取值。

(三)积分和微分运算电路

1. 积分运算电路

在反相比例运算电路中,用电容 C_f 代替 R_f 作为反馈元件,引入电压并联负反馈,就成为积分运算电路,如图 9-26 所示。

由集成运放工作于线性区的"虚短"和"虚断"的特点,可得

$$u_-\approx 0$$

故

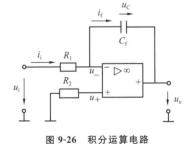

图 9-26　积分运算电路

$$i_1=i_f=\frac{u_i}{R_1}$$

再由电容量的定义可导出

$$u_o = u_C = -\frac{1}{C_f}\int_0^t i_f \mathrm{d}t = -\frac{1}{R_1 C_f}\int_0^t u_i \mathrm{d}t$$

可见，u_o 与 u_i 的积分成正比，式中的负号表示输出电压与输入电压在相位上是相反的，式中的 $R_1 C_f$ 称为积分时间常数。

如图 9-27(a)所示，当 u_i 为阶跃电压时，输出电压为

$$u_o = -\frac{u_i}{R_1 C_f} \cdot t$$

其波形如图 9-27(b)所示，输出电压最后达到负饱和值 $-U_{o(sat)}$ 后不再变化。

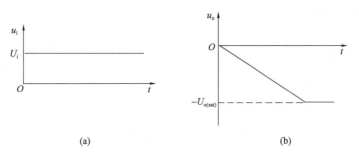

(a) (b)

图 9-27　积分运算电路的阶跃响应

在电工技术书籍的有关内容中也介绍过仅由电阻和电容组成的积分电路，但在该电路中，当输入信号 u_i 为常数时，电路的输出电压 u_o 随电容元件的被充电而按指数规律变化，其线性度较差。而采用由集成运放组成的积分电路，因充电电流基本是恒定的（$i_f \approx i_1 \approx \frac{u_i}{R_1}$），故输出电压 u_o 是时间 t 的一次函数，从而提高了它的线性度。

积分电路除用于信号运算外，在信号波形变换、自动化控制和自动测量系统中也有广泛的应用。

2. 微分运算电路

微分是积分的逆运算，电路的输出电压与输入电压呈微分关系，其电路如图 9-28(a)所示。

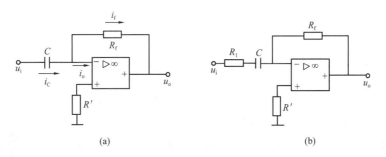

(a) (b)

图 9-28　微分运算电路

在电路中，反馈电阻 R_f 引入电压并联负反馈，保证集成运放工作在线性区。

由集成运放工作于线性区的"虚短"和"虚断"的特点并考虑到集成运放的"－"端是"虚

地",于是有

$$u_o = -R_f C \cdot \frac{du_i}{dt}$$

可见,输出电压 u_o 与输入电压 u_i 对时间的微分成正比关系。

基本微分电路由于对输入信号中的快速变化分量敏感,因此它对输入信号中的高频干扰不能有效抑制,使电路的性能下降。在实际的微分电路中,通常在输入回路中串联一个小电阻,如图 9-28(b)所示,可以提高电路的抗干扰能力。但是,这将影响到微分运算电路的精度,故要求 R_1 在数值上要取得合适,一般要在现场通过实验来确定。

■■ 集成运放的非线性应用

随着计算机技术的普及,运放在非线性方面的应用越来越广泛。电压比较器是模拟电路和数字电路的接口,广泛应用于自动控制和测量系统中,用来实现越限报警、模/数转换以及矩形波、锯齿波等各种非正弦信号的产生及变换等。

1.基本电压比较器

集成运放工作在非线性区可用于信号的电压比较,即对模拟信号进行幅值大小的比较,在集成运放的输出端则以高电平或低电平来反映比较的结果。电压比较器是信号发生、波形变换、模/数转换等电路常用的单元电路。

(1)基本电压比较器

图 9-29 所示为基本电压比较器的电路及电压传输特性。

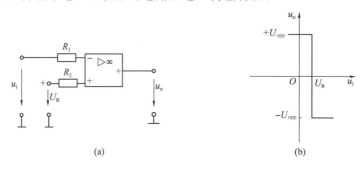

| (a) | (b) |

图 9-29　基本电压比较器的电路及电压传输特性

由集成运放的特点可以分析出:

①当输入信号 u_i 小于比较信号 U_R 时,有 $u_o = +U_{opp}$。

②当输入信号 u_i 大于比较信号 U_R 时,有 $u_o = -U_{opp}$。

③U_{opp} 是集成运放工作于非线性区时的输出电压最大值。

2.过零电压比较器

当比较电压 $U_R = 0$ 时,即输入电压和零电平进行比较,此时的电压比较器称为过零电压比较器,其电路及电压传输特性如图 9-30 所示。

当输入信号 u_i 为正弦波电压时,输出信号 u_o 为矩形波电压,如图 9-31 所示,该电路实现了波形变换的功能。

微 课

过零电压比较器

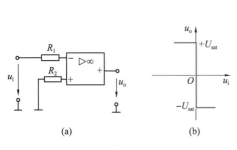

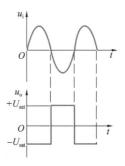

图 9-30　过零电压比较器的电路及电压传输特性　图 9-31　过零电压比较器将正弦波电压变换为矩形波电压

有时为了将输出电压限制在某一特定值,以便与接在输出端的数字电路的电平配合,可在电压比较器的输出端与反相输入端之间跨接一个双向稳压管 VD_Z,它具有双向限幅作用,其电路及电压传输特性如图 9-32 所示。电路中稳压管的稳定电压为 U_Z,输入信号 u_i 与零电平比较后,输出端的输出电压 u_o 被限制为 $+U_Z$ 和 $-U_Z$ 这两个规定值。

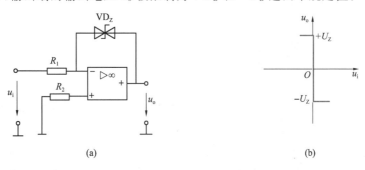

图 9-32　有限幅输出的过零电压比较器的电路及电压传输特性

3.迟滞电压比较器

基本电压比较器电路简单,但除了用于纯粹的电压比较外,几乎没有实用价值。因为在实际生产和实验中,不可避免地会有干扰信号,干扰信号的幅值如果恰好在比较电压附近,就会引起电路输出的频繁变化,致使电路的执行元件产生误动作。在这种情况下,电路的灵敏度高反而成了不利因素。如何将干扰信号滤除而又使电路能正常工作呢?采用迟滞电压比较器就可以解决这个矛盾。

微 课

迟滞电压比较器

(1)迟滞电压比较器的电路

迟滞电压比较器的电路如图 9-33 所示。在电路中引入了一个正反馈,使集成运放工作在非线性区,电路的输出只有两个值(高电平或低电平)。

(2)迟滞电压比较器的门限电压

当输入电压 u_i 很低而没有达到比较电平(又称为门限电压)时,集成运放输出为

图 9-33　迟滞电压比较器的电路

$$u_o = +U_Z$$

随着输入电压的增大,当 u_i 达到门限电压 U_{TH+} 时

$$U_{TH+} = \frac{R_1}{R_1 + R_2} \cdot U_{REF} + \frac{R_2}{R_1 + R_2} \cdot U_Z$$

若输入信号 u_i 再稍微大一点,则电压比较器的输出电平就会发生翻转,输出变为低电平,此时电路的输出电压为

$$u_o = -U_Z$$

随着输出电压的改变,门限电压也随之发生改变,门限电压变为

$$U_{TH-} = \frac{R_1}{R_1 + R_2} \cdot U_{REF} + \frac{R_2}{R_1 + R_2} \cdot (-U_Z)$$

(3)迟滞电压比较器的抗干扰作用

当输入电压从高逐渐降低时,要一直降低到小于新的门限电压 U_{TH-},电压比较器才能再次发生翻转,输出电压由低电平变为高电平,$u_o = +U_Z$,这就是"迟滞"名称的由来。当输入信号在两个门限电压之间时,电压比较器的输出不发生变化。若干扰信号正好处在这两个门限电压之间,则电路的输出没有变化,相当于把干扰信号给滤除掉了,其波形如图9-34所示。

迟滞电压比较器的特性还经常用电压传输特性来表示,如图9-35所示。

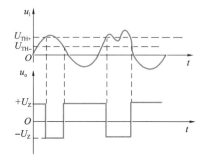

图 9-34　迟滞电压比较器对干扰信号的滤除　　　图 9-35　迟滞电压比较器的电压传输特性

一般将 $(U_{TH+} - U_{TH-})$ 称为回差电压,其取值范围要通过在电路的实际工作地点对干扰信号进行实验测量后才能决定。

在生产实践中,经常需要对温度、水位进行控制,这些都可以用迟滞电压比较器来实现。如东芝 GR 系列电冰箱的温控采用了电子温控电路,在这个电路中,迟滞电压比较器是必不可少的,只要改变门限电压的值,就可改变电冰箱的温控值。

迟滞电压比较器还经常用于对信号的整形,例如将一个波形比较差的矩形波整形为比较理想的矩形波,如图9-36所示。

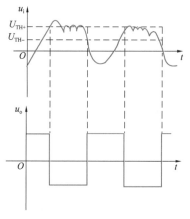

图 9-36　迟滞电压比较器用于对矩形波的整形

任务实施

操作 1　集成运放的线性应用

列出集成运放在运算方面的线性应用,画出电路图,写出计算公式,填入表 9-4 中。

表 9-4　　　　　　　　　　集成运放在运算方面的线性应用

序号	运算形式	典型电路图	计算公式($U_o = ?$)	平衡电阻取值($R_2 = ?$)	备注
1	反向比例				
2	同向比例				
3	反向比例求和				
4	减法				
5	微分				
6	积分				
7	反号				

操作 2　反相比例运算电路的测量

按反相比例运算电路连线,在输入端 u_i 加直流电压,按表 9-5 所给的数值进行测量,并计算出电压增益;改变阻值后再进行测量,将测量结果填入表 9-5 中。

表 9-5　　　　　　　　　　反相比例运算电路加直流电压的测量结果

	u_i/mV	100	200	300	−300	−200	−100
$R_1 = 10\ \text{k}\Omega$	u_o(计算值)						
	u_o(测量值)						
	A_f(计算值)						
$R_1 = 51\ \text{k}\Omega$	u_o(计算值)						
	u_o(测量值)						
	A_f(计算值)						
$R_1 = 510\ \text{k}\Omega$	u_o(计算值)						
	u_o(测量值)						
	A_f(计算值)						

注意

在测量时,每次改变电阻 R_1 的阻值时应同时变化平衡电阻的阻值,保证 $R_2 = R_1 /\!/ R_f$。

将 u_i 改换为音频信号,取其频率为 1 kHz,幅度为 100 mV,按表 9-6 所给的数值用示波器进行观测,记录波形,用毫伏表测定信号的大小并计算相应的电压增益;改变阻值后再进行测量,并将结果填入表 9-6 中。

表 9-6   反相比例运算电路加音频信号的测量结果

电阻	u_i	u_o	A_f
$R_1 = 10$ kΩ	波形:u_i/mV	波形:u_o/mV	
$R_1 = 51$ kΩ	波形:u_i/mV	波形:u_o/mV	
$R_1 = 510$ kΩ	波形:u_i/mV	波形:u_o/mV	

注 意

在测量时,每次改变电阻 R_1 的阻值时应同时变化平衡电阻的阻值,保证 $R_2 = R_1 /\!/ R_f$。

练 习 题

1. 理想集成运放的 $A_{od} =$ _____,$r_{id} =$ _____,$r_{od} =$ _____,$I_B =$ _____,$K_{CMRR} =$ _____。

2. 理想集成运放工作在线性区和非线性区时各有什么特点? 分别能得出什么重要关系式?

3. 集成运放应用于信号运算时工作在什么区域?

4. 试比较反相比例运算电路和同相比例运算电路的特点(如闭环电压放大倍数、输入电阻、共模输入信号、负反馈组态等)。

5. "虚地"的实质是什么? 为什么"虚地"的电位接近于零而又不等于零? 在什么情况下才能引用"虚地"的概念?

6. 为什么由集成运放组成的多输入运算电路一般多采用反相输入的形式,而较少采用同相输入的形式?

7. 同相比例运算电路如图 9-37 所示,其中 $R_1 = 3$ kΩ,若希望它的电压放大倍数为 7,试估算电阻 R_f 和 R_2 的值。

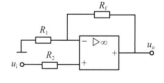

图 9-37   练习题 7 图

项目 *10*

数字逻辑电路的认识

知识目标与技能目标

◇ 了解数字系统中的计数体制和编码，能进行二进制、十进制数之间的相互转换，能识别 8421BCD 码。

◇ 了解逻辑变量的概念和基本逻辑运算。

◇ 了解逻辑代数中的基本定律和规则。

◇ 掌握半导体开关器件的特性，能运用二极管和三极管做开关器件。

◇ 掌握最基本的三种逻辑关系电路，能将最基本的逻辑关系用逻辑符号表示出来。

任务 24　数字系统中的计数体制和编码的认识

世界已经进入了数字时代,而数字时代是建立在数字电子技术基础上的。数字电子技术在近四十年来得到了飞速发展,已经渗透到各个领域,极大地改变了世界的面貌。

数字电子技术的理论基础是逻辑代数,它虽然是一门有着近两百年历史的数学学科,却是指导和设计数字电路的理论基础和强大工具。逻辑代数将为你开启一扇分析和设计数字电路的大门,在此基础上发明的逻辑电路将带你迈进数字世界的殿堂。

知识链接

数字系统中的计数体制和编码

在日常生产、生活中,人们已经习惯了使用十进制的计数体制,而在电子电路系统中,采用二进制计数体制更加方便和实用。

数制是计数体制的简称,在电子技术领域常用到的数制除了二进制外,还有八进制和十六进制。这些数制所用的数字符号称为数码,某种数制所用数码的个数称为基数。

拓展资料

中国古人创造的许多成语中蕴含了数制的思想,比如"半斤八两"就是十六进制的口语化,"屈指可数"就是十进制的具体表现,"合二为一"包含了二进制的结构。

（一）数字系统中常用的数制

1. 十进制数

常用的十进制数由 0～9 十个数码组成,十进制数数制的基数为 10。数的组成从左向右由高位到低位排列,计数时"逢十进一,借一当十"。数码在不同的位置上,其代表的数值不同,称之为位权,或简称为权。

2. 二进制数

二进制数只有两个数码,用 0 和 1 表示,两个数码按一定的规律排列起来,可以表示数值的大小,其计数规律是"逢二进一,借一当二"。二进制数数制的基数是 2。

例如 1011 这个四位二进制数,它可以写成

$$1011 = 1 \times 2^3 + 0 \times 2^2 + 1 \times 2^1 + 1 \times 2^0$$

它们是从低位到高位依次排列的,低位在右,高位在左。

3. 八进制数

八进制数有 0～7 共八个数码,基数为 8,计数时"逢八进一,借一当八"。其组成也是从左向右、由高位到低位排列,每一位的位权值为 8 的整数次幂。八进制数按位权展开的方法

与二进制数相同,例如 371_8 这个三位八进制数,它可以写成

$$371=3\times8^2+7\times8^1+1\times8^0$$

4.十六进制数

十六进制数比二进制数和八进制数的位数少,因此在现代计算机技术中得到了广泛使用。十六进制数有 0~9 和 A、B、C、D、E、F 共 16 个数码,基数为 16,计数时"逢十六进一,借一当十六"。数的组成也是从左向右、由高位到低位排列,每一位的位权值为 16 的整数次幂。例如 3FA2 这个四位十六进制数,它可以写成

$$3FA2=3\times16^3+15\times16^2+10\times16^1+2\times16^0$$

5.不同进制数的相互转换

有了权的概念,就能够很容易地将不同进制的数进行相互转换。

(1)二进制数和十进制数的互换

欲将二进制数转换成十进制数,只要将二进制数中为 1 的那些位的权相加,所得的值就是它所对应的十进制数。例如将二进制数 1011 转换成十进制数,可写成

$$(1011)_2=1\times2^3+1\times2^1+1\times2^0=8+2+1=(11)_{10}$$

欲将十进制数转换为二进制数,可采用"除二取余法"。即将十进制数连续除以 2,直至商为零。十进制数被 2 除时,每次所得的余数非 1 即 0,将余数由下到上依次排列,就得到相应的二进制数。例如

```
                      余数
   2 │  29  …………………1      低
   2 │  14  …………………0      位
   2 │  7   …………………1      ↑
   2 │  3   …………………1      高
   2 │  1   …………………1      位
         0
```

结果为:$(29)_{10}=(11101)_2$。

(2)十六进制数、八进制数和十进制数的互换

将十六进制数、八进制数转换成十进制数的方法和将二进制数转换成十进制数的方法相似,只需将十六进制数或八进制数的各位数码与该位位权的乘积求和,例如将十六进制数 4A5F 转换成十进制数,可写成

$$(4A5F)_{16}=4\times16^3+10\times16^2+5\times16^1+15\times16^0=(19039)_{10}$$

将八进制数 $(247)_8$ 转换成十进制数,可写成

$$(247)_8=2\times8^2+4\times8^1+7\times8^0=(167)_{10}$$

将十进制数转换成十六进制、八进制数的方法和将十进制数转换成二进制数的方法相似,只需将十进制数分别除以 16 和 8 再取余,一直除到商为零。第一次得到的余数为最低位。例如将十进制数 125 转换成八进制数、十六进制数,可分别写成

```
                      余数
   8 │  125  …………… 5      低位
   8 │  15   …………… 7      ↑
   8 │  1    …………… 1      高位
         0
```

结果为：$(125)_{10}=(175)_8$。

```
                              余数
        16 │  125  ··········D      低位
           16 │  7   ··········7      ↑
                   0                   高位
```

结果为：$(125)_{10}=(7D)_{16}$。

(3)二进制数和十六进制数、八进制数的互换

由于十六进制数的基数为 $16=2^4$，因此一个四位二进制数就相当于一个一位十六进制数，所以将二进制数转换成十六进制数的方法是，将一个二进制数从低位向高位，每四位分成一组，每组对应转换成一位十六进制数。例如

$$(100110111)_2=(137)_{16}$$

八进制数的基数为 $8=2^3$，因此一个三位二进制数就相当于一个一位八进制数，所以将二进制数转换成八进制数的方法是，将一个二进制数从低位向高位，每三位分成一组，每组对应转换成一位八进制数。例如

$$(100110111)_2=(467)_8$$

将十六进制数转换成二进制数的方法，是从高位向低位开始，将每一位十六进制数转换成四位二进制数。例如

$$(A19)_{16}=(101000011001)_2$$

将八进制数转换成二进制数的方法，是从高位向低位开始，将每一位八进制数转换成三位二进制数。例如

$$(712)_8=(111001010)_2$$

6. 二进制数的四则运算

和十进制数一样，二进制数也能进行四则运算。

加法运算规则为

$$0+0=0 \quad 0+1=1 \quad 1+0=1 \quad 1+1=10$$

乘法运算规则为

$$0\times0=0 \quad 0\times1=0 \quad 1\times0=0 \quad 1\times1=1$$

减法和除法为加法和乘法的逆运算。例如

```
   加法          减法            乘法                  除法

                                1101                      11
                              ×101           110 ) 10010
                                               110
   1110         1011          1101                 110
  +1011         -101          0000                 110
  11001          110          1101                 110
                            _____              ____
                            1000001                 0
```

要特别注意，在加法运算中，$1+1=10$，即逢二进一。在减法运算中，当某位被减数小于减数时，要向相邻高位借位，即借一当二。

（二）数字系统中常用的编码

1. 代码、编码与二进制码

在数字系统中，常采用一定位数的二进制码来表示各种图形、文字、符号等特定信息，通常称这种二进制码为代码。所有的代码都由二进制码 0 和 1 的不同组合构成，但这里的二进制码并不表示数值的大小，而是仅表示某种特定信息。n 位二进制码有 2^n 种不同的组合，可以代表 2^n 种不同的信息。建立这种代码与图形、文字、符号或特定对象之间一一对应关系的过程，就称为编码。下面介绍几种常用的二进制码。

2. BCD 码

BCD 码是用四位二进制数来表示一位十进制数。由于四位二进制数有 16 种不同的状态组合，而十进制数只有 0～9 十个数码，因此只需选择其中的十种状态组合，就可以实现编码。从 16 种组合中选择十种组合大约有 290 亿种方案，所以 BCD 码有多种编码方案。表10-1 列出了 0～9 十个数码的常用编码方案。

表 10-1　　　　　　　　　　　　　　　　　常用 BCD 码

十进制数	8421BCD 码	5421BCD 码	2421BCD 码	余三码
0	0000	0000	0000	0011
1	0001	0001	0001	0100
2	0010	0010	0010	0101
3	0011	0011	0011	0110
4	0100	0100	0100	0111
5	0101	1000	1011	1000
6	0110	1001	1100	1001
7	0111	1010	1101	1010
8	1000	1011	1110	1011
9	1001	1100	1111	1100

8421BCD 码是一种最基本、最常用的编码，它是一种有权码，其中"8421"是指在这种编码中，代码从高位到低位的位权值分别为 8、4、2、1。用 8421BCD 码对十进制数进行编码，正好和十进制数的各位数字分别用四位二进制数表示出来相吻合。例如可将十进制数 $(57)_{10}$ 用 8421BCD 码表示为

微课

8421BCD 编码器工作原理

$$(57)_{10} = (0101\ 0111)_{8421BCD}$$

虽然在一组 8421BCD 码中，每位的位权值与四位二进制数的位权值相同，但二者的意义是完全不同的，一个是代码，一个是数值。在 8421BCD 码中，每一组的四位数之间是二进制关系，组与组之间却是十进制关系。

任务实施

操作 *1* 数制之间的转换

（1）将下列二进制数转换成十进制数：1011；1010010；111101。

（2）将下列十进制数转换成二进制数：25；100；1025。

（3）将下列十进制数转换成八进制数和十六进制数：45；127；1024。

（4）将下列八进制数转换成十进制数：45；127；1024。

（5）将下列十六进制数转换成十进制数：2A；D12；1024。

（6）将下列二进制数转换成八进制数和十六进制数：1011；1010010；111101。

（7）将下列八进制数转换成二进制数：45；127；1024。

（8）将下列十六进制数转换成二进制数：2A；D12；1024。

操作 2　十进制数与二进制码的转换

（1）将下列十进制数用 8421BCD 码写出来：27；138；5209。

（2）将下列 8421BCD 码所对应的十进制数写出来：10010010100001100100；10000110.0011。

任务 25　逻辑代数和逻辑门电路的基本认识

知识链接

▓ 逻辑代数基础

逻辑代数又称为布尔代数，是英国数学家乔治·布尔在 19 世纪中叶首先提出的，它是用于描述客观事物之间逻辑关系的数学方法。逻辑代数是研究逻辑电路的数学工具。

（一）逻辑变量和基本逻辑运算

1. 逻辑变量

在数字电路中，经常遇到电平的高与低、脉冲的有与无、灯泡的亮与暗、开关的通与断等现象，这类现象都存在着相互对立的两种结果。这种相互对立的逻辑关系，可以用仅有两个取值（0 和 1）的变量来表示，这种二值变量称为逻辑变量。

逻辑代数与普通代数相比，二者都用字母 A、B、C、……、X、Y、Z 来表示变量，但逻辑代数中变量的取值范围只有 0 和 1，而且 0 和 1 并不表示具体数量的大小，而是表示两种相互对立的逻辑状态。例如，可以用 1 表示开关接通，用 0 表示开关断开；用 1 表示灯亮，用 0 表示灯灭；用 1 表示高电平，用 0 表示低电平等，这与普通代数截然不同。

2. 基本逻辑运算

所谓逻辑，是指事物本身的规律，即事物的条件与结果之间的因果关系。最基本的逻辑关系有三种，分别为与逻辑、或逻辑和非逻辑。在逻辑代数里有三种最基本的逻辑运算，即与运算、或运算和非运算。

（1）与逻辑和与运算

若决定某事件的全部条件同时具备时事件才会发生，则这种因果关系称为与逻辑。如图 10-1(a)所示，只有当开关 A、B、C 全部闭合（全部条件同时具备）时，灯 Y 才能点亮（事件发生）。图 10-1(b)所示为与逻辑的符号。

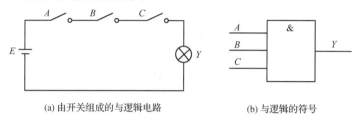

(a) 由开关组成的与逻辑电路　　　　　　(b) 与逻辑的符号

图 10-1　与逻辑的电路和符号

将逻辑变量之间的逻辑关系用列表的形式表示出来，称为真值表。表 10-2 为三变量的与逻辑的真值表。

表 10-2　　　　　　　　　　　　　　与逻辑的真值表

输入			输出
A	B	C	Y
0	0	0	0
0	0	1	0
0	1	0	0
0	1	1	0
1	0	0	0
1	0	1	0
1	1	0	0
1	1	1	1

与逻辑关系可以用口诀概括为"有 0 出 0，全 1 出 1"。

和与逻辑关系相对应的逻辑运算为与运算。与运算的逻辑表达式为

$$Y = A \cdot B \cdot C$$

这个式子与普通代数的乘法式子相似，故与逻辑又称为逻辑乘，常写成 $Y=ABC$，读成 Y 等于 A 与 B 与 C。与运算的规则如下：

$$0 \cdot 0 = 0$$
$$0 \cdot 1 = 0$$
$$1 \cdot 0 = 0$$
$$1 \cdot 1 = 1$$

（2）或逻辑和或运算

在决定某事件的条件中，只要任一条件具备，事件就会发生，这种因果关系称为或逻辑。如图 10-2(a)所示，只要开关 A、B、C 中有一个闭合（任一个条件具备），灯 Y 就会点亮（事件就发生）。图 10-2(b)所示为或逻辑的符号。

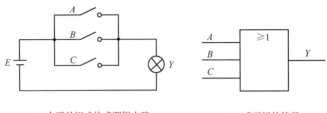

(a) 由开关组成的或逻辑电路　　　　　　　(b) 或逻辑的符号

图 10-2　或逻辑的电路和符号

或逻辑关系也可以用列真值表的形式表示出来。表 10-3 为三变量或逻辑的真值表。

表 10-3　　　　　　　　　　　　　　　或逻辑的真值表

输入			输出
A	B	C	Y
0	0	0	0
0	0	1	1
0	1	0	1
0	1	1	1
1	0	0	1
1	0	1	1
1	1	0	1
1	1	1	1

或逻辑可以用口诀概括为"有 1 出 1，全 0 出 0"。或逻辑关系对应的逻辑运算称为或运算，也称为逻辑和。其逻辑表达式为

$$Y=A+B+C$$

读为 Y 等于 A 或 B 或 C。或运算的规则如下：

$$0+0=0$$
$$1+0=1$$
$$0+1=1$$
$$1+1=1$$

(3) 非逻辑和非运算

决定某事件的条件只有一个，当条件出现时事件不发生，而条件不出现时事件才发生，这种因果关系称为非逻辑。如图 10-3(a) 所示，开关 A 闭合（条件出现），灯 Y 熄灭（事件不发生）；开关 A 断开，灯 Y 点亮。

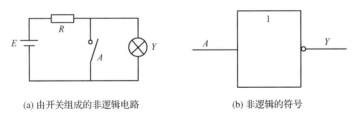

(a) 由开关组成的非逻辑电路　　　　　　　(b) 非逻辑的符号

图 10-3　非逻辑的电路和符号

表 10-4 为非逻辑的真值表。

表 10-4　　　　　　　非逻辑的真值表

输入	输出
A	Y
0	1
1	0

非逻辑可以用口诀概括为"入 0 出 1,入 1 出 0"。

图 10-3(b)所示为非逻辑的符号,输出端上的小圆圈用来表示"非"的意思。其逻辑表达式为

$$Y=\overline{A}$$

式中,$\overline{A}$ 读为 A 非。非运算的规则如下:

$$\overline{0}=1$$
$$\overline{1}=0$$

3. 常用逻辑运算

除上述三种基本的逻辑关系和逻辑运算外,还有一些复合的逻辑关系和逻辑运算。

(1)与非逻辑

与非逻辑由与逻辑和非逻辑组合而成,先与后非。三输入变量与非逻辑的结构如图 10-4(a)所示,与非逻辑的符号如图 10-4(b)所示。

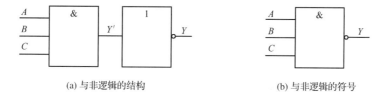

(a) 与非逻辑的结构　　　　　　　(b) 与非逻辑的符号

图 10-4　与非逻辑的结构和符号

与非逻辑的功能可以用口诀概括为"全 1 出 0,有 0 出 1"。

与非逻辑的表达式为

$$Y=\overline{ABC}$$

(2)或非逻辑

或非逻辑由或逻辑和非逻辑组合而成,先或后非。三变量或非逻辑的结构如图 10-5(a)所示,图 10-5(b)所示为或非逻辑的符号。

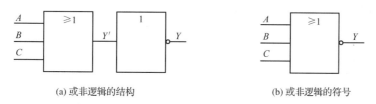

(a) 或非逻辑的结构　　　　　　　(b) 或非逻辑的符号

图 10-5　或非逻辑的结构和符号

或非逻辑的功能可以用口诀概括为"全 0 出 1,有 1 出 0"。

或非逻辑的表达式为

$$Y = \overline{A+B+C}$$

(3)与或非逻辑

与或非逻辑由与逻辑、或逻辑和非逻辑组合而成,先与再或后非。四变量与或非逻辑的结构如图 10-6(a)所示,图 10-6(b)所示为与或非逻辑的符号。

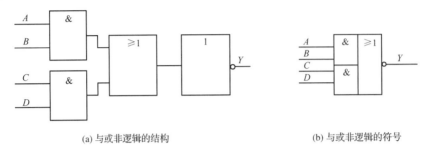

(a) 与或非逻辑的结构   (b) 与或非逻辑的符号

图 10-6   与或非逻辑的结构和符号

与或非逻辑的表达式为

$$Y = \overline{AB+CD}$$

(4)异或逻辑和同或逻辑

①异或逻辑

若两个输入变量 A、B 的取值相异,则输出变量 Y 的取值为 1;若 A、B 的取值相同,则输出变量 Y 的取值为 0。图 10-7(a)所示为异或逻辑的符号。

异或逻辑的表达式为

$$Y = \overline{A}B + A\overline{B} = A \oplus B$$

读为 Y 等于 A 异或 B。

②同或逻辑

若两个输入变量 A、B 的取值相同,则输出变量 Y 的取值为 1;若 A、B 的取值相异,则输出变量 Y 的取值为 0。图 10-7(b)所示为同或逻辑的符号。

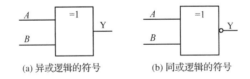

(a) 异或逻辑的符号   (b) 同或逻辑的符号

图 10-7   异或逻辑和同或逻辑的符号

同或逻辑的表达式为

$$Y = \overline{A}\overline{B} + AB = A \odot B$$

读为 Y 等于 A 同或 B。

异或逻辑和同或逻辑互为反函数。

(二)逻辑代数中的基本定律和规则

从与、或、非这三种基本的运算规则可以推导出逻辑代数的一些基本定律和规则。这些定律和规则是设计和分析逻辑电路的理论基础。

1. 逻辑代数的基本定律

0-1 律：	$A \cdot 1 = A$	$A + 1 = 1$
	$A \cdot 0 = 0$	$A + 0 = A$
	$A \overline{A} = 0$	$A + \overline{A} = 1$
还原律：	$\overline{\overline{A}} = A$	
同一律：	$A \cdot A = A$	$A + A = A$
交换律：	$A \cdot B = B \cdot A$	$A + B = B + A$
结合律：	$A(BC) = (AB)C$	
	$A + (B + C) = (A + B) + C$	
分配律：	$A(B + C) = AB + AC$	
	$A + BC = (A + B)(A + C)$	
吸收律：	$A + AB = A$	
	$A(A + B) = A$	
	$A + \overline{A}B = A + B$	
	$A(\overline{A} + B) = AB$	
	$AB + A\overline{B} = A$	
	$(A + B)(A + \overline{A}) = A + B$	
冗余律：	$AB + \overline{A}C + BC = AB + \overline{A}C$	
	$(A + B)(\overline{A} + C)(B + C) = (A + B)(\overline{A} + C)$	
反演律(德·摩根定律)：	$\overline{A + B} = \overline{A}\, \overline{B}$	
	$\overline{AB} = \overline{A} + \overline{B}$	

在上述基本定律中,反演律(德·摩根定律)比较特殊,应该重点掌握。

以上定律的正确性可以用列真值表的方法加以证明。若等式两边函数的真值相同,则等式就成立。

例 10—1

试证明 $A + \overline{A}B = A + B$。

证明:列出等式两边的真值,见表 10-5,然后进行比较。因为等式两边的真值相同,所以等式成立。

表 10-5　　　　　　　　　　例 10-1 的真值表

A	B	$A + \overline{A}B$	$A + B$
0	0	0	0
0	1	1	1
1	0	1	1
1	1	1	1

2. 逻辑代数的基本规则

在逻辑代数中除上述基本定律外,还有三个重要的运算规则:代入规则、对偶规则和反演规则。这些规则和基本定律相结合，可以对任何逻辑问题进行描述、推导和变换。

（1）代入规则

在任何逻辑等式中，如果将等式两边的某一变量用同一个逻辑函数替代，则等式仍然成立，这个规则称为代入规则。

利用代入规则可以扩展等式的应用范围。如基本定律 $A+\overline{A}B=A+B$，用 $\overline{A}$ 替换 A，则有 $\overline{A}+AB=\overline{A}+B$。这可以视为原定律的一种变形，这种变形可以扩大原定律的应用范围。

已知 $\overline{AB}=\overline{A}+\overline{B}$，试证明用 BC 替代 B 后，等式仍然成立。

证明：左边 $=\overline{A(BC)}=\overline{A}+\overline{BC}=\overline{A}+\overline{B}+\overline{C}$

右边 $=\overline{A}+\overline{BC}=\overline{A}+\overline{B}+\overline{C}$

因为左边＝右边，所以等式成立。

（2）对偶规则

对任一逻辑函数 Y，如果将函数中所有的"·"换成"＋"，"＋"换成"·"，1 换成 0，0 换成 1，而变量保持不变，就得到一个新函数 Y'，则 Y 和 Y' 互为对偶式，这就是对偶规则。使用对偶规则时要注意，变换前、后的运算顺序不能改变。

例 10-3

求 $Y_1=A(B+C)$ 和 $Y_2=A+BC$ 的对偶式。

解：
$$Y_1'=A+BC$$
$$Y_2'=A(B+C)$$

对偶规则的意义在于：若两个逻辑函数相等，则其对偶式也必然相等。因此，将对偶规则应用于逻辑等式，可以得到新的逻辑等式。应用对偶规则还可以将前述的众多公式只记住一半，另一半可以用对偶规则来得到。

例如，在分配率的两个公式中，$A(B+C)=AB+AC$ 比较容易记住，而 $A+BC=(A+B)(A+C)$ 则比较难记。利用对偶规则，只要对 $A(B+C)=AB+AC$ 两边分别求对偶式，就很容易得到 $A+BC=(A+B)(A+C)$。

（3）反演规则

对任一逻辑函数 Y，如果将函数中所有的"·"换成"＋"，"＋"换成"·"，1 换成 0，0 换成 1，原变量换成反变量，反变量换成原变量，就得到原来逻辑函数 Y 的反函数。这一规则称为反演规则。应用反演规则时应注意：

①变换前、后的运算顺序不能变，必要时可以加括号来保证原来的运算顺序。

②反演规则中反变量和原变量的互换只对单个变量有效。若在"非"号的下面有多个变量，则在变换时，该"非"号要保持不变，而对"非"号下面的逻辑表达式使用反演规则。

实际上,反演规则是德·摩根定律的推广。利用反演规则求逻辑函数的反函数,可以简化很多运算。例如,某个逻辑函数的表达式很复杂,而它的反函数却很简单,就可以先写出它的反函数,再利用反演规则求出这个逻辑函数。在实际设计和分析逻辑电路时常用到这种方法。

例 10-4

求 $Y=A\bar{B}+\bar{A}B$ 的反函数 $\bar{Y}$。

解: $$\bar{Y}=(\bar{A}+B)(A+\bar{B})=\bar{A}\,\bar{B}+AB$$

在这里添加了括号,是为了保证原来的运算顺序。

例 10-5

试用反演规则,求逻辑函数 $Y=A+B+\bar{C}+\bar{D}$ 的反函数。

解: $$\bar{Y}=\bar{A}\cdot\bar{B}\cdot C\cdot D$$

例 10-6

求 $Y=A(B+C)+\bar{A}B$ 的反函数。

解: $$\bar{Y}=(\bar{A}+\bar{B}\cdot\bar{C})\cdot(A+\bar{B})=\bar{B}(\bar{A}+\bar{C})$$

显然,本例题中的反函数要比原函数简单。

例 10-7

求 $Y=AC+\overline{A(B+C)}$ 的反函数。

解: $\bar{Y}=(\bar{A}+\bar{C})\cdot\overline{\bar{A}+\bar{B}\bar{C}}=(\bar{A}+\bar{C})A\,\overline{\bar{B}\,\bar{C}}=(\bar{A}+\bar{C})A(B+C)=A\bar{C}(B+C)=AB\bar{C}$

从此题的运算过程可以看出,在运用反演规则时,对原函数中非号下是多个逻辑变量的第二种处理方法:将非号去掉,其下面的逻辑表达式不变。

逻辑函数

描述逻辑关系的函数称为逻辑函数,前面讨论的与、或、非都是逻辑函数,是从生活和生产实践中抽象出来的,只有那些能明确地用"是"或"否"做出回答的事物,才能定义为逻辑函数。

（一）逻辑函数的表示方法

一般来讲，若输入逻辑变量 A、B、C……的取值确定以后，输出逻辑变量 Y 的值也唯一确定，则称 Y 是 A、B、C……的逻辑函数，即

$$Y = F(A, B, C, \cdots)$$

一个逻辑函数有四种表示方法，即真值表、逻辑函数式、逻辑图和卡诺图。下面仅介绍前三种。

1. 真值表

真值表是将输入逻辑变量的各种可能取值和相应的函数值排列在一起而组成的表格。为避免遗漏，各变量的取值组合应按照二进制递增的次序排列，例如前述各种逻辑关系的真值表。

真值表的特点是直观明了。用真值表表示逻辑函数时，变量的各种取值与函数值之间的关系一目了然。把一个实际的逻辑问题抽象成一个逻辑函数时，使用真值表是最方便的。因此在对一个逻辑问题建立逻辑函数时，常常是先写出真值表，再得到逻辑函数式。真值表的缺点是当变量比较多时，真值表比较大，显得过于烦琐。

2. 逻辑函数式

逻辑函数式就是由逻辑变量和与、或、非三种运算符号构成的表达式。例如与非逻辑的逻辑函数表达式为

$$Y = \overline{ABC}$$

3. 逻辑图

逻辑图就是由逻辑符号及它们之间的连线构成的图形。例如与或非逻辑的逻辑图如图10-8所示。

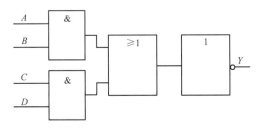

图 10-8　与或非逻辑的逻辑图

（二）逻辑函数表示形式的变换

1. 由真值表转换为逻辑函数式

由真值表转换为逻辑函数式的具体方法是：

(1)找出真值表中使逻辑函数等于1的输入变量取值的组合。

(2)写出每组输入变量取值的组合，其中取值为1的写原变量，取值为0的写反变量，得出对应的乘积项。

(3)将各乘积项相加，即可得出真值表对应的逻辑函数式。

由表 10-6 中所列的异或逻辑真值写出逻辑函数式。

表 10-6　　　　　　　　　　　例 10-8 的真值表

A	B	L
0	0	1
0	1	0
1	0	0
1	1	1

解：其逻辑函数式为

$$L = AB + \overline{A}\ \overline{B}$$

2. 由逻辑函数式转换为真值表

由逻辑函数式转换为真值表的具体方法是：

(1)画出真值表的表格，将变量及变量的所有取值组合按照二进制数递增的次序列入表格左边。

(2)按照逻辑函数式依次对变量的各种取值组合进行运算，求出相应的函数值。

(3)将求出的函数值填入表格右边对应的位置，即得真值表。

写出 $L = AB + \overline{A}\ \overline{B}$ 的真值表。

解：函数 $L = AB + \overline{A}\ \overline{B}$ 有两个变量，有四种取值的可能组合，将它们按顺序排列起来即得真值表，见表 10-6。

3. 由逻辑函数式画出逻辑图

由逻辑函数式画出逻辑图的具体方法是：用图形符号代替逻辑函数式中的运算符号，可得和逻辑函数式对应的逻辑图。

画出 $L = AB + \overline{A}\ \overline{B}$ 的逻辑图。

解：函数 $L = AB + \overline{A}\ \overline{B}$ 的逻辑图如图 10-9 所示。

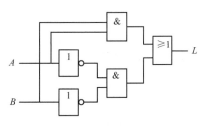

图 10-9　$L = AB + \overline{A}\ \overline{B}$ 的逻辑图

4. 由逻辑图写出逻辑函数式

由逻辑图写出逻辑函数式的具体方法是:从输入端到输出端逐级写出每个图形符号的逻辑式,即得对应的逻辑函数式。

 例 10-11

写出图 10-10 所示逻辑图的逻辑函数式。

解: 图 10-10 所示的逻辑图是由基本的与、或逻辑符号组成的,可由输入至输出逐步写出逻辑函数式为 $L=AB+BC+AC$。

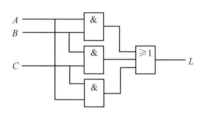

图 10-10　例 10-11 的逻辑图

(三)逻辑函数的化简

通常由实际问题得到的逻辑函数比较复杂,为了便于了解逻辑函数的逻辑功能,使逻辑电路的结构更简单,常需要对逻辑函数进行化简。

利用前述逻辑代数的基本定律和规则,可实现逻辑函数的化简。逻辑函数的化简常用的方法有代数法(公式法)和卡诺图法,这里只介绍用代数法(公式法)化简逻辑函数。

1. 逻辑函数的最简形式

一个逻辑函数的某种表达式可以对应地用一个逻辑电路来描述;反之,一个逻辑电路也可以对应地用一个逻辑函数来表示。一个逻辑函数的表达式不是唯一的,可以有多种形式,并且能互相转换。常见的逻辑函数主要有五种形式,例如:

与或表达式	$L=AC+\overline{A}B$
或与表达式	$L=(A+B)(\overline{A}+C)$
与非-与非表达式	$L=\overline{\overline{AC}\cdot\overline{\overline{A}B}}$
或非-或非表达式	$L=\overline{\overline{\overline{A}+B}+\overline{\overline{A}+C}}$
与或非表达式	$L=\overline{A\,\overline{C}+\overline{A}\,\overline{B}}$

在上述逻辑函数中,与或表达式是逻辑函数的最基本表达形式。因此,在化简逻辑函数时,通常是将逻辑函数化简成最简与或表达式,然后再根据需要转换成其他形式。

最简与或表达式的含义为:

(1)逻辑函数中的与项最少;

(2)在条件(1)下,每一与项中的变量数最少。

2. 用代数法化简逻辑函数

代数法是反复利用逻辑代数的基本公式、常用公式、基本定理消去逻辑函数中多余的乘积项和因子，以求得逻辑函数的最简形式。最常用的方法有并项法（合并项法）、吸收法、消去法、配项法等。

(1)并项法

并项法利用互补律将两项合并，从而消去一个变量。例如 $L = AB\overline{C} + ABC = AB(\overline{C} + C) = AB$。

(2)吸收法

吸收法利用吸收律 $A + AB = A$，将 AB 项消去。A、B 可以是任何复杂的逻辑函数。例如 $L = A\overline{B} + A\overline{B}(C + DE) = A\overline{B}$。

(3)消去法

消去法运用吸收律 $A + \overline{A}B = A + B$ 消去多余的因子。A、B 可以是任何复杂的逻辑函数。例如 $L = AB + \overline{A}C + \overline{B}C = AB + (\overline{A} + \overline{B})C = AB + \overline{AB}C = AB + C$。

(4)配项法

配项法先通过乘以 $A + \overline{A}(=1)$ 或加上 $A\overline{A}(=0)$ 增加必要的乘积项，再用以上方法化简。例如 $L = AB + \overline{A}C + BCD = AB + \overline{A}C + BCD(A + \overline{A}) = AB + \overline{A}C + ABCD + \overline{A}BCD = AB + \overline{A}C$。

应用代数法化简逻辑函数，要求熟练掌握逻辑函数的基本公式、常用公式、基本定理，因技巧性强，故需通过大量的练习才能做到应用自如。这种方法在许多情况下还不能断定所得到的最后结果是否已是最简，故有一定的局限性。

例 10-12

应用代数法化简逻辑函数 $Y = AD + A\overline{D} + AB + \overline{A}C + BD + A\overline{B}EF + \overline{B}EF$。

解：
$$\begin{aligned}
Y &= AD + A\overline{D} + AB + \overline{A}C + BD + A\overline{B}EF + \overline{B}EF \\
&= A + AB + \overline{A}C + BD + A\overline{B}EF + \overline{B}EF \\
&= A + \overline{A}C + BD + A\overline{B}EF + \overline{B}EF \\
&= A + C + BD + \overline{B}EF
\end{aligned}$$

基本逻辑门电路

能实现一定逻辑关系的电路被称为逻辑门电路。门电路可以用二极管、三极管等分立元件组成，称为分立元件门电路；也可以通过半导体的集成电路制造工艺，将电路中的所有元件都做在一块硅片上，成为一个不可分割的整体，称为集成门电路。

(一)数字电路概述

1. 数字信号和数字电路

如果被传递和处理的信号在时间和数量上都是连续变化的，则称为模拟信号，如图 10-13(a)

所示,例如在模拟广播电视体系中传送的语言和图像信号。用于传递和处理模拟信号的电路称为模拟电路。如果被传递和处理的信号在时间和数量上都是离散的,则称为数字信号,如图 10-13(b)所示。用于传递和处理数字信号的电路称为数字电路。

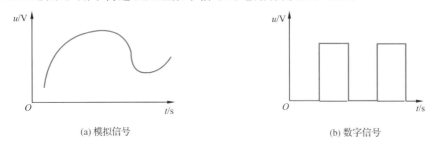

(a) 模拟信号　　　　　　　　　　　　(b) 数字信号

图 10-13　模拟信号与数字信号

数字信号的波形具有突变性和间断性,这种波形称为脉冲波,因此数字电路又称为脉冲数字电路。

在数字电路中,用 0 和 1 这两个量来表示脉冲的有和无,并规定每个 0 或 1 有相同的时间间隔,这样一串脉冲信号就可以用一串由 0 和 1 组成的数码来表示,如图 10-14 所示。

在数字电路中,用数字信号代表电路的状态。例如二极管的导通状态用数码 1 表示,则数码 0 就表示二极管的截止状态;三极管的饱和状态用数码 1 表示,则数码 0 就表示三极管的截止状态。当然也可以反过来定义。

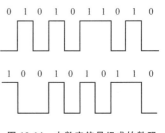

图 10-14　由数字信号组成的数码

2. 脉冲波的特点和主要参数

凡是断续出现的电压或电流都可称为脉冲电压或脉冲电流。从信号波形上来说,除了正弦波和由若干正弦波分量合成的连续波以外,其他都可以称为脉冲波。常见的脉冲波有矩形波、锯齿波、尖脉冲、阶梯波等,如图 10-15 所示。

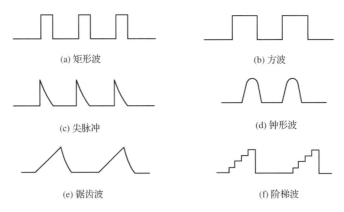

(a) 矩形波　　　　　　　　　　　　(b) 方波

(c) 尖脉冲　　　　　　　　　　　　(d) 钟形波

(e) 锯齿波　　　　　　　　　　　　(f) 阶梯波

图 10-15　常见的脉冲波

由于脉冲波是各种各样的,因此用来描述各种不同脉冲波的参数也不同。一般说来,描述脉冲波的参数有以下几个(图 10-16):

(1)脉冲幅度 U_m:脉冲波的最大变化幅度。

(2)脉冲宽度 t_w:脉冲波前、后沿 $0.5U_m$ 处的时间间隔。

（3）脉冲间隔 t_g：在 $0.5U_m$ 处前一个脉冲的后沿与后一个脉冲的前沿之间的时间间隔。

（4）上升时间 t_r：脉冲前沿从 $0.1U_m$ 上升到 $0.9U_m$ 所需要的时间。

（5）下降时间 t_f：脉冲后沿从 $0.9U_m$ 下降到 $0.1U_m$ 所需要的时间。

（6）脉冲周期 T：在周期性重复的脉冲中，两个相邻脉冲的前沿之间或后沿之间的时间间隔。有时也用频率 $f=1/T$ 来表示单位时间内脉冲重复的次数。

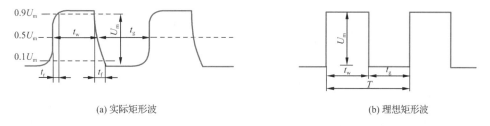

(a) 实际矩形波　　　　　　　　　　　　(b) 理想矩形波

图 10-16　矩形波的参数

（二）半导体开关器件

在数字电路中，二极管和三极管都工作在开关状态。一个理想开关应具备的条件是：

（1）开关接通时相当于短路状态，其接触电阻为零；开关断开时相当于开路状态，其接触电阻为无穷大，流过的电流等于零。

（2）开关状态的转换能在瞬间完成，即转换速度要快。

1. 二极管的开关特性

一个理想二极管相当于一个理想的开关，如图 10-17 所示。二极管导通时相当于开关闭合，即短路，不管流过其中的电流是多少，它两端的电压总是 0 V；二极管截止时相当于开关断开，即断路，不管它两端的电压有多大，流过其中的电流均为 0 A。状态的转换能在瞬间完成。当然，实际上并不存在这样的二极管。下面以硅二极管为例，分析一下实际二极管的开关特性。

（1）导通条件及导通时的特点

由硅二极管的伏安特性可知，当硅二极管两端所加的正向电压 U_D 大于死区电压时，管子开始导通，此后电流 I_D 随着 U_D 的增大而急剧增加，当 $U_D=0.7$ V 时，伏安特性曲线已经很陡，即 I_D 在一定范围内变化，U_D 基本保持为 0.7 V 不变，因此在数字电路中，常把 $U_D \geqslant 0.7$ V 看成硅二极管导通的条件。而且一旦导通，就近似认为 U_D 保持为 0.7 V 不变，如同一个具有 0.7 V 压降的闭合开关，如图 10-17(a) 所示。

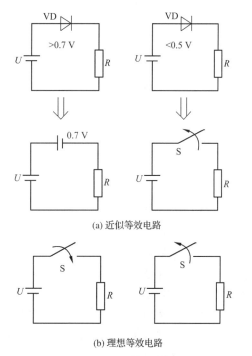

(a) 近似等效电路

(b) 理想等效电路

图 10-17　二极管开关电路

(2)截止条件及截止时的特点

由硅二极管的伏安特性可知,当 U_D 小于死区电压时,I_D 已经很小,因此在数字电路中常把 $U_D < 0.5$ V 看成硅二极管截止的条件。而且一旦截止,就近似认为 $I_D \approx 0$ A,如同断开的开关,如图 10-17(b)所示。

2. 三极管的开关特性

三极管有三种工作状态:放大状态、截止状态和饱和状态。在数字电路中,三极管是最基本的开关元件,通常工作在饱和区和截止区。下面以 NPN 型管子为例,分析三极管的开关特性。

(1)饱和导通条件及饱和时的特点

由三极管组成的开关电路如图 10-18 所示。当输入正的阶跃信号 u_i 时(设阶跃电平为 5 V),发射结正向偏置,当其基极电流足够大时,将使三极管饱和导通。三极管处于饱和状态时,其管压降 U_{CES} 很小(硅管约为 0.3 V,锗管约为 0.1 V),在工程上可以认为 $U_{CES} = 0$,即集电极与发射极之间相当于短路,在电路中相当于开关闭合。这时的集电极电流为

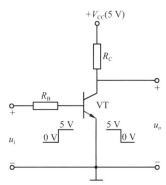

图 10-18　三极管开关电路

$$I_{CS} = U_{CC}/R_C$$

晶体管处于放大与饱和两种状态边缘时的状态,称为临界饱和状态,临界饱和的基极电流为

$$I_{BS} = \frac{I_{CS}}{\beta} = \frac{U_{CC}}{\beta R_C}$$

所以三极管的饱和条件是

$$I_B \geqslant I_{BS} = \frac{U_{CC}}{\beta R_C}$$

三极管饱和时的特点是 $U_{CE} = U_{CES} \leqslant 0.3$ V,如同一个闭合的开关。

(2)截止条件及截止时的特点

当电路无输入信号时,三极管的发射结偏置电压为 0 V,所以其基极电流 $I_B = 0$ A,集电极电流 $I_C = 0$ A,$U_{CE} = U_{CC}$,三极管处于截止状态,即集电极和发射极之间相当于断路。因此通常把 $u_i = 0$ V 作为截止条件。

(三)逻辑门电路

基本逻辑门电路有三种,分别称为与门电路、或门电路和非门电路。由这三种基本逻辑门电路可以组成多种复合门电路。

1. 与门电路

与门电路是用来实现与逻辑关系的电路。图 10-19(a)所示为由二极管组成的与门电路。A、B、C 是它的三个输入端,Y 是输出端,二极管 VD_A、VD_B、VD_C 经过限流电阻 R 接至电源 V_{CC}。当输入端全为高电平时,例如三者均为 5 V,则输出端电平近似等于 5 V,也是高电平。若输入端中有一端为低电平,例如 A 端为 0 V,B、C 端为 5 V,则 VD_A 优先导通,把输出端 Y 的电平钳制在 0 V 低电平上。这时 VD_B、VD_C 因承受反向电压而截止,从而把 B、C 端与 Y 端隔离开来。与门的逻辑符号如图 10-19(b)所示。

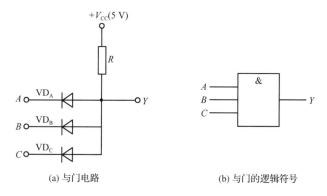

(a) 与门电路　　　　　　　　(b) 与门的逻辑符号

图 10-19　与门电路及逻辑符号

2. 或门电路

或门电路是用来实现或逻辑关系的电路。图 10-20(a)所示为由二极管组成的或门电路。当 A、B、C 三端全是低电平时,输出端 Y 也是低电平;当输入端中有一端是高电平时,输出端便是高电平。或门的逻辑符号如图 10-20(b)所示。

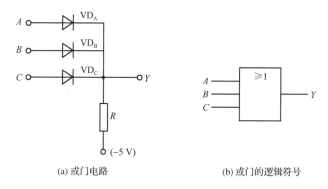

(a) 或门电路　　　　　　　　(b) 或门的逻辑符号

图 10-20　或门电路及逻辑符号

3. 非门电路

非门电路是用来实现非逻辑关系的电路。图 10-21(a)所示为由三极管组成的非门电路,又称为反相器。由三极管的开关特性可知,当输入端为低电平时,三极管截止,输出端 $Y \approx V_{CC}$,为高电平;当输入端为 5 V 高电平时,三极管饱和,$Y \approx 0$ V,输出端为低电平。即 Y 端与 A 端的逻辑状态相反:A 为 1 态时,Y 为 0 态;A 为 0 态时,Y 为 1 态,符合非逻辑关系。

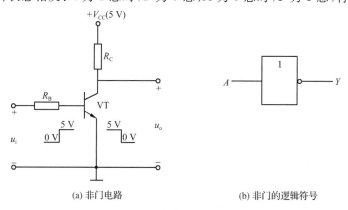

(a) 非门电路　　　　　　　　(b) 非门的逻辑符号

图 10-21　非门电路及逻辑符号

（四）集成门电路

1. TTL 门电路和 MOS 门电路

分立元件门电路的缺点是体积大、工作速度低、可靠性差。在数字电子设备中广泛采用体积小、质量轻、功耗低、速度快、可靠性高的集成门电路。集成门电路按电路结构的不同，可由三极管或绝缘栅型场效应管组成。前者的输入级和输出级均采用三极管，故称为晶体管-晶体管逻辑电路，简称为 TTL 门电路；后者为金属-氧化物-半导体场效应管逻辑电路，简称为 MOS 门电路。

TTL 门电路的特点是运行速度快，电源电压固定（5 V），有较强的带负载能力。在 TTL 门电路中，与非门的应用最为普遍。MOS 门电路功耗低，电源范围广，应用比较广泛。

2. TTL 与非门的主要参数

TTL 与非门空载时的输出电压 u_o 随输入电压 u_i 变化的关系曲线称为电压传输特性，如图 10-22 所示。它是通过实验得出的。当 u_i 从零开始增加时，在一定范围内，输出高电平基本不变化。当 u_i 上升到一定值后，输出端很快下降为低电平，这时即使 u_i 继续增加，输出低电平也基本不变。如果输入电压从大到小变化，则输出电压也将沿曲线做相反的变化。通过电压传输特性曲线，可以获得 TTL 与非门的一些特性参数：

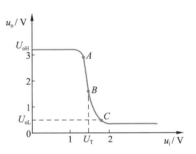

图 10-22 TTL 与非门的电压传输特性

（1）输出高电平 U_{oH}

U_{oH} 是指输入低电平时的输出电压值，一般 $U_{oH} = 3.6$ V。

（2）输出低电平 U_{oL}

U_{oL} 是指输入端全为高电平时的输出电压值，一般 $U_{oL} \leq 0.3$ V。

（3）关门电平 U_{OFF}、开门电平 U_{ON} 和阈值电压 U_T

保持输出为高电平的最大输入电压称为关门电平 U_{OFF}，对应图 10-22 中的 A 点，TTL 与非门的产品规定 $U_{OFF} \geq 0.8$ V。

保持输出为低电平的最小输入电压称为开门电平 U_{ON}，对应图 10-22 中的 C 点，TTL 与非门的产品规定 $U_{ON} \leq 2.0$ V。把 A 点和 C 点之间连线的中点 B 所对应的输入电压值称为阈值电压，用 U_T 表示。对于理想的电压传输特性，A 点到 C 点的变化是陡直的，即 $U_{ON} = U_{OFF} = U_T$，当 $u_i < U_T$ 时，输出电压 u_o 为高电平；当 $u_i > U_T$ 时，输出电压 u_o 为低电平。值得注意的是，U_{OFF}、U_{ON}、U_T 指的都是输入电压。

（4）扇出系数 N_0

与非门输出为额定低电平时，能够驱动后级同类与非门的个数称为扇出系数 N_0，它表示与非门带负载的能力。TTL 与非门的产品规定 $N_0 \geq 8$，特殊制作的所谓驱动器的扇出系数可以大于 20。

TTL 与非门的其他参数如功耗、噪声容限等这里不一一介绍，使用时可查阅有关手册。

3. 集电极开路与非门(OC 与非门)

在实际应用中,有时需要将几个与非门的输出端并联在一起,称为门电路的线与,即各个与非门的输出均为高电平时,并联输出才是高电平;任一个与非门输出为低电平,并联输出就为低电平。前面讨论的 TTL 与非门的输出端不允许并联,即不能进行线与运算,否则当一个与非门输出高电平,而另一个与非门输出低电平时,会产生一个很大的短路电流,造成门电路的损坏。OC 与非门可以实现线与,其逻辑符号如图 10-23 所示。使用 OC 与非门时必须外接上拉电阻 R_L 和外接电源。多个 OC 与非门的输出端相连时,可以共用一个上拉电阻。

OC 与非门还用于实现不同门电路之间的电位转换,其输出高电平的数值由外接电源的数值来决定。如图 10-24 所示,其输出 $Y = Y_1 Y_2 Y_3 = \overline{AB}\ \overline{CD}\ \overline{EF} = \overline{AB + CD + EF}$,实际上是完成了一个与或非逻辑运算。当其输出高电平时,$Y = 12$ V,而不再是 3.6 V。

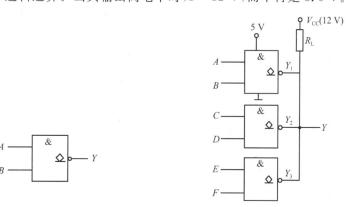

图 10-23　OC 与非门的逻辑符号　　　　图 10-24　OC 与非门实现线与和电位转换

4. 三态与非门

三态门的输出状态中除了高电平、低电平外,还有第三种状态,即高阻状态,也称为禁止状态。三态与非门的逻辑符号如图 10-25 所示,其中 EN 为控制端,也称为使能端。在图 10-25(a)中,控制端是高电平有效,当 $EN=1$ 时,$Y = \overline{AB}$;当 $EN=0$ 时,电路处于高阻状态。在图 10-25(b)中,控制端是低电平有效,当 $EN=0$ 时,$Y = \overline{AB}$;当 $EN=1$ 时,电路处于高阻状态。

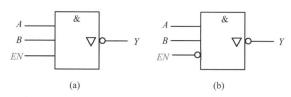

(a)　　　　　　　　(b)

图 10-25　三态与非门的逻辑符号

三态与非门可以实现在总线上分时传输数据,如图 10-26 所示。在计算机的控制下,在任何时刻都只有一个三态与非门处于选通状态,可以向总线传输数据,其他门都处于禁止状态。

三态与非门还可以实现数据的双向传输,如图 10-27 所示。当 $EN=0$ 时,门 G_1 选通,

门 G_2 禁止,数据由 A 传向 B;当 $EN=1$ 时,门 G_2 选通,门 G_1 禁止,数据由 B 传向 A。

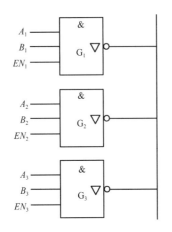

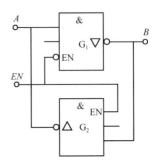

图 10-26　三态与非门利用总线进行数据分时传输　　　　图 10-27　用三态与非门实现数据双向传输

任务实施

操作　　**逻辑函数有关公式的运用**

(1)用代数法对函数进行化简。

① $L=(AB+A\bar{B}+\bar{A}B)(A+B+D+\bar{A}\bar{B}\bar{D})$

② $L=ABC+\bar{A}+\bar{B}+\bar{C}+D$

(2)写出下列逻辑函数的对偶式和反演式。

① $Y=\overline{A}B+CD$

② $Y=(A+B+C)\overline{A}BC$

③ $Y=\overline{\overline{AB+CD}+\overline{AB}}$

(3)列出下述问题的真值表,并写出其逻辑函数式。

①设三个变量 A、B、C,当输入变量的状态不一致时,输出为 1,反之为 0。

②设三个变量 A、B、C,当变量组合中出现偶数个 1 时,输出为 1,反之为 0。

项目 11

集成组合逻辑电路及其应用

知识目标与技能目标

◇ 了解组合逻辑电路的概念。

◇ 了解集成编码器、译码器的型号和应用；掌握典型集成编码器和译码器的引脚功能。

◇ 掌握组合逻辑电路的分析方法和设计方法。

◇ 了解七段 LED 数码显示器件的基本结构和工作原理。

◇ 通过搭接数码显示电路，学会应用编码器、译码器和七段 LED 数码管。

◇ 实际设计并制作一个组合逻辑电路。

任务 26 四裁判表决电路的设计与制作

有了逻辑代数和基本逻辑门电路的基础知识,就可以自己动手分析和设计一些简单的逻辑电路了。

逻辑电路可分为组合逻辑电路和时序逻辑电路两部分。这里先介绍组合逻辑电路的分析和设计方法,再介绍一些常用的集成组合逻辑电路器件,如编码器和译码器。有了这些知识,就可以设计和制作如表决器和抢答器这样的组合逻辑电路了。选择好器件,连接好电路,再加上器件所需要的电源,这个电路就能完成所设计的逻辑功能了。

知识链接

■ 组合逻辑电路的分析与设计

在任一时刻的输出状态仅取决于该时刻的输入信号,而与电路原有的状态无关的逻辑电路,称为组合逻辑电路。组合逻辑电路在结构上是由各种门电路组成的。

（一）组合逻辑电路的分析方法

分析组合逻辑电路的目的,就是找出给定的组合逻辑电路的输入、输出变量之间的逻辑关系,写出逻辑函数式,分析电路所具有的逻辑功能。

组合逻辑电路的分析步骤如下:

(1)根据已知的逻辑图写出逻辑函数式。一般从输入端开始,逐级写出各个逻辑门所对应的逻辑函数式,最后写出该电路的逻辑函数式。

(2)对写出的逻辑函数式进行化简。一般用公式法或卡诺图法进行化简。

(3)列出真值表,根据真值表分析出电路的逻辑功能。

例 11-1

试分析图 11-1 所示电路的逻辑功能。

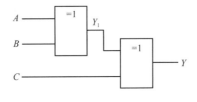

图 11-1　例 11-1 图

解:(1)分步写出各个输出端的逻辑函数式。

$$Y_1 = A \oplus B$$
$$Y = Y_1 \oplus C = A \oplus B \oplus C$$

(2)列出该逻辑函数的真值表,见表 11-1。

表 11-1　　　　　　　　　　　　例 11-1 的真值表

输入			输出
A	B	C	Y
0	0	0	0
0	0	1	1
0	1	0	1
0	1	1	0
1	0	0	1
1	0	1	0
1	1	0	0
1	1	1	1

(3)分析该电路的逻辑功能。从真值表中可以看出,该电路是一个奇偶校验电路。即当输入奇数个 1 时,整个电路的输出为 1;当输入偶数个 1 时,整个电路的输出为 0。

可见,如果根据逻辑图写出原始逻辑函数式,对列真值表来说比较简单,这样可以不化简为最简与或函数式,也就是说组合逻辑电路的分析步骤不是一成不变的,而是可以根据实际情况灵活应用的。

(二)组合逻辑电路的设计方法

组合逻辑电路的设计就是根据实际工程对逻辑功能的要求设计出逻辑电路,在满足逻辑功能的基础上使设计出的电路达到最简,最后画出逻辑图。

组合逻辑电路的设计步骤如下:

(1)认真分析实际问题对电路逻辑功能的要求,确定变量,进行逻辑赋值。

(2)根据分析得到的逻辑功能列出真值表。需要指出,各变量状态的赋值不同,得到的真值表将不同。

(3)根据真值表写出相应的逻辑函数式,并用公式法或卡诺图法进行化简,最后转换成所要求的逻辑函数式。

(4)根据最简逻辑函数式画出相应的逻辑图。

例 11-2

试用与非门设计一个三人表决电路。当表决提案时,多数人同意,提案才能通过。

解:(1)分析设计要求,确定变量。将三个人的表决作为输入变量,分别用 A、B、C 表示,规定变量取 1 表示同意,变量取 0 表示不同意。将表决结果作为输出变量,用 Y 表示,规定 Y 取 1 表示提案通过,Y 取 0 表示提案不通过。

（2）根据上述逻辑功能列出真值表，见表 11-2。

表 11-2　　　　　　　　　　　　　例 11-2 的真值表

输入			输出
A	B	C	Y
0	0	0	0
0	0	1	0
0	1	0	0
0	1	1	1
1	0	0	0
1	0	1	1
1	1	0	1
1	1	1	1

（3）根据真值表写出最简与或函数式，并转换为与非函数式。

$$Y=\overline{A}BC+A\,\overline{B}\,\overline{C}+A\,\overline{B}C+ABC=AB+BC+CA=\overline{\overline{AB}\cdot\overline{BC}\cdot\overline{CA}}$$

（4）画出逻辑图，如图 11-2 所示。

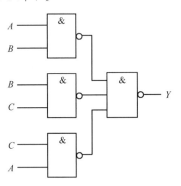

图 11-2　三人表决电路的逻辑图

例 11-3

试用与非门设计一个一位十进制数判别器，当输入的 8421BCD 码表示的十进制数 $X\geqslant4$ 时，输出 $Y=1$；反之，$Y=0$。

解：（1）分析设计要求，确定变量。将 8421BCD 码的四位数作为输入变量，用 A、B、C、D 表示；将电路的判别结果作为输出变量，用 Y 表示。规定当 8421BCD 码所代表的十进制数 $X\geqslant4$ 时，$Y=1$；反之，$Y=0$。并且要考虑到输入变量有如下约束条件：

$$\sum d(10,11,12,13,14,15)=0$$

可以利用这些约束条件简化电路。

（2）列出真值表，见表 11-3。

表 11-3　　　　　　　　　　　　　　例 11-3 的真值表

输入				输出
A	B	C	D	Y
0	0	0	0	0
0	0	0	1	0
0	0	1	0	0
0	0	1	1	0
0	1	0	0	1
0	1	0	1	1
0	1	1	0	1
0	1	1	1	1
1	0	0	0	1
1	0	0	1	1
1	0	1	0	$\times$
1	0	1	1	$\times$
1	1	0	0	$\times$
1	1	0	1	$\times$
1	1	1	0	$\times$
1	1	1	1	$\times$

（3）根据真值表写出最简与或函数式，并转换为与非函数式。

$$Y = A + B = \overline{\overline{A} \cdot \overline{B}}$$

（4）画出逻辑图，如图 11-3 所示。

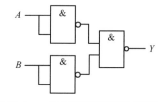

图 11-3　一位十进制数判别器的逻辑图

常用集成组合逻辑电路

随着电子技术的发展，集成组合逻辑电路已经取代了分立件逻辑电路。集成组合逻辑电路的种类繁多，一些特殊的逻辑电路可以通过集成组合逻辑电路的扩展和组合来加以实现，不需要单独设计。

（一）编码器

能够实现编码操作过程的器件称为编码器。编码器有二进制编码器、优先编码器和 BCD 码编码器等。

1. 二进制编码器

二进制编码器是将 2^n 个信号转换成 n 位二进制代码的电路。

2. 优先编码器

二进制编码器要求输入信号必须是互相排斥的,即同时只能对一个输入信号进行编码。而在实际问题中,经常会遇到同时有多个输入信号的情况。例如火车站有特快、快速和普客三列列车同时请求开车,而在同一时刻,车站只能允许一列列车开出。这类问题可由优先编码器来解决。优先编码器允许电路同时输入多个信号,而电路只对其中优先级别最高的信号进行编码。

3. BCD 码编码器

BCD 码编码器可对输入的十进制数 0~9 进行二进制编码。

(二)译码器

译码是编码的逆过程,也就是将二进制代码翻译成原来信号的过程,能完成这一任务的电路称为译码器。例如,数控机床中的各种操作(如移位、进刀、转速选择等)都是以二进制代码的形式给出的。如规定"100"表示移位,"011"表示进刀,"010"表示转速选择等,都需要译码器将其代码转换为特定指令,指挥机床正确运行。

译码器可分为二进制码译码器、BCD 码译码器和数码显示译码器三种。

1. 二进制码译码器

二进制码译码器又称为变量译码器,用于把二进制代码转换成相应的输出信号。常见的有二输入-四输出译码器(简称二线-四线译码器)、三线-八线译码器、四线-十六线译码器等。

微课

三线-八线译码器
工作原理

2. BCD 码译码器

BCD 码译码器能将 BCD 码转换成一位十进制数,常见的有8421BCD 码译码器、余 3 码译码器等。

3. 数码显示译码器

在数字系统中常需要把处理或测量的结果直接用十进制数的形式显示出来,因此,数字显示电路是许多电子设备不可缺少的组成部分。数字显示电路由译码器、驱动器和显示器组成,将输入代码直接译成数字、文字和符号,并加以显示。数字显示器件常用的有荧光显示器、辉光显示器、LED(半导体发光二极管)显示器。近几年来,液晶显示器和等离子显示器也被研制出来并得到了普遍的使用。

LED 显示器是一种七段显示器,它由七个发光二极管封装而成,如图 11-4(a)所示。七段的不同组合能显示出十个阿拉伯数字,如图 11-4(b)所示。

LED 显示器有两种形式,即共阴极接法和共阳极接法,如图 11-5 所示。采用共阴极的LED 显示器时,应将高电平经过外接的限流电阻接到显示器各段的阳极,使显示器发光;而采用共阳极的 LED 显示器时,应将 LED 显示器的各个阴极接在低电平,使显示器发光。

LED 显示器的优点是工作电压低,体积小,机械强度高,可靠性强,寿命长(10 000 h),响应速度快(1~100 ns),颜色丰富(有红、绿、橙、蓝等颜色)。

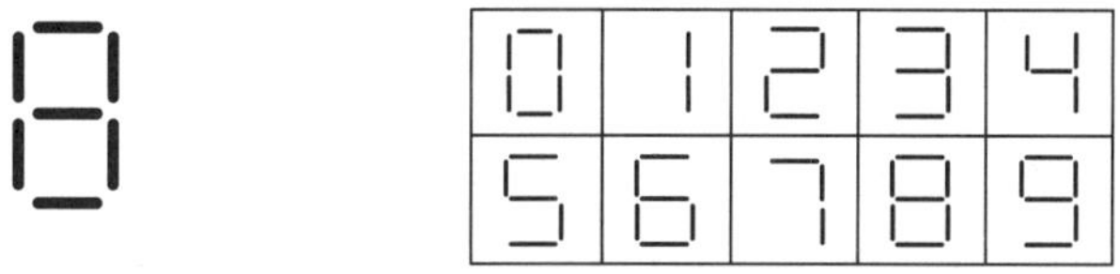

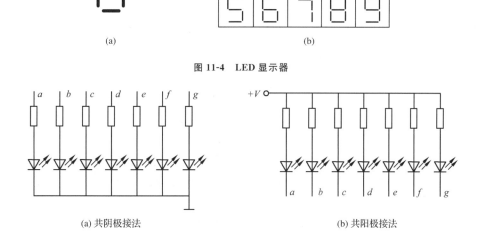

图 11-4　LED 显示器

(a)　　　　　　　　　　　(b)

(a) 共阴极接法　　　　　　　　　　(b) 共阳极接法

图 11-5　LED 显示器的两种形式

(三) 集成存储器

与非门、反相器等门电路属于小规模集成电路(SSI),编码器和译码器属于中规模集成电路(MSI)。一个复杂的数字系统往往需要很多片 SSI、MSI 器件,这就造成了设备的体积大、功耗大、成本高、可靠性差等缺陷,因此在大型设备中,通常使用大规模集成电路(LSI)和超大规模集成电路(VLSI)。集成存储器就属于大规模集成电路。

1. 存储器的构成

存储器是用来存放数据、指令等信息的,它是计算机和数字系统的重要组成部分。存储器由许多存储元件构成,每个存储元件可以存放一位二进制数,又称为存储元。若干存储元组成一个存储单元,一个存储单元可以存放一个存储字或多个字节。为了方便存储器中信息的读出和写入,必须将大量的存储单元区分开,即将它们逐一进行编号。存储单元的编号称为存储单元地址,简称为地址。

2. 存储器的两个重要指标

存储器的存储容量和存储时间是反映其性能的两个重要指标。存储容量是指它所能容纳的二进制信息量。存储器的存储容量等于存储单元的地址数 N 与所存储的二进制信息的位数 M 之积。如果存储器地址的二进制数有 n 位,则存储单元的地址数 $N = 2^n$。存储器的存储容量越大,存放的数据越多,系统的功能越强。存储器的存储时间用读/写周期来描述,读/写周期越短,存储器的工作速度越快。

3. 半导体存储器的种类

半导体存储器的种类很多,按元件的类型来分,有双极型和 MOS 型两大类;按存取信息的方式来分,有只读存储器(ROM)和随机存储器(RAM)。

（1）只读存储器 ROM

ROM 主要由地址译码器、存储矩阵及输出缓冲器组成，如图 11-6 所示。存储矩阵是存放信息的主体，它由许多存储元排列而成，每个存储元存放一位二进制数。$A_0 \sim A_{n-1}$ 是地址译码器的输入端，地址译码器共有 $W_0 \sim W_{2^n-1}$ 个输出端。输出缓冲器是 ROM 的数据读出电路，通常由三态门构成，它可以实现对输出端的控制，还可以提高存储器的带负载能力。

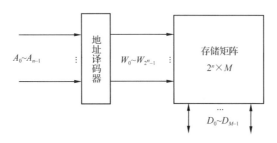

图 11-6　只读存储器 ROM 的组成

ROM 中存放的数据不能改写，只能在生产器件时将需要的数据存放在器件中。不同场合需要的数据各不相同，这就给器件的大规模生产带来了一定困难。

（2）可编程只读存储器 PROM

PROM 是一种通用器件，用户可以根据自己的需要，借助于一定的编程工具，通过编程的方法将数据写入芯片。PROM 只可以进行一次编程，并且经过编程后的芯片仍然只能读出，不能写入。

（3）可擦除可编程只读存储器 EPROM

EPROM 是一种可以将数据多次擦除和改写的存储器。前些年生产 EPROM 采用紫外线灯照射来擦除芯片中已存储的内容。在 EPROM 集成电路封装的顶部中央有一个石英窗，平时石英窗应用黑色胶带粘贴，以防数据丢失。擦除 EPROM 中的内容时将胶带取下，把器件放在专用的紫外线灯下照射约 20 min 即可。这种器件现在已经被淘汰，取而代之的是电擦除存储器，现在生产的 EPROM 均采用电擦除方式，使用特别方便。

（4）可编程逻辑阵列 PLA

可编程逻辑器件 PLD 是 20 世纪 80 年代发展起来的新型器件，是一种由用户根据自己的需要来编程完成逻辑功能的器件。

可编程逻辑阵列 PLA 是可编程逻辑器件的一种，主要由译码器和存储阵列构成，是一个与或阵列。PLA 的与阵列和或阵列都是可编程的，PLA 能用较少的存储单元存储较多的信息。用 PLA 除了可以存储信息外，还可以实现组合逻辑电路的设计。

可编程逻辑阵列 PLA 最大的优点是依靠编程就能改变器件的功能，而且其信号传输速度快、频带宽，可以实现视频信号的传输，这是单片机所无法比拟的。

任务实施

1.任务描述

设某比赛中有主裁判一名,副裁判三名,只要三名裁判同意,成绩就有效,但主裁判具有最终否决权。试用与非门实现上述逻辑功能。

2.设计步骤

(1)确定四个变量,分别为甲、乙、丙、丁,其中甲为主裁判,其余为三个副裁判,裁判同意时取值为 1,裁判不同意时取值为 0,成绩有效取值为 1,成绩无效取值为 0。但成绩有效取值为 1 时,主裁判必须同意才能成立。

(2)按照上述赋值结果列出真值表,注意必须按照四个变量共有十六种取值组合进行赋值。

(3)根据真值表写出相应的逻辑函数式,将成绩有效时为 1 的项写出来。对于各个裁判之间的关系,同意取原变量,不同意取反变量。将各项相加,即得该任务的逻辑函数式。

(4)将逻辑函数式化简,并写成与非函数式。

(5)用逻辑符号代替逻辑函数式。

3.制作步骤

(1)画出逻辑图,查集成电路手册,备齐集成电路块。

(2)搭接、调试电路。

(3)对照真值表检查电路功能。

练 习 题

1.什么叫组合逻辑电路?

2.组合逻辑电路的分析有哪几个步骤?

3.组合逻辑电路的设计有哪几个步骤?

4.编码器的功能是什么? 都有哪几种编码器?

5.译码器的功能是什么? LED 显示器有哪两种形式?

6.彩色电视机中的存储器属于哪种类型?

7.试分析图 11-7 所示两个组合逻辑电路的逻辑功能。

8.在举重比赛中有甲、乙、丙三名裁判,其中甲是主裁判,当两名或两名以上裁判(其中必须包括主裁判)认为运动员成绩合格时,才发出合格信号。试用与非门设计出能实现上述要求的电路。

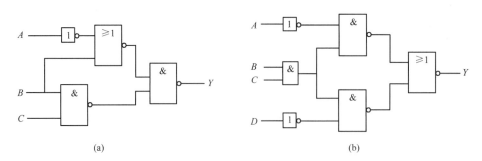

(a)　　　　　　　　　　　　　　(b)

图 11-7　练习题 7 图

9.用门电路设计一个能实现图 11-8 所示输入、输出波形的电路。

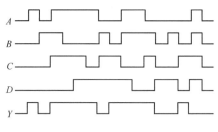

图 11-8　练习题 9 图

项目 12

集成触发器与时序逻辑电路的认识

◇ 了解触发器和时序逻辑电路的概念。

◇ 了解常用集成触发器的型号和应用，能根据任务要求选择合适的触发器。

◇ 掌握常用时序逻辑电路的型号和应用，能用十进制计数器和门电路设计出任意进制的计数器。

◇ 掌握集成时基电路 555 的功能和应用，能按照电路图搭接出由集成时基电路 555 组成的实际电路。

◇ 能按照逻辑图选择器件，制作有实际应用功能的八路抢答器电路。

任务 27　八路抢答器电路的制作与调试

　　组合逻辑电路虽然可以实现许多逻辑功能,但却没有记忆能力,只要输入信号一撤销,输出信号就不复存在,这显然是不能满足实际要求的。具有记忆功能的电路称为触发器,触发器再加上组合逻辑电路,就组成了时序逻辑电路。时序逻辑电路既可以实现一定的逻辑功能,又具有记忆功能,输入信号一旦输入,即使被撤销,电路的输出仍将保持在有信号的逻辑状态,除非再输入新的命令。

知识链接

■ 基本触发器

　　具有记忆功能的逻辑电路称为触发器,触发器是各种具有记忆功能的电路的基本单元电路。在逻辑电路中有了触发器,除了能实现各种逻辑功能外,还有了记忆功能,这就是电脑的基本组成原理。

(一)触发器的基本电路

1. 基本 RS 触发器

　　基本 RS 触发器又称直接复位、置位触发器,它是构成其他各种功能触发器的最基本单元。

　　(1)由与非门构成的基本 RS 触发器

　　图 12-1(a)所示为由两个与非门构成的基本 RS 触发器的逻辑图,图 12-1(b)是它的逻辑符号。Q 与 $\overline{Q}$ 是触发器的两个互补输出端。

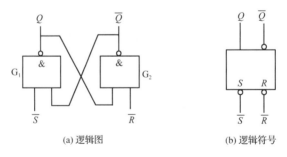

(a) 逻辑图　　　　　　　　　(b) 逻辑符号

图 12-1　基本 RS 触发器

　　规定:$Q=1$、$\overline{Q}=0$ 时称为触发器的 1 态,$Q=0$、$\overline{Q}=1$ 时称为触发器的 0 态;$\overline{R}$ 和 $\overline{S}$ 是两个信号输入端,输入低电平有效,故该电路是低电平触发。

　　触发器在接收触发信号之前的稳定状态称为初态或原态,用 Q^n 表示;触发器在接收触发信号之后新建立的稳定状态称为次态,用 Q^{n+1} 表示。触发器的次态 Q^{n+1} 是由输入信号和初态 Q^n 的取值组合决定的。

（2）由与非门构成的基本 RS 触发器的逻辑功能

①当 $\overline{R}=1$、$\overline{S}=0$ 时,若原态为 0 态,即 $Q^n=0$、$\overline{Q}^n=1$,则当加入输入信号后,G_1 门的输出 $Q^{n+1}=1$,而此时 G_2 门的输出 $\overline{Q}^{n+1}=0$。触发器的状态由 0 态变为 1 态并保持稳定;若原态为 1 态,即 $Q^n=1$、$\overline{Q}^n=0$,则当加入输入信号后,触发器输出仍将稳定在 $Q=1$、$\overline{Q}=0$ 的状态。

结论
　　不管触发器原来处于什么状态,只要输入 $\overline{R}=1$、$\overline{S}=0$,其次态一定为 1,即 $Q^{n+1}=1$。我们把 $\overline{R}=1$、$\overline{S}=0$ 时触发器输出状态为 1 的这种情况称为置 1,故 $\overline{S}$ 端又称为置位端。

②当 $\overline{R}=0$、$\overline{S}=1$ 时,若原态 $Q^n=0$、$\overline{Q}^n=1$,则加入输入信号后,G_2 门的两个输入均为 0,使其输出 $\overline{Q}^{n+1}=1$,而 G_1 门的两个输入均为 1,其输出 $Q^{n+1}=0$;若原态 $Q^n=1$、$\overline{Q}^n=0$,则 $\overline{Q}^{n+1}=\overline{Q}^n \cdot \overline{R}=1$,$Q^{n+1}=0$。

结论
　　不论触发器初始状态处于 0 态还是 1 态,只要输入端 $\overline{R}=0$、$\overline{S}=1$,触发器就稳定在 $Q=0$、$\overline{Q}=1$ 的状态,即触发器处于置 0 状态,故 $\overline{R}$ 端又称为复位端。

③当 $\overline{R}=1$、$\overline{S}=1$ 时,若原态 $Q^n=0$、$\overline{Q}^n=1$,则输入信号加入后,G_1 门的两个输入均为 1,其输出 $Q^{n+1}=0$,而 G_2 门因其有一个输入端为 0,则其输出为 1;若原态 $Q^n=1$、$\overline{Q}^n=0$,则触发器输出 $Q^{n+1}=1$,即 $Q^{n+1}=Q^n$。

结论
　　$\overline{R}=1$、$\overline{S}=1$ 时,$Q^{n+1}=Q^n$,触发器保持原有的状态不变,这个功能就是记忆功能。

④当 $\overline{R}=0$、$\overline{S}=0$ 时,触发器的两个输出端 Q 和 $\overline{Q}$ 都被置 1,这违反了触发器两个输出端应该互补的规定,破坏了触发器正常的逻辑输出关系;而且一旦输入端 $\overline{S}$、$\overline{R}$ 的低电平信号同时消失,触发器的输出状态因 G_1、G_2 两个门的翻转速度快慢不定而不能确定。因此 $\overline{S}$、$\overline{R}$ 均为 0 的输入情况,在实际使用中应当禁止。

重要结论
　　基本 RS 触发器具有保持、直接置位、直接复位的功能,但存在着不定态和输出状态时刻直接受输入信号控制的缺陷。

2. 触发器的逻辑功能描述

触发器的逻辑功能通常用特性表和特征方程来描述。

(1) 特性表

描述组合逻辑电路输出与输入之间逻辑关系的表格称为真值表,因为触发器的次态 Q^{n+1} 不仅与输入的触发信号有关,还与触发器原来的状态 Q^n 有关,所以应把 Q^n 也作为一个逻辑变量列入真值表中,这种真值表称为触发器的特性表。

基本 RS 触发器的特性表见表 12-1。在表 12-1 中,Q^{n+1} 与 Q^n、$\overline{R}$、$\overline{S}$ 之间一一对应的关系直观地表示了基本 RS 触发器的逻辑功能。

表 12-1　　　　　　　　　　　　**基本 RS 触发器的特性表**

$\overline{R}$	$\overline{S}$	Q^n	Q^{n+1}	功能说明
0	0	0	不定态	不允许
0	0	1		
0	1	0	0	置0
0	1	1	0	
1	0	0	1	置1
1	0	1	1	
1	1	0	0	保持
1	1	1	1	

(2) 特性方程

反映触发器次态 Q^{n+1} 与原态 Q^n 及输入 $\overline{R}$、$\overline{S}$ 之间关系的逻辑表达式称为特性方程。基本 RS 触发器的特性方程为

$$\begin{cases} Q^{n+1} = S + \overline{R}Q^n \\ \overline{R} + \overline{S} = 1 \end{cases}$$

式中,$\overline{R} + \overline{S} = 1$ 为约束条件,表示两个输入端 $\overline{R}$、$\overline{S}$ 不能同时为 0。

(二) 同步触发器

基本 RS 触发器具有直接置0、置1的功能,当 S 和 R 的输入信号发生变化时,触发器的状态就立即改变。在实际使用中,要求触发器按一定的时间节拍动作,即触发器的翻转时刻要受一个时钟脉冲的控制。由时钟控制的触发器称为同步触发器,同步触发器又分为同步 RS 触发器、同步 JK 触发器、同步 D 触发器和同步 T 触发器等。

1. 同步 RS 触发器

在基本 RS 触发器的基础上再加上两个与非门即可构成同步 RS 触发器,其逻辑图和逻辑符号如图 12-2 所示。S 为置位输入端,R 为复位输入端,CP 为时钟脉冲输入端。

当 $CP=0$ 时,G_3、G_4 门被封锁,其输出均为 1,G_1、G_2 门构成的基本 RS 触发器处于保持状态。此时无论 R、S 输入端的状态如何变化,均不会改变 G_1、G_2 门的输出,故对触发器状态无影响。

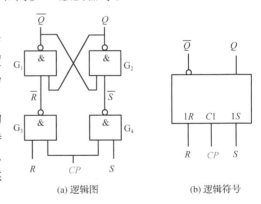

(a) 逻辑图　　　　　(b) 逻辑符号

图 12-2　同步 RS 触发器

当 $CP=1$ 时，G_3、G_4 门打开，触发器处于工作状态。

下面仍以输入端 R、S 的四种不同状态组合来分析其逻辑功能。

（1）当 $R=0$、$S=0$ 时，在 $CP=1$ 时，G_3、G_4 门的输出均为 1，从而使由 G_1、G_2 门组成的基本 RS 触发器的输出状态保持不变。

（2）当 $R=0$、$S=1$ 时，在 $CP=1$ 时，G_3 门的输出为 1，G_4 门的输出为 0，从而使由 G_1、G_2 门组成的基本 RS 触发器的输出状态置 1，即 $Q^{n+1}=1$，$\overline{Q}^{n+1}=0$。

（3）当 $R=1$、$S=0$ 时，在 $CP=1$ 时，G_3 门的输出为 0，G_4 门的输出为 1，从而使由 G_1、G_2 门组成的基本 RS 触发器的输出状态置 0，即 $Q^{n+1}=0$，$\overline{Q}^{n+1}=1$。

（4）当 $R=1$、$S=1$ 时，在 $CP=1$ 时，G_3、G_4 门的输出均为 0，从而使由 G_1、G_2 门组成的基本 RS 触发器的两个输出端均为 1 态，这与触发器的两个输出端状态应该互补相矛盾，并且当时钟脉冲信号由 1 变为 0 后，触发器的两个输出端将出现状态不定的情况。因此，在实际应用中应禁止这种输入情况的出现。

由以上分析可列出同步 RS 触发器的特性表，见表 12-2。

表 12-2　　　　　　　　　　　同步 RS 触发器的特性表

CP	R	S	Q^n	Q^{n+1}	功能说明
0	×	×	0	0	保持
0	×	×	1	1	
1	0	0	0	0	保持
1	0	0	1	1	
1	0	1	0	1	置 1
1	0	1	1	1	
1	1	0	0	0	置 0
1	1	0	1	0	
1	1	1	0	不定	不允许
1	1	1	1		

同步 RS 触发器的特性方程为

$$\begin{cases} Q^{n+1}=S+\overline{R}Q^n \\ RS=0（约束条件） \end{cases}$$

2. 同步 JK 触发器

同步 RS 触发器中存在着不定态，给使用带来了不便，为了从根本上消除这种情况，可将同步 RS 触发器的输出端 Q 和 $\overline{Q}$ 交叉反馈到时钟控制门的输入端，利用 Q 和 $\overline{Q}$ 互补的逻辑关系形成反馈，来解决不定态问题。同时将输入端 S 改称为 J，将输入端 R 改称为 K，这样就构成了 JK 触发器。图 12-3(a) 所示为同步 JK 触发器的逻辑图，图 12-3(b) 所示为其逻辑符号。

微课

同步 JK 触发器

当 $CP=0$ 时，G_3、G_4 门被封锁，J、K 端的状态变化对 G_1、G_2 门的输入无影响，触发器处于保持状态。

当 $CP=1$ 时，如果 J、K 端的状态组合依次为 00、01、10，则输出端 Q^{n+1} 的状态分别为保持、0 态和 1 态，与同步 RS 触发器的输出状态相同；如果 $JK=11$，当原态为 0 态（$Q^n=0$，$\overline{Q}^n=1$）时，则由逻辑图可知 G_3 门的输出为 0，G_4 门的输出为 1，触发器状态置 1；当原态为 1 态时，则经分析可知 G_3 门的输出为 1，G_4 门的输出为 0，触发器状态置 0。可见在 $CP=1$ 期间，当输入 $JK=11$ 时，触发器的次态总与原态相反，这种功能称为翻转。表 12-3 为同步 JK 触发器的特性表。

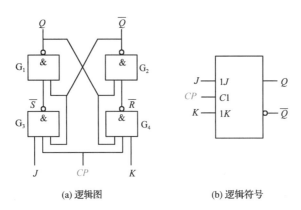

(a) 逻辑图 (b) 逻辑符号

图 12-3 同步 JK 触发器

表 12-3 同步 JK 触发器的特性表

J	K	Q^n	Q^{n+1}	功能说明
0	0	0 1	0 1	保持
0	1	0 1	0 0	置 0
1	0	0 1	1 1	置 1
1	1	0 1	1 0	翻转

同步 JK 触发器的特性方程为

$$Q^{n+1} = J\,\overline{Q^n} + \overline{K}Q^n$$

3. 同步 D 触发器

为了克服同步 RS 触发器的输入端 R、S 不能同时取 1 的不足，并且有时也需要只有一个输入端的触发器，于是将同步 RS 触发器 G_3 门的输出与输入端 R 相连，并把输入端 S 更名为 D，接成图 12-4(a)所示的形式，这样就构成了只有单输入端的同步 D 触发器，它的逻辑符号如图 12-4(b)所示。

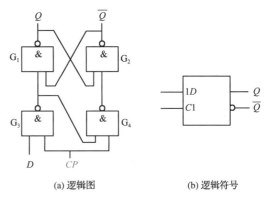

(a) 逻辑图 (b) 逻辑符号

图 12-4 同步 D 触发器

当 $CP=0$ 时，同步 D 触发器与上述同步 RS、JK 触发器一样保持原态不变。当 $CP=1$ 时，$S=D$，$R=\overline{D \cdot 1}=\overline{D}$。

将 $S=D$，$R=\overline{D}$ 代入同步 RS 触发器的特性方程 $Q^{n+1}=S+\overline{R}Q^n$ 中，可得到同步 D 触发器的特性方程为

$$Q^{n+1} = D + \overline{\overline{D}}Q^n = D$$

可见，当 $CP=1$ 时，如果 $D=0$，则无论同步 D 触发器的原态为 0 或 1，同步 D 触发器的输出均为 0；如果 $D=1$，则无论同步 D 触发器的原态为 0 或 1，同步 D 触发器的输出均为 1。

同步 D 触发器的特性表见表 12-4。

表 12-4　　　　　　　　　　同步 D 触发器的特性表

D	Q^n	Q^{n+1}	功能说明
0	0	0	置 0
0	1	0	
1	0	1	置 1
1	1	1	

同步 D 触发器解决了触发器出现不定态的问题,但在 $CP=1$ 期间,触发器的输出仍然受 D 端信号的直接控制。

4. 同步 T 和 T' 触发器

如果把同步 JK 触发器的两个输入端 J 和 K 相连,并把相连后的输入端用 T 表示,就构成了同步 T 触发器。

把 $J=K=T$ 代入同步 JK 触发器的特性方程 $Q^{n+1}=J\overline{Q^n}+\overline{K}Q^n$,可得到同步 T 触发器的特性方程为

$$Q^{n+1}=T\overline{Q^n}+\overline{T}Q^n$$

如果在同步 T 触发器中令 $T=1$,则特性方程为

$$Q^{n+1}=\overline{Q^n}$$

可见,每输入一个时钟脉冲,触发器的状态就翻转一次。这种只具有翻转功能的触发器称为 T' 触发器。

同步触发器具有以下共同特点:在 $CP=0$ 期间,触发器的状态不受输入信号的影响,保持原状态不变;在 $CP=1$ 期间,随着输入信号的变化,触发器的状态随之变化,这种触发方式称为电平触发。

触发器在 $CP=1$ 期间,输出状态仅翻转一次,称为可靠翻转。如果在 $CP=1$ 期间,输入信号多次发生变化,触发器的输出也会发生相应的多次翻转,这种现象称为空翻。触发器的空翻现象对于实际应用是不允许的。为了避免空翻的出现,可以将电路在结构上加以改进,使用主从触发器和边沿触发器。

▓ 集成触发器及其应用

集成触发器将组成触发器的各个逻辑门制作在同一块芯片上。在实际应用中,为了扩展其逻辑功能,有时还增加一些附加逻辑门,使其应用更加灵活、方便。

集成触发器在电路器件构成上分为 TTL 电路和 COMS 电路两大类,同种功能的两类器件在性能指标上是不同的,可以查看集成电路手册。

（一）主从 JK 触发器

主从 JK 触发器的逻辑符号如图 12-5 所示。

为了在 CP 到来之前预先将触发器置成某一初始状态,在集成触发器电路中设置了专门的直接置位端(用 S_D 或 $\overline{S_D}$ 表示)和直接复位端(用 R_D 或 $\overline{R_D}$ 表示),用于直接置 1 和直接置 0。

主从触发器的特性方程、特性表与同步 JK 触发器相同。但输

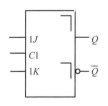

图 12-5　主从 JK 触发器的逻辑符号

出状态如何变化,则由 CP 下降沿到来前一时刻的 J、K 取值决定。

实际中使用的触发器都采用集成触发器。早期生产的集成 JK 触发器大多是主从型的,如 7472、7473、7476 等都是 TTL 主从 JK 触发器的产品。但由于主从 JK 触发器的工作速度慢且易受噪声干扰,因此我国目前只保留 CT2072 和 CT1111 这两个品种的主从 JK 触发器。随着集成电路工艺的进步,目前的主从 JK 触发器大都采用边沿触发的工作方式。

在集成 JK 触发器产品中,若有 n 个 J 输入端和 K 输入端,则 J_1、J_2、……、J_n 之间是"与"的逻辑关系,K_1、K_2、……、K_n 之间也是"与"的逻辑关系。

(二)边沿触发器

边沿触发器只在时钟脉冲的上升沿(或下降沿)的瞬间,电路的输出状态才根据输入信号做出响应,也就是说,只有在时钟的边沿附近输入的信号才是真正有效的,而在 $CP=0$ 或 $CP=1$ 期间,输入信号的变化对触发器的状态均无影响。

按触发器翻转所对应的 CP 时刻不同,可把边沿触发器分为 CP 上升沿触发和 CP 下降沿触发。按逻辑功能不同,可把边沿触发器分为边沿 D 触发器和边沿 JK 触发器。

边沿 D 触发器的特性方程为

$$Q^{n+1}=D$$

在一个器件内如果包含两个以上的触发器,则称其为多触发器集成器件。在同一个触发器的输入、输出符号前加同一数字,如 $1D$、$1Q$、$1CP$ 等,表示这些引脚属于同一个触发器的引出端。

■ 常用集成时序逻辑电路

触发器是具有记忆功能的逻辑单元电路,它和组合逻辑电路结合起来,就构成了具有各种功能的时序逻辑电路。基本的时序逻辑电路有寄存器和计数器。

(一)时序逻辑电路概述

1.时序逻辑电路的组成

时序逻辑电路在任一时刻的输出状态不仅取决于该时刻电路的输入信号,还取决于电路原来的状态。时序逻辑电路由组合逻辑电路和存储电路组成,组合逻辑电路由各种逻辑门电路组成,存储电路由各种触发器组成。图 12-6 所示为时序逻辑电路的组成框图。

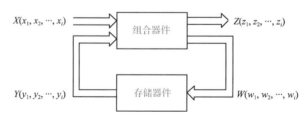

图 12-6　时序逻辑电路的组成框图

在这个框图中,$X(x_1,x_2,\cdots,x_i)$ 代表输入信号,$Z(z_1,z_2,\cdots,z_i)$ 代表输出信号,$W(w_1,w_2,\cdots,w_i)$ 代表存储电路的输入信号,$Y(y_1,y_2,\cdots,y_i)$ 代表存储电路的输出信号。

2. 时序逻辑电路的分类

根据电路中存储电路状态转换方式的不同,时序逻辑电路可分为同步时序逻辑电路和异步时序逻辑电路两大类。

在同步时序逻辑电路中,所有触发器的时钟输入端 CP 都连在一起,使所有触发器的状态变化和时钟脉冲 CP 是同步的。

在异步时序逻辑电路中,时钟脉冲只触发部分触发器,其余触发器则是由电路内部信号触发的。因此,各个触发器状态的变化有先有后,并不都和时钟脉冲 CP 同步。

3. 时序逻辑电路的分析方法

时序逻辑电路的分析就是根据已知的逻辑电路,确定电路所能实现的逻辑功能,从而了解它的用途。具体分析步骤如下:

(1)写方程

根据给定的时序电路写出时钟方程、驱动方程和输出方程,也就是各个触发器的时钟信号、输入信号及输出信号的逻辑表达式。

(2)求状态方程

把驱动方程代入相应触发器的特性方程,即可求出电路的状态方程,也就是各个触发器的次态方程。

(3)列出状态转换表

把电路的输入和现态的各种取值组合代入状态方程和输出方程中进行计算,求出相应的次态和输出,填入状态转换表。

(4)功能描述

用文字对电路的逻辑功能进行描述。

(二)集成寄存器

集成寄存器是一种重要的数字逻辑部件,常用于接收、暂存、传递数码和指令等信息。一个触发器有两种稳定状态,可以存放一位二进制数码。存放 n 位二进制数码需要 n 个触发器。为了使触发器能按照指令接收、存放、传递数码,有时还需配备一些起控制作用的门电路。

集成寄存器按功能不同可分为两大类:数码寄存器和移位寄存器。

1. 数码寄存器

在数字系统中,用来暂时存放数码的单元电路称为数码寄存器,它只有接收、暂存和清除原有数码的功能。现在以集成四位数码寄存器 74LS175 来说明数码寄存器的电路结构和功能。

74LS175 是一个四位数码寄存器,它的逻辑图如图 12-7 所示。

74LS175 由四个 D 触发器组成,$D_0 \sim D_3$ 是数据输入端,$Q_0 \sim Q_3$ 是数据输出端,$\overline{Q_0} \sim \overline{Q_3}$ 是反码输出端。各触发器的复位端(直接置 0 端)连接在一起,作为寄存器的总清零端 $\overline{R_D}$(低电平有效)。

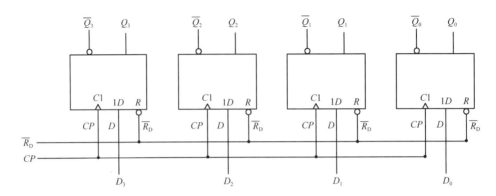

图 12-7　74LS175 的逻辑图

74LS175 的工作过程如下：

(1)异步清零

在 $\overline{R}_D$ 端加负脉冲，各触发器清零。清零后，应将 $\overline{R}_D$ 接高电平。

(2)并行数据输入

在 $\overline{R}_D = 1$ 的前提下，将所要存入的数据 D 加到数据输入端，例如要存入数码 1010，则寄存器的四个输入端 $D_3 D_2 D_1 D_0$ 应为 1010。在 CP 脉冲上升沿到来时，寄存器的状态 $Q_3 Q_2 Q_1 Q_0$ 就变为 1010，数据被存入。

(3)记忆保持

只要使 $\overline{R}_D = 1$，CP 无上升沿（通常接低电平），各触发器就保持原状态不变，寄存器处在记忆保持状态，这样就完成了接收并暂存数码的功能。这种寄存器在接收数码时是同时输入的，取出数码时也是同时输出的，所以这种寄存方式称为并行输入、并行输出。

2. 移位寄存器

移位寄存器具有数码寄存和移位两个功能。所谓移位功能，就是在寄存器中所存的数据可以在移位脉冲的作用下逐次左移或右移。若在移位脉冲（一般就是时钟脉冲）的作用下，寄存器中的数码依次向右移动，则称为右移；若依次向左移动，则称为左移。只能进行单向移位的称为单向移位寄存器，既可右移又可左移的称为双向移位寄存器。不论是单向移位寄存器还是双向移位寄存器，目前都已实现了集成，有许多型号的集成移位寄存器可以选用。

集成移位寄存器的种类很多。74LS194 是一种典型的中规模四位双向移位寄存器，它除了具有清零、保持及实现数据左移、右移功能外，还可实现数码并行输入或串行输入、并行输出或串行输出的功能。CC4015 是双四位串入并出右移寄存器的典型产品，由两个独立的四位串入并出移位寄存器组成，每个寄存器都有自己的 CP 输入端和清零端。

3. 快速闪存技术与 U 盘

闪存就是现在已经广泛应用的 Flash RAM，是一种非易失性存储器。一般的半导体存储器无论是 SRAM 还是 DRAM，都需要用电源来保存数据，特别是 DRAM，它需要周期性地进行刷新才可以保证存储的数据不会丢失。

拓展资料

　　2021 年,为了打破外国对我国存储芯片的封锁,华中科技大学在信息存储方式的研究方面做了重大突破,舍弃了半导体芯片作为存储介质,研制出相变存储器。相变存储器是利用特殊材料在晶态和非晶态之间相互转化时所表现出来的导电性差异来存储数据的。相变存储器比起当今的两大主流存储产品具有多种优势,有望同时替代公众熟知的应用于 U 盘的可断电存储的闪存技术和应用于电脑内存的不断电存储的 DRAM 技术。

　　在存储密度方面,目前主流存储器在 20 多纳米的技术节点上出现极限,无法进一步紧凑集成,而相变存储器可达 5 纳米量级。在存储速度方面,相变存储器的存储单元比闪存快 100 倍,使用寿命也达闪存的百倍以上。

(三)集成计数器

1. 计数器的类型

　　计数器是应用最为广泛的时序逻辑电路之一,它不仅可以累计输入脉冲的个数,还常用于数字系统的定时、延时、分频及构成节拍脉冲发生器等。

　　计数器的种类很多,分类方法也不相同。按计数进制可分为二进制计数器、十进制计数器、任意进制计数器,按计数的增减可分为加法计数器、减法计数器、可逆计数器,按计数器中各触发器的翻转是否同步可分为异步计数器、同步计数器。

2. 中规模集成计数器

　　集成计数器具有功能完善、通用性强、功耗低、工作速度快且功能可以扩展等许多优点,因而得到了广泛应用。目前由 TTL 和 CMOS 电路构成的中规模集成计数器有许多品种。

(1)集成计数器 74LS161

　　74LS161(图 12-8(a))是四位二进制同步计数器,具有清零、预置、保持、计数功能。

　　①异步清零。当 $\overline{R}_D = 0$ 时,输出端清零,与 CP 无关。

　　②同步预置数。在 $\overline{R}_D = 1$ 的前提下,当 $\overline{LD} = 0$ 时,在输入端 $D_0 D_1 D_2 D_3$ 预置某个数据,则在 CP 脉冲上升沿的作用下,就将 $D_0 D_1 D_2 D_3$ 端的数据置入计数器。

　　③保持。当 $\overline{R}_D = 1$、$\overline{LD} = 1$ 时,只要使能端 EP 和 ET 中有一个为低电平,就使计数器处于保持状态。在保持状态下,CP 不起作用。

微 课

四位二进制同步
计数器 74LS161

　　④ 计数。当 $\overline{R}_D = 1$、$\overline{LD} = 1$、$EP = ET = 1$ 时,电路为四位二进制加法计数器。在 CP 脉冲的作用下,电路按自然二进制数递加,即 0000 → 0001 → ······ → 1111。当计到 1111 时,进位输出端 C 送出进位信号(高电平有效),即 $C = 1$。

(2)由 74LS161 构成任意进制计数器

　　74LS161 不仅能实现模 16 的计数功能,还可以构成任意进制计数器。常用的方法有预置数法和异步清零复位法。

①预置数端复位法

图 12-8(a)所示为用预置数法构成的十进制计数器电路。将输出端 Q_0、Q_3 通过与非门接至 74LS161 的预置数端 $\overline{LD}$，其他功能端 $EP=ET=1$，$\overline{R_D}=1$。令预置输入端 $D_0D_1D_2D_3=0000$（预置数 0），以此为初态进行计数。输入计数脉冲 CP，只要计数器未计到 1001(9)，Q_0 和 Q_3 总有一个为 0，与非门输出为 1，即 $\overline{LD}=1$，计数器处于计数状态。

当输出端 $Q_0Q_1Q_2Q_3$ 对应的二进制代码为 1001 时，Q_0 和 Q_3 都为 1，使与非门输出为 0，即 $\overline{LD}=0$，电路处于置数状态，在下一个计数脉冲（第十个）到来后，计数器进行同步预置数，使 $Q_0Q_1Q_2Q_3=D_0D_1D_2D_3=0000$，随即 $\overline{LD}=\overline{Q_0Q_3}=1$，开始重新计数。

计数器的状态图如图 12-8(b)所示。

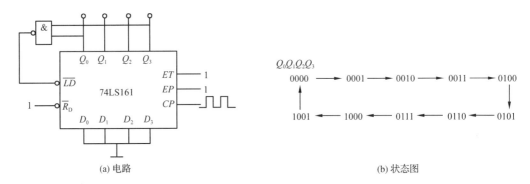

(a) 电路　　　　　　　　　　　　　　　　(b) 状态图

图 12-8　用预置数法构成的十进制计数器

②异步清零复位法

图 12-9(a)所示为用异步清零复位法构成的十进制计数器。$ET=EP=1$，置位端 $\overline{LD}=1$，将输出端 Q_0 和 Q_2 通过与非门接至 74LS161 的复位端。电路取 $Q_0Q_1Q_2Q_3=0000$ 为起始状态，则计入十个脉冲后电路状态为 1010，与非门的输出为 $\overline{Q_0Q_2}=0$，计数器清零。图 12-9(b)所示为其状态图，虚线表示在 1010 状态有短暂的过渡过程。

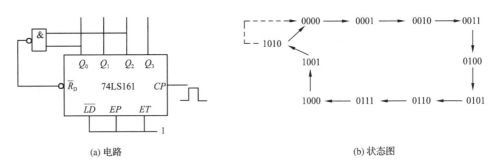

(a) 电路　　　　　　　　　　　　　　　　(b) 状态图

图 12-9　用异步清零复位法构成的十进制计数器

(3) 集成计数器 74LS192

74LS192 是一个同步十进制可逆计数器，其功能如下：

①预置并行数据。当预置并行数据控制端 $\overline{LD}$ 为低电平时，不管 CP 状态如何，都可将预置数 $D_0D_1D_2D_3$ 置入计数器中（为异步置数）；当 $\overline{LD}$ 为高电平时，禁止预置数。

②可逆计数。当计数时钟脉冲 CP 被加至 CP_U 端且 CP_D 为高电平时,在 CP 上升沿的作用下进行加计数;当计数时钟脉冲 CP 被加至 CP_D 端且 CP_U 为高电平时,在 CP 上升沿的作用下进行减计数。

③具有清零端 CR(高电平有效)、进位端 $\overline{CO}$ 及借位输出端 $\overline{BO}$。

(4)由 74LS192 构成任意进制计数器

74LS192 也可构成任意进制计数器,图 12-10(a)所示为用预置数法将 74LS192 接成五进制减法计数器的电路。将预置数输入端 $D_0 D_1 D_2 D_3$ 设置为 0101,按图 12-10(b)所示的状态图循环计数。它是利用计数器到达 0000 状态时,将借位输出端 $\overline{BO}$ 产生的借位信号反馈到预置数端,将 0101 重新置入计数器来完成五进制计数功能的。

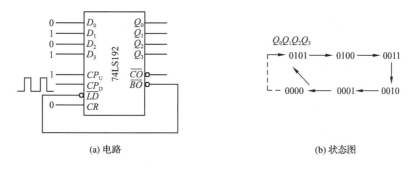

(a) 电路　　　　　　　　　　　　　　　(b) 状态图

图 12-10　用预置数法将 74LS192 接成五进制减法计数器

将多个 74LS192 级联可以构成高位计数器。例如用两个 74LS192 可以构成 100 进制计数器,其连接方式如图 12-11 所示。

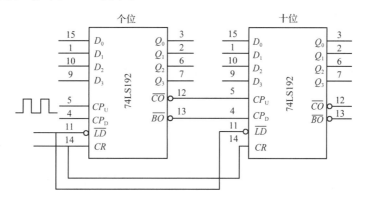

图 12-11　用两个 74LS192 构成 100 进制计数器

将 $\overline{LD}$ 端置 1,将 CR 端置 0,使计数器处于计数状态。在个位 74LS192 的 CP_U 端逐个输入计数脉冲 CP,个位的 74LS192 开始进行加法计数。在第 10 个 CP 脉冲上升沿到来后,个位 74LS192 的状态从 1001→0000,同时其进位输出 $\overline{CO}$ 从 0 翻转为 1,即十位 CP_U 由 0 翻转为 1,此上升沿使十位 74LS192 从 0000 开始计数,直到第 100 个 CP 脉冲作用后,计数器恢复为 0000 0000,完成一次计数循环。

任务实施

1. 准备器材

(1)数字逻辑实验箱 1 台/组。

(2)万用表 1 只/组。

(3)各种元器件,清单见表 12-5。

表 12-5　　　　　　　　　　　八路抢答器电路元器件清单

序号	名称	型号	数量
1	八-三线优先编码器	74LS48	1
2	RS 锁存器	74LS279	1
3	四-七段译码/驱动器	74LS48	1
4	共阴极数码管	BS205	1
5	四-二输入与非门	74LS00	2
6	二-四输入与非门	74LS20	1
7	三-三输入与非门	74LS27	1
8	音乐片	KD-9300	1
9	电阻	4.7 kΩ	11
10	电容器	0.01 μF	11
11	三极管	9013	1
11	扬声器	8 Ω/2 W	1
13	面包板连线		若干
14	常开开关		9

2. 制订总体设计方案和电路

八路抢答器电路的总体设计参考框图如图 12-12 所示,该电路由抢答器按键电路、八-三线优先编码器电路、RS 锁存器电路、译码显示驱动电路、门控电路、0 变 8 变号电路和音乐提示电路七部分组成。

当主持人先按下再松开"清除/开始"开关时,门控电路使八-三线优先编码器开始工作,等待数据输入,此时优先按动开关的组号立即被锁存,并由数码管进行显示,同时电路发出音乐信号,表示该组抢答成功。与此同时,门控电路输出信号,将八-三线优先编码器置于禁止工作状态,对新的输入数据不再接收。

按照上述方案设计的八路抢答器电路如图 12-13 所示。

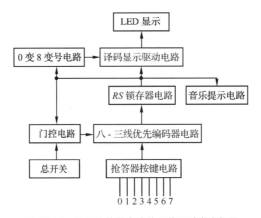

图 12-12　八路抢答器电路的总体设计参考框图

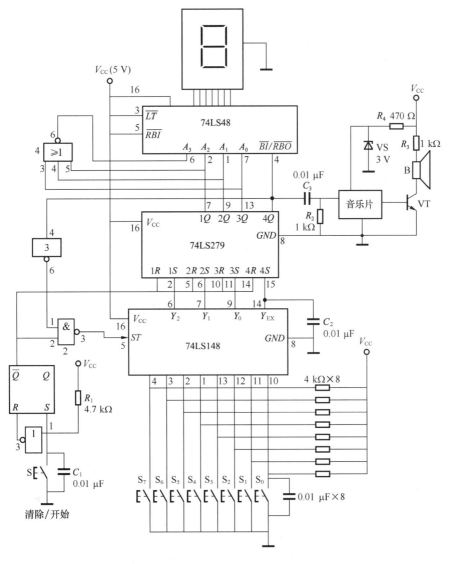

图 12-13　八路抢答器电路

3. 各部分电路的功能

(1)门控电路的功能

门控电路由基本 RS 触发器组成,接收由裁判控制的总开关信号,非门的使用可以使触发器输入端 R、S 两端的输入信号反相,保证触发器能够正常工作,禁止无效状态的出现。门控电路接收总开关的信号,其输出信号经过与非门 2 和其他信号共同控制八-三线优先编码器的工作。基本 RS 触发器可以采用现成的产品,也可以用两个与非门进行首尾连接来组成。

(2)八-三线优先编码器电路的功能

八-三线优先编码器 74LS148 电路具有抢答器电路的信号接收和封锁功能,当抢答器按键中的任一个按键 S_n 按下使八-三线优先编码器电路的输入端出现低电平时,八-三线优先编码器对该信号进行编码,并将编码信号送给 RS 锁存器 74LS279。八-三线优先编码器的优先扩展输出端 Y_{EX} 上所加电容 C_2 的作用是消除干扰信号。

(3)RS 锁存器电路的功能

RS 锁存器 74LS279 的作用是接收编码器输出的信号,并将该信号锁存,再送给译码显示驱动电路进行数字显示。

(4)译码显示驱动电路的功能

四-七段译码/驱动器 74LS48 将接收到的编码信号进行译码,译码后的七段数字信号驱动数码显示管显示抢答成功的组号。

(5)抢答器按键电路

抢答器按键电路由简单的常开开关组成,开关的一端接地,另一端通过 4 kΩ 的上拉电阻接高电平,当某个开关被按下时,低电平被送到八-三线优先编码器电路的输入端,八-三线优先编码器对该信号进行编码。每个按键旁并联一个 0.01 μF 的电容,其作用是防止在按键过程中因抖动而形成重复信号。

(6)音乐提示电路

音乐提示电路采用集成电路音乐片,它接收锁存器输出的信号并将其作为触发信号,使音乐片发出音乐信号,经过三极管放大后推动扬声器发出声音,表示有某组抢答成功。

(7)0 变 8 变号电路

因为人们习惯于用第一组到第八组表示八个组的抢答组号,而编码器是对 0~7 八个数字进行编码,若直接显示,则会显示出 0~7 这八个数字,使用起来不方便。采用或非门组成的变号电路,将 RS 锁存器输出的"000"变成"1"送到译码器的 A_3 端,使第"0"组的抢答信号变成四位信号"1000",则译码器对"1000"译码后,使显示电路显示数字"8"。若第"0"组抢答成功,则数字显示的组号是"8"而不是"0",符合人们的习惯。由于采用了或非门,因此对"000"信号加以变换时不会影响其他组号的正常显示。

4. 八路抢答器电路的工作过程

抢答开始前,裁判员合上"清除/开始"开关 S,使基本 RS 触发器的输入端 $S=0$,由于有非门 1 的逻辑非功能,使触发器的输入端 $R=1$,则触发器的输出端 Q 为 1、$\overline{Q}$ 为 0,使与非门 2 的输出为 1,74LS148 编码器的 ST 端信号为 1。ST 端为选通输入端,高电平有效,使八-三线优先编码器处于禁止编码状态,使输出端 Y_2、Y_1、Y_0 和 Y_{EX} 均被封锁。同时,触发器的输出端 $\overline{Q}$ 为 0,使 RS 锁存器 74LS279 的所有 R 端均为零,此时锁存器 74LS279 清零,使四-七段译码/驱动器 74LS48 的消隐输入端 $\overline{RBI}/\overline{RBO}=0$,数码管不显示数字。

当裁判员将“清除/开始”开关 S 松开后,基本 RS 触发器的输入端 $S=1$,$R=0$,触发器的输出端 Q 为 0,$\overline{Q}$ 为 1,使 RS 锁存器 74LS279 的所有 R 端均为高电平,锁存器解除封锁并维持原态,使四-七段译码/驱动器 74LS48 的消隐输入端 $\overline{RBI}/\overline{RBO}=0$,数码管仍不显示数字。此时,$RS$ 锁存器 4Q 端的信号 0 经非门 3 反相变 1,使与非门 2 的输入端全部输入 1 信号,则与非门 2 的输出为 0,使八-三线优先编码器 74LS148 的选通输入端 ST 为 0,74LS148 允许编码。从此时起,只要有任意一个抢答键被按下,编码器的输入端信号就为 0,编码器按照 8421BCD 码对其进行编码并输出,编码信号经 RS 锁存器 74LS279 被锁存,并被送入四-七段译码/驱动器进行译码和显示。

与此同时,74LS148 的 Y_{EX} 端信号由 1 翻转为 0,经 RS 锁存器 74LS279 的 4S 端输入后在 4Q 端出现高电平,使四-七段译码/驱动器 74LS48 的消隐输入端 $\overline{RBI}/\overline{RBO}=1$,数码管显示该组数码。

另外,RS 锁存器 4Q 端的高电平经非门 3 取反,使与非门 2 的输入为低电平,则与非门 2 的输出为 1,使 74LS148 的选通输入端 ST 为 1,编码器被禁止编码,实现了封锁功能。数码管只能显示最先按动的开关所对应的数字键的组号,实现了优先抢答功能。

任务 28　集成时基电路 555 的实际应用

知识链接

集成时基电路 555 及其应用

集成时基电路 555 是一种应用广泛的器件,其内部既有运算放大器这样的模拟电子电路,又有触发器这样的数字逻辑电路,是模拟电子技术与数字电子技术的结合产品。

集成时基电路 555 的结构简单,使用方便灵活,只要外部配接少数几个阻容元件,便可组成数字电路的三种最基本的电路:双稳态电路(施密特触发器)、单稳态电路、无稳态电路(多谐振荡器)。因为 555 时基电路最早应用于定时电路中,所以又常被称为 555 定时器。

555 时基电路的电源电压范围宽,双极型 555 的电源电压可取 $5 \sim 18$ V,单极型 555 的电源电压可取 $3 \sim 18$ V。555 时基电路还可以输出一定的功率,TTL 型 555 的输出电流可达 200 毫安,可以直接驱动微电机、指示灯、扬声器等。它在脉冲波形的产生与变换、仪器与仪表电路、测量与控制电路、家用电器与电子玩具等领域都有着广泛的应用。

TTL 型单时基电路器件型号的最后 3 位数字为 555,双时基电路器件型号的最后 3 位数字为 556;CMOS 型单时基电路器件型号的最后 4 位数为 7555,双时基电路器件型号的最后 4 位数为 7556。它们的逻辑功能和外引线排列完全相同。

（一）集成时基电路 555 的功能

1. 集成时基电路 555 的电路结构

图 12-14 所示为集成时基电路 555 的内部结构和外引线排列。

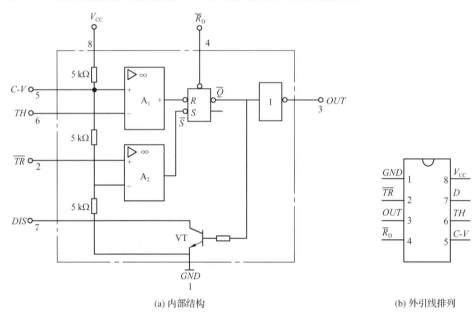

(a) 内部结构   (b) 外引线排列

图 12-14　集成时基电路 555

集成时基电路 555 的内部主要包括两个由运放构成的集成电路电压比较器、一个 RS 触发器、一个三极管和几个电阻。用在电压比较器上的三个分压电阻都是 5 kΩ，这就是 "555" 名称的由来。

由三个分压电阻组成的分压器为两个比较器 A_1 和 A_2 提供基准电平。如果引脚 5 悬空，则比较器 A_1 的基准电平为 $\frac{2}{3}V_{CC}$，比较器 A_2 的基准电平为 $\frac{1}{3}V_{CC}$。如果引脚 5 外接电压，则可改变两个比较器 A_1 和 A_2 的基准电平。当引脚 5 不需要外接电压时，一般接一个 $0.01\ \mu F$ 的电容接地，以抑制干扰。

集成时基电路 555 的引脚 2 是低电平触发信号输入端，引脚 6 是高电平触发信号输入端，引脚 4 是直接清零端（低电平有效），引脚 3 是输出端，引脚 8 是电源端。

2. 集成时基电路 555 的功能分析

集成时基电路 555 的功能取决于在两个比较器的输入端所加信号的电压。

当引脚 6 的电压 $V_6 > \frac{2}{3}V_{CC}$、引脚 2 的电压 $V_2 > \frac{1}{3}V_{CC}$ 时，比较器 A_1 的输出为 0，比较器 A_2 的输出为 1，基本 RS 触发器被置 0，三极管 VT 饱和导通，引脚 3 输出为低电平。

微课

555 定时器工作原理

当 $V_6 < \frac{2}{3}V_{CC}$、$V_2 < \frac{1}{3}V_{CC}$ 时，比较器 A_1 的输出为 1，A_2 的输出为 0，基本 RS 触发器被置 1，VT 截止，引脚 3 输出为高电平。

当 $V_6 < \frac{2}{3}V_{CC}$、$V_2 > \frac{1}{3}V_{CC}$ 时,A_1、A_2 的输出均为 1,基本 RS 触发器的状态保持不变,因而 VT 和引脚 3 的输出状态也保持不变。

集成时基电路 555 的逻辑功能见表 12-6。

表 12-6　　　　　　　　　　　　　集成时基电路 555 的功能表

清零端 $\overline{R_D}$	高触发端 TH	低触发端 $\overline{TR}$	输出 u_o	三极管 VT
0	×	×	0	导通
1	$< \frac{2}{3}V_{CC}$	$< \frac{1}{3}V_{CC}$	1	截止
1	$> \frac{2}{3}V_{CC}$	$> \frac{1}{3}V_{CC}$	0	导通
1	$< \frac{2}{3}V_{CC}$	$> \frac{1}{3}V_{CC}$	保持	保持

(二)集成时基电路 555 的典型应用

1. 构成单稳态触发器

(1)电路组成

图 12-15(a)所示为由集成时基电路 555 构成的单稳态触发器,其中输入触发脉冲接在低电平触发端,将引脚 6、7 短路并与定时元件 R、C 相接。将直接清零端 4 接直流电源 V_{CC}(即接高电平),电压控制端 5 通过一个 $0.01~\mu F$ 的电容接地。

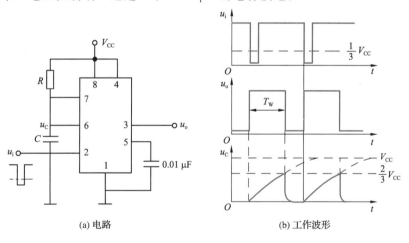

(a) 电路　　　　　　　　　　　(b) 工作波形

图 12-15　由集成时基电路 555 构成的单稳态触发器

(2)电路工作原理分析

在尚未加入触发脉冲时,$u_i = 1$。接通电源后,电源 V_{CC} 通过 R 对电容 C 充电,u_C 不断升高。当 $u_C > \frac{2}{3}V_{CC}$ 时,输出 $u_o = 0$,三极管饱和导通。随后,电容 C 经引脚 7 迅速放电,使 u_C 迅速减小到 0 V。一旦三极管导通,电容被旁路,无法充电,这就是接通电源后电路所处的稳定状态。这时的电路输出为低电平,即 $u_o = 0$。

微 课

由 555 定时器构成
单稳态触发器

当引脚 2 输入一个幅值低于 $\frac{1}{3}V_{CC}$ 的窄负脉冲触发信号,即 $u_i = 0$ 时,输出 u_o 为高电平,三极管截止,电路由稳态进入暂态。随后电容 C 开始被充电,当 u_C 上升到略大于 $\frac{2}{3}V_{CC}$ 时,

输出 u_o 变为低电平,三极管饱和导通,电容充电结束,又经引脚 7 迅速放电,u_C 迅速下降为 0 V,电路从暂态又返回到稳态时的低电平状态。其工作波形如图 12-27(b)所示。

(3)输出脉冲宽度 T_W

由理论分析可知,由集成时基电路 555 构成的单稳态触发器的输出脉冲宽度约为

$$T_W \approx 1.1RC$$

2.构成多谐振荡器

(1)电路组成

图 12-16(a)所示为由集成时基电路 555 构成的多谐振荡器。其中引脚 2 和 6 短接,在引脚 7 和 8 之间接入电阻 R_1,在引脚 6 和 7 之间接入电阻 R_2。直接清零端 4 接直流电源 V_{CC}(即接高电平),电压控制端 5 通过一个 0.01 μF 的电容接地。

(2)电路工作原理分析

接通电源后,$+V_{CC}$ 经 R_1、R_2 给电容 C 充电,使 u_C 逐渐升高,当 $u_C < \frac{1}{3}V_{CC}$ 时,u_o 输出高电平;当 u_C 上升到大于 $\frac{1}{3}V_{CC}$ 时,电路仍保持输出高电平。

微 课

由 555 定时器构成
多谐振荡器

当 u_C 继续上升略超过 $\frac{2}{3}V_{CC}$ 时,输出变为低电平,三极管饱和导通。随后,电容 C 经 R_2 及三极管放电,u_C 开始下降。当 u_C 下降到略低于 $\frac{1}{3}V_{CC}$ 时,输出又变为高电平,同时三极管截止,电容 C 放电结束,又开始再次充电,u_C 再次上升。如此循环下去,输出端就得到图 12-16(b)所示的矩形脉冲。

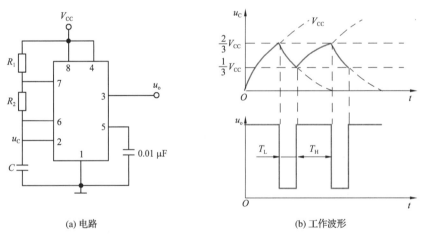

(a) 电路   (b) 工作波形

图 12-16 由集成时基电路 555 构成的多谐振荡器

(3)电路的振荡周期

理论分析表明,电路的振荡周期约为

$$T \approx 0.7(R_1 + 2R_2)C$$

振荡频率为

$$f = \frac{1}{T} = \frac{1}{0.7(R_1 + 2R_2)C} = \frac{1.43}{(R_1 + 2R_2)C}$$

3.构成施密特触发器

施密特触发器可以把变化缓慢的脉冲波形变换为数字电路所需要的矩形脉冲。

(1)电路组成

图 12-17(a)所示为由集成时基电路 555 构成的施密特触发器,其中引脚 6 和 2 连接在一起作为电路信号的输入端,直接清零端 4 接直流电源 V_{CC}(即接高电平),电压控制端 5 通过一个 0.01 μF 的电容接地。

(2)电路工作原理分析

当输入信号 $u_i < \frac{1}{3}V_{CC}$ 时,输出 u_o 为高电平;若 u_i 增加,则当 $\frac{1}{3}V_{CC} < u_i < \frac{2}{3}V_{CC}$ 时,电路维持原态不变,输出 u_o 仍为高电平;当输入信号增加到 $u_i \geq \frac{2}{3}V_{CC}$ 时,输出 u_o 为低电平;u_i 再增加,电路维持该状态不变。

由 555 定时器构成
施密特触发器

若 u_i 下降,则只要满足 $\frac{1}{3}V_{CC} < u_i < \frac{2}{3}V_{CC}$,电路状态仍然维持不变;只有当 u_i 降到略小于 $\frac{1}{3}V_{CC}$ 时,触发器再次置 1,电路又翻转回输出高电平的状态。

显然,由集成时基电路 555 构成的施密特触发器的上限触发阈值电压 $V_{T+} = \frac{2}{3}V_{CC}$,下限触发阈值电压 $V_{T-} = \frac{1}{3}V_{CC}$,回差电压为

$$\Delta V_T = V_{T+} - V_{T-} = \frac{1}{3}V_{CC}$$

其工作波形如图 12-17(b)所示。

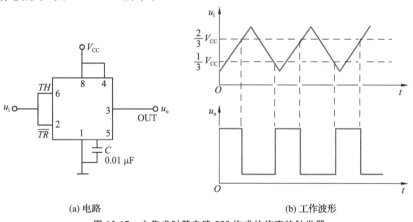

(a) 电路　　　　　　　　　　　　(b) 工作波形

图 12-17　由集成时基电路 555 构成的施密特触发器

任务实施

操作 1　由集成时基电路 555 构成定时开关电路

1.电路图

图 12-18 所示为一个典型的定时开关电路。由集成时基电路 555 构成的单稳态触发器

与继电器或驱动放大电路配合,可实现自动控制、定时开关的功能。

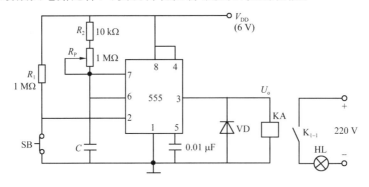

图 12-18　由集成时基电路 555 构成的定时开关电路

2. 电路制作

按照图 12-18 选择元器件,搭接电路,只要电路连接无误,即可正常工作。

从单稳态触发器的工作波形可以看出,输出脉冲的下降沿比输入脉冲的下降沿滞后了 $T_W \approx 1.1RC$,因此单稳态触发器还常被用作延时电路。图 12-19 所示为一个电视机开机高压延时接通电路。

接通电源后,由于电容两端的电压不能突变,所以 555 定时器的引脚 2、6 处于高电平,引脚 3 输出低电平。随着电容 C 被充电,555 定时器引脚 2、6 的电位开

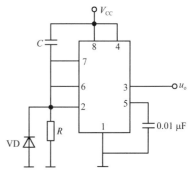

图 12-19　电视机开机高压延时接通电路

始下降,直到引脚 2 的电位低于 $\frac{1}{3}V_{CC}$ 时,输出端 u_o 由低电平变为高电平,并一直保持下去,可以驱动后续电路或其他负载。延迟时间 $T_W = 1.1RC$。二极管 VD 是为电源断电后电容 C 放电而设置的。这种电路一般用来控制高压电源的延迟接通,故又把这种电路叫作开机高压延时电路。

操 作 ❷　由集成时基电路 555 构成光控开关电路

由集成时基电路 555 构成的多谐振荡器通常作为脉冲信号发生器,在时序电路中的时钟脉冲信号就可以由多谐振荡器产生。多谐振荡器还可构成定时、声响等其他电路。

1. 电路图

由集成时基电路 555 构成的光控开关电路如图 12-20 所示。

2. 电路制作

按照图 12-20 选择元器件,搭接电路,只要电路连接无误,即可正常工作。

用集成时基电路 555 还可以制作一个"叮咚"双音门铃电路,如图 12-21 所示。电路由 555 构成多谐振荡器,调节 R_1、R_4、R_2、R_3、C_2 和 C 的数值,即可改变电路的振荡频率,可构成各种声响电路。

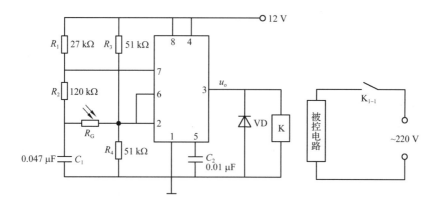

图 12-20　由集成时基电路 555 构成光控开关电路

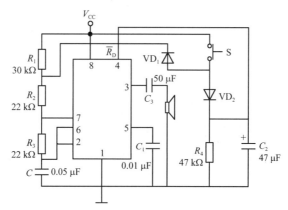

图 12-21　用集成时基电路 555 制作"叮咚"双音门铃电路

练习题

1. 什么是时序逻辑电路?

2. 数码寄存器和移位寄存器有什么区别?

3. 二进制加法计数器从零计到下列十进制数,需要使用多少个触发器?

　　　3　　　9　　　15　　　68　　　255

4. 如果要寄存六位二进制代码,至少要用几个触发器来构成寄存器?

5. 图 12-22 所示为一个过压监视电路,当监视电压 u_x 超过一定值时,发光二极管 VL 将发出闪烁信号,试说明其工作原理,并求闪烁周期。

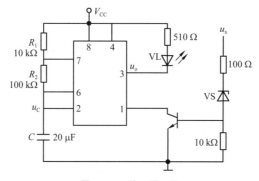

图 12-22　练习题 5 图

参 考 文 献

[1] 曹建林.电工技术[M].4版.北京:高等教育出版社,2021.

[2] 胡宴如.模拟电子技术[M].6版.北京:高等教育出版社,2021.

[3] 周良权,方向乔.数字电子技术基础[M].5版.北京:高等教育出版社,2021.

[4] 陈梓城.模拟电子技术基础[M].4版.北京:高等教育出版社,2021.

[5] 黄洁.数字电子技术[M].3版.北京:高等教育出版社,2021.

[6] 王连英.数字电子技术[M].4版.北京:高等教育出版社,2021.

[7] 于战科.电工与电路基础[M].北京:机械工业出版社,2021.

[8] 吴元亮.数字电子技术[M].北京:机械工业出版社,2021.

[9] 闵锐.模拟电子技术[M].北京:机械工业出版社,2021.

[10] 周鹏.电工电子技术基础[M].北京:机械工业出版社,2021.

[11] 张静之,余栗.电子技术及应用[M].北京:机械工业出版社,2019.